西门子
S7-300 PLC
快速入门与提高实例

吴文涛　主编

张建梅　李凤银　副主编

化学工业出版社

·北京·

本书从PLC应用角度出发，将PLC编程基础知识和工程实践相结合，把PLC控制系统工程设计思想和方法及其工程实例融合在一起，重点介绍了STEP7编程语言与编程、梯形图设计方法、模拟量处理、编程设计、PLC故障诊断及处理方法，列举大量典型应用案例，读者可以通过西门子S7-300PLC编程典型实例进一步举一反三，掌握S7-300系列PLC的编程技巧与应用。

本书适合进入PLC设计与应用岗位的初学者/入门者学习，也可供从事自动控制、智能仪器仪表、电力电子、机电一体化等专业的技术人员和相关专业院校师生参考。

图书在版编目（CIP）数据

西门子S7-300 PLC快速入门与提高实例/吴文涛主编. —北京：化学工业出版社，2017.5

ISBN 978-7-122-29155-4

Ⅰ.①西⋯　Ⅱ.①吴⋯　Ⅲ.①PLC技术　Ⅳ.①TM571.61

中国版本图书馆CIP数据核字（2017）第035708号

责任编辑：刘丽宏　　　　　　　　　　文字编辑：汲永臻
责任校对：边　涛　　　　　　　　　　装帧设计：刘丽华

出版发行：化学工业出版社（北京市东城区青年湖南街13号　邮政编码100011）
印　　装：三河市延风印装有限公司
710mm×1000mm　1/16　印张15　字数307千字　　2017年6月北京第1版第1次印刷

购书咨询：010-64518888（传真：010-64519686）　　售后服务：010-64518899
网　　址：http://www.cip.com.cn
凡购买本书，如有缺损质量问题，本社销售中心负责调换。

定　　价：48.00元

前言

目前，工控领域广泛使用 PLC 来进行流程控制，产品大致分为美国、欧洲国家、日本三大派系。德国西门子的 PLC 在我国占有量已达 30％以上，尤其是西门子公司的 S7 系列，该系列 PLC 具有强大的运算处理、网络、冗余控制等功能，所以得到广泛应用。由于使用 PLC 系统的设计对系统的可扩展性、稳定性和可靠性要求较高，这就要求设计人员具有很好的系统设计经验与程序设计经验，这也给很多初学者带来许多学习障碍，很难在短时间内使自己的应用水平得到快速的提升。为了使初学者更快地掌握西门子 S7-300 系列 PLC 的性能及特点，并熟练地应用到实践中去，特编写了本书。

本书以 S7-300 系列 PLC 应用为主线，以 STEP7 编程工具为平台，系统地介绍了西门子 S7-300 系列 PLC 的基础理论、编程方法及工业应用等知识。重点介绍了 STEP7 编程语言与编程、梯形图设计方法、模拟量处理、编程设计、PLC 故障诊断及处理方法，列举了大量典型应用案例，读者可以通过西门子 S7-300PLC 编程典型实例进一步举一反三，掌握 S7-300 系列 PLC 的编程技巧与应用。

本书由吴文涛任主编，由张建梅、李凤银任副主编，参加本书编写的还有戴坤、杨波、索立朝、高俊学、崔加友、李伯、冯健、李东健、王亚男、黄达、刘东泽、张伯虎。本书的编写得到了诸多同志的帮助，在此一并表示感谢！

鉴于时间仓促，书中不足之处难免，敬请读者批评指正。

编 者

目录

>>>>>>>>>>

第3章 数字量控制系统梯形图设计方法

第4章 PLC 实际工程应用与实例设计

第5章 S7-300 PLC 故障诊断及处理方法

参考文献

第**1**章 ‹‹‹

PLC基础知识

1.1 PLC 的硬件组成

可编程序控制器的生产厂家很多，产品型号也很多，但是其主要的基本组成结构是相同的。小型集中式可编程序控制器的基本组件有电源组件、微处理器 CPU 及存储器组件、输入及输出组件，基本组件集中在机壳内，构成可编程序控制器的基本单元。模块式可编程序控制器的基本组件分别做成不同的模块，有电源模块、主机模块（含微处理器 CPU 及存储器组件）、输入模块、输出模块，模块式可编程序控制器根据不同的控制功能要求配置各种功能模块。

图 1-1 为可编程序控制器的基本结构图，图中各组成部分作用如下。

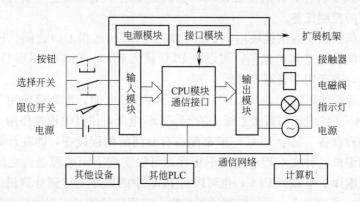

图 1-1　可编程序控制器的基本结构图

（1）CPU 模块　CPU 模块主要由微处理器（CPU 芯片）和存储器组成。在 PLC 控制系统中，CPU 模块相当于人的大脑和心脏，它不断地采集输入信号，执行用户程序，刷新系统的输出。模块中的存储器用来储存程序和数据，其主要作用有如下几点。

① 接收并存储从编程设备输入的用户程序和数据及通过 I/O 部件送来的现场数据。

② 诊断 PLC 内部电路的工作故障和编程中的语法错误。

③ PLC 进入运行状态后，从存储器逐条读取用户指令，解释并按指令规定的任务进行数据传递、逻辑运算，并根据运算结果更新输出映像存储器的内容。

（2）输入模块、输出模块和接口模块　输入（Input）模块和输出（Output）模块一般简称为 I/O 模块，开关量输入/输出模块简称为 DI 模块和 DO 模块，模拟量输入/输出模块简称为 AI 模块和 AO 模块。接口模块是系统的眼、耳、手、脚，是联系外部现场设备和 CPU 模块的桥梁。

输入模块用来接收和采集输入信号，开关量输入模块用来接收从按钮、选择开关、数字拨码开关、限位开关、接近开关、光电开关和压力继电器等来的开关量输入信号，模拟量输入模块用来接收电位器、测速发电机和变送器提供的连续变化的模拟量电流电压信号。

开关量输出模块用来控制接触器、电磁阀、电磁铁、指示灯、数字显示装置和报警装置等输出设备，模拟量输出模块用来控制电动调节阀、变频器等执行器。

CPU 模块内部的工作电压一般是 5V DC，而 PLC 的输入/输出信号电压一般较高，例如，24V DC 或 220V AC。从外部引入的尖峰电压和干扰噪声可能损坏 CPU 模块中的元器件，使 PLC 不能正常工作。在信号模块中，用光耦合器、光敏晶闸管、小型继电器等器件来隔离 PLC 的内部电路和外部的输入、输出电路。信号模块除了传递信号外，还有电平转换与隔离的作用。

（3）功能模块　为了增强 PLC 的功能，扩大其应用领域，减轻 CPU 的负担，PLC 厂家开发了各种各样的功能模块。它们主要用于完成某些对实时性和存储容量要求很高的控制任务。

（4）通信模块　通信模块用于 PLC 之间、PLC 与远程 I/O 之间、PLC 与计算机或其他智能设备之间的通信，可以将 PLC 接入 MPI、PROFIBUS-DP、AS-i 和工业以太网，或者用于点对点通信。

（5）电源模块　PLC 使用 220V AC 或 24V DC 电源，电源模块用于将输入电压转换为 24V DC 电压和背板总线上的 57V DC 电压，供其他模块使用。

（6）编程设备　每个 PLC 厂家都配备有专门的编程设备，能在计算机屏幕上直接生成和编辑各种文本程序或图形程序，可以实现不同编程语言之间的相互转换。程序被编译后下载到 PLC，也可以将 PLC 中的程序上传到计算机。程序可以存盘或打印，通过网络，可以实现远程编程。编程软件还具有对网络和硬件进行配置、参数设置、监控和故障诊断等功能。

1.2 PLC 的软件组成

PLC 实质上是一种工业控制用的专用计算机。PLC 系统是由硬件系统和软件系统两大部分组成。其软件主要有以下几个逻辑部件。

(1) 继电器逻辑 为适应电气控制的需要，PLC 为用户提供继电器逻辑，用与或非等逻辑运算来处理各种继电器的连接。PLC 内部存储单元有 1 和 0 两种状态，对应于 ON 和 OFF 两种状态。因此 PLC 中所说的继电器是一种逻辑概念，而不是真正的继电器，有时也称为"软继电器"。有三种继电器：

① 输入继电器：把现场信号输入 PLC，同时提供无限个常开、常闭触点供用户编程使用。在程序中只有触点没有线圈，信号由外部信号驱动。

② 输出继电器：具备一对物理接点，可以串联接在负载回路中，对应的物理元件有继电器、晶闸管和晶体管。外部信号不能直接驱动，只能在程序中用指令驱动。

③ 内部继电器：与外部没有直接联系，仅作为运算的中间结果使用，有时也称为辅助继电器或中间继电器，和输出继电器一样，只能由程序驱动，每个辅助继电器有无限对常开、常闭触点，供编程使用。

(2) 定时器逻辑 PLC 一般采用硬件定时中断、软件计数的方法来实现定时逻辑功能。定时器一般包括：

① 定时条件：控制定时器操作。

② 定时语句：指定所使用的定时器，给出定时设定值。

③ 定进器的当前值：记录定时时间。

④ 定时继电器：定时器达到设定值时为 1（ON）状态，未开始定时或定时未达到设定值时为 0（OFF）状态。

(3) 计数器逻辑 PLC 为用户提了若干计数器，它们是由软件来实现的，一般采用递减计数。一个计数器有以下几个内容：

① 计数器的复位信号 R。

② 计数器的计数信号（CP 单位脉冲）。

③ 计数器设定值的记忆单元。

④ 计数器当前计数值单元。

⑤ 计数器计数达到设定值时为 ON，复位或未到计数设定值时为 OFF。

1.3 PLC 的常用外设的选择

(1) 电源模块的选择 电源模块的选择较为简单，只需考虑电源的额定输出电流就可以了，电源模块的额定电流必须大于 CPU 模块、I/O 模块及其他模块的总消耗电流。电源模块的选择仅对模块式结构的 PLC 而言，对于整体式 PLC 不存在电源的选择。

（2）编程器的选择　对于小型控制系统或不需要在线编程的 PLC 系统，一般选用价格便宜的简易编程。对于由中、高档 PLC 构成的复杂系统或需要在线编程的 PLC 系统，可以选配功能强大、编程方便的智能编程器，但智能编程器价格较贵，如果有个人计算机，可以选用 PLC 的编程软件包，在个人计算机上实现编程器的功能。

（3）写入器的选择　为了防止因干扰使锂电池电压变化等原因破坏 RAM 中的用户和程序，可选用 EPROM 写入器，通过它将用户程序固化在 EPROM 中。现在有些 PLC 或其编程器本身就具有 EPROM 写入器的功能。

1.4　PLC 的工作原理

PLC 是在系统程序管理下，依照用户程序安排，结合输入程序变化，确定输出口的状态，以推动输出口上所连接的现场设备工作。

PLC 以循环扫描的工作方式来执行梯形图程序，整个扫描过程包括三大阶段，即输入采样阶段、程序执行阶段和输出刷新阶段。

1.4.1　PLC 的工作过程

PLC 的工作原理与计算机的工作原理是基本一致的，它通过执行用户程序来实现控制任务，但是在事件上与继电器接触器控制系统中控制任务的执行有所不同，PLC 执行的任务是串行的，即某个瞬间只能处理一件事件。选择 PLC 工作过程中与控制任务最直接的 3 个阶段加以说明，如图 1-2 所示。

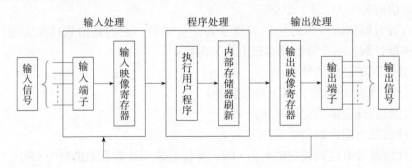

图 1-2　PLC 工作过程

（1）输入处理阶段　在输入处理阶段，PLC 以扫描方式依次读入所有输入状态和数据，并将它们存入 I/O 映像区中的相应单元内。输入采样结束后转入用户程序执行和输出刷新阶段。在这两个阶段中，即使输入状态数据发生变化，I/O 映像区中的相应单元的状态和数据也不会改变。因此，如果输入是脉冲信号，则该脉冲信号的宽度必须大于一个扫描周期，才能保证在任何情况下，该输入均能被读入。

（2）程序处理阶段　在程序处理阶段，PLC总是按由下而下的顺序依次扫描用户程序（梯形图）。在扫描每一条梯形图时，又总是先扫描梯形图左边的由各触点构成的控制线路，并按先左后右、先上后下的顺序对由触点构成的控制线路进行逻辑运算。然后根据逻辑运算的结果，刷新该逻辑线圈在系统RAM存储区中的对应位的状态，或者刷新该输出线圈在I/O映像区对应位的状态，或者确定是否要执行该梯形图所规定的特殊功能指令。在用户程序执行过程中，只有输入点在I/O映像区内的状态和数据不会发生变化，而其他输出点和软设备在I/O映像区或系统RAM存储区内的状态和数据都有可能发生变化，而且排在上面的梯形图，其程序执行结果会对排在下面的凡是用到这些线圈或数据的梯形图起作用，而排在下面的梯形图，其被刷新的逻辑线圈的状态或数据只能到下一个扫描周期才能对排在其上面的程序起作用。

（3）输出处理阶段　当扫描用户程序结束后，PLC就进入输出处理阶段。在此期间，CPU按照I/O映像区内对应的状态据刷新所有的输出锁存电路，再经输出电路驱动相应的外设。这时才是PLC的真正输出。

1.4.2　PLC的编程语言

IEC 61131-3是由国际电工委员会（IEC）于1993年12月所制定IEC 61131标准的第3部分，用于规范可编程逻辑控制器（PLC）、DCS、IPC、CNC和SCADA的编程系统。应用IEC 61131-3标准已经成为工业控制领域的趋势，在PLC方面，编辑软件只需符合IEC 61131-3国际标准规范，便可借由符合各项标准的语言架构建立人人皆可了解的程序。

IEC 61131-3标准规定PLC使用梯形图（LAD）、功能块图（FBD）、指令表（IL）、顺序功能图（SFC）和结构化文本（ST）5种编程语言。其中，梯形图（LAD）、功能块图（FBD）和顺序功能图（SFC）是可视化编程语言，对于工程师和分析人员，梯形图（LAD）和功能块图（FBD）是图形语言，而顺序功能图（SFC）可以看作是一种控制程序流程图；结构化文本（ST）和指令表（IL）编程语言则面向过程，适合程序员使用。

（1）梯形图（LAD）　梯形图（LAD）是PLC中使用最为广泛的图形编程语言，它由传统的继电器-接触器电路图简化符号演变而来，是一种以图形符号表示控制关系的编程语言，直观易懂。非常适合熟悉继电器-接触器电路的电气工程师学习掌握。

电机M1的继电器-接触器自锁控制电路如图1-3所示。

图1-3所示的自锁控制电路与图1-4所示的PLC梯形图具有相同的逻辑含义，但表达方式上却有本质的区别。梯形图中的继电器是软器件，而非物理元件，图中

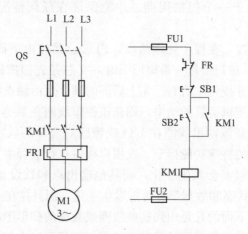

图 1-3　电机 M1 自锁控制电路

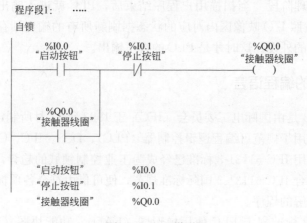

图 1-4　PLC 梯形图

的竖线类似于继电器-接触器控制线路中的电源线，被称为母线，一般梯形图由触点、线圈和指令框组成，触点代表外界输入条件，线圈代表逻辑运算结果，指令框用来表示跳转、定时器和计数器等指令。

（2）功能块图（FBD）　功能块图（FBD）编程语言使用图形逻辑符号来描述程序，功能块图使用方框来表示逻辑运算关系，方框的左侧为输入变量，右侧为输出变量，采用功能块图，控制系统被细分，系统操作含义明确，便于设计人员设计思想沟通，有数字电路基础的人员很容易掌握。电机 M1 自锁控制电路的功能块图如图 1-5 所示。

（3）指令表（IL）　指令表（IL）编程语言由指令语句系列构成，类似于助记符汇编语言，采用助记符表示操作功能，容易记忆，便于掌握，适合经验丰富的程序员使用。电机 M1 自锁控制电路的指令表如图 1-6 所示。

程序段1:　　....

自锁

"启动按钮"	%I0.0
"停止按钮"	%I0.1
"接触器线圈"	%Q0.0

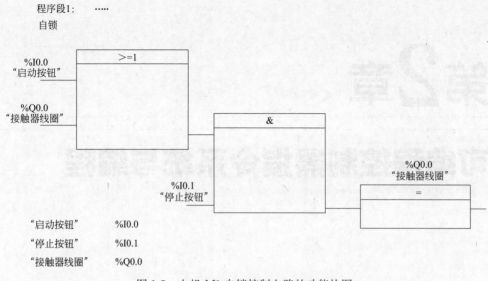

图 1-5　电机 M1 自锁控制电路的功能块图

```
1    A(
2    O     "启动按钮"      %I0.0
3    O     "接触器线圈"    %Q0.0
4    )
5    AN    "停止按钮"      %I0.1
6    =     "接触器线圈"    %I0.0
```

图 1-6　指令表

（4）顺序功能图（SFC）　顺序功能图（SFC）编程语言类似于流程设计，常用来编制顺序控制程序，顺序功能图包含步、动作和转换 3 个要素。该编程方法将复杂控制过程分解，然后按一定顺序控制要求组合。

（5）结构化文本（ST）　结构化文本（ST）编程语言是用结构化的描述语句来描述程序的一种编程语言，类似于高级编程语言，与梯形图相比，它简洁紧凑，能实现复杂的数学运算。

第2章 ◂◂◂

可编程控制器指令系统与编程

2.1 STEP7 程序设计基础

S7-300/400 常用的编程软件是 STEP7 标准软件包，它所包括的编程语言，结构化程序的组成，所用数据类型、指令结构与寻址方式在未具体学习指令之前应当有清楚的了解。指令结构与寻址方式放在下节介绍。

2.1.1 STEP7 的编程语言

STEP7 标准软件包中，提供了梯形图（LAD）、语句表（STL）、功能块图（FBD）三种编程语言，如果用户需要，购买"可选软件包"的"工程工具"（Engineering Tools）还可提供多种高级语言，如前所述。用户可选择最适合自己开发应用的某种语言来编写自己的应用程序。

STEP7 中提供的 3 种编程语言可以相互转换，如可以把 LAD/FBD 图形语言编写的程序转换成 STL 语言程序，也可以反向转换。不能转换的 STL 程序仍用语句表显示，在转换中程序不会丢失。在用 STEP7 生成用户程序时，需将用户程序的指令存入逻辑块中，读者在使用 STEP7 软件时将会看到，STEP7 可提供"增量输入方式"和"自由编辑方式"两种输入方式。但增量输入方式更适合初学者，因为它对输入的每句立即进行句法检查，只有改正了错误才能完成输入。

下面是针对西门子公司 STEP7 中三种编程语言作的具体说明。

（1）梯形图（LAD） 梯形图和电路图很相似，采用诸如触点和线圈的符号，有的地方也采用梯形图方块，如图 2-1 所示，这种语言较适合熟悉电气控制电路的人员使用。

STEP7 的一个逻辑块中的程序可以分在很多段（如 Network 1 等）。Network

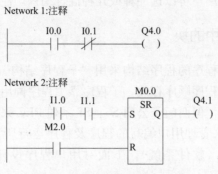

图 2-1 STEP7 的梯形图（LAD）

为段，后面的编号为段号，一个段实际就是一个逻辑行，编程时可以明显看出各段的结构，为了程序易读，可以在 Network 后面注释中输入程序标题或说明，段只是为了便于程序说明而附加的，实际编程时可以不进行输入或变更。梯形图程序是用增量输入方式（增量编辑器）生成的。

（2）语句表（STL） 语句表是一种助记符语言，一种以文本方式表示的程序。熟悉编程语言的程序员喜欢使用这种语言。1 条语句对应程序中的 1 步，多条语句组成一段。

语句表程序既可用增量编辑器生成，也可以用文本编辑器生成。

（3）功能块图（FBD） 它是一种用不同的功能方框图（如"与"、"或"、"非"等逻辑图）来表示功能的图形编程语言，熟悉逻辑电路设计的人员较喜欢使用，在 STEP7 V3.0 以后版本提供，如图 2-2 所示 FBD 程序用增量编辑器生成。

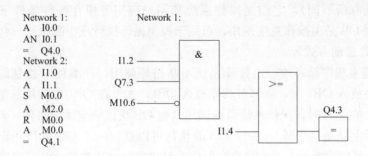

图 2-2 功能块图（FBD）

（4）结构控制语言 S7- SCL 这是 STEP7 标准软件包通过可选软件包扩展后使用于 S7-300/400 的一种高级语言，是符合 EN 61131-3（IEC 61131-3）标准的高级文本语言，它的语言结构与 Pascal 和 C 相类似。所以 S7-SCL 特别适合于习惯使用高级编程语言的人使用。

此外可选软包还有适于连续过程描述的 S7-SCL 连续功能图编程语言、适于顺序控制的 S7-GRAPH 编程语言、适于状态图形式的 S7-HiGraph 编程语言等。S7

的编程语言非常丰富，用户可以选一种或几种混合编程，使编程工作简化。

2.1.2　结构化程序中的块

多数可编程序控制程序的程序结构采用"子程序结构"，全部用户程序按主程序、子程序、中断服务程序顺序存放，子程序靠主程序调用来执行。功能指令实质上也是一种子程序形式。但西门子公司 S5、S7 系列 PLC 采用的却是"块式程序结构"，用"块"的形式来管理用户编写的程序及程序运行所需要的数据，组成完整的 PLC 应用程序系统（软件系统），下面对用户程序设计牵涉到的"块"进行介绍。

（1）用户程序中的逻辑块　所谓逻辑块，实际上就是用户根据控制需要，将不同设备的控制程序和不同功能的控制程序写入的程序块，在编程时，所谓用户将其程序用不同的逻辑块进行结构化处理，也就是用户将程序分解为单个的、自成体系的多个部分（块），程序分块后有以下优点：

a. 规模大的程序更容易理解；

b. 可以对单个的程序部分进行标准化；

c. 程序组织简化；

d. 程序修改更容易；

e. 由于可以分别测试各个部分，查错更为简单；

f. 系统的调试更容易。

用户程序中的逻辑块有以下几种类型：

① 组织块（OB）　每个 S7 CPU 均包含有一套可在其中编写程序的组织块 OB（随 CPU 而有所不同），它们是操作系统和用户应用程序在各种条件下的接口界面，或者说 OB 是由操作系统调用，可用于控制循环执行或中断执行（包括故障中断）及 PLC 启动方式等。

OB1 是主程序循环块，由操作系统不断循环调用，在编程时总是需要的，可将所有程序放入 OB1 中，或部分程序放入 OB1，加上在 OB1 中调用其他块来组织程序，OB1 在运行时，操作系统可能调用其他 OB 块以响应确定事件，其他 OB 块的调用实际上就是"中断"，一个 OB 的执行可以被另一个 OB 的调用而中断。一个 OB 是否可以中断另一个 OB 由它的优先级决定，高优先级 OB 可以中断低优先级的 OB，组织块 OB 的优先级 OB1 的优先级最低。

② 功能块（FB）　功能块 FB 属于用户自己编程的块，实际上相当于"子程序"，它带有一个附属的存储数据块（Instance Data Block），称为"背景数据块（DI）"。传递给 FB 的参数和静态变量存在背景数据块中，临时变量存在 L 数据堆栈中。DI 的数据结构与其功能块 FB 的"参数表"（变量声明表）相同。DI 随 FB 的调用而打开，随 FB 的结束而关闭，所以存在 DI 中的数据不会丢失，但保存在 L 堆栈中的临时数据将丢失。

③ 功能（FC） 功能 FC 也是属于用户自己编程的块，但它是"无存储区"的逻辑块，FC 的临时变量存储在 L 堆栈中，但 FC 执行结束后，这些数据丢失，要将这些数据存储，功能 FC 可以使用全局数据块 DB。

因 FC 没有它自己的存储区，所以必须为它内部的形式参数指定实际参数，不能够为 FC 的局域数据分配初始值。

④ 系统功能块（SFB）和系统功能（SFC） 用户不需要每种功能都自己编程，S7 CPU 为用户提供了一些已经编好程序的系统功能块 SFB 和系统功能 SFC，它们属于操作系统的一部分，用户可以直接调用它们来编制自己的程序，与 FB 块相似，用户必须为 SFB 生成一个背景数据块（DI），并将其下载到 CPU 中，SFC 则与 FC 相似，不需要背景数据块（DI）。

（2）用户程序所用的数据块 除逻辑块外，用户程序还包括数据，这些数据存储过程状态和其他信息，所存储的数据在用户程序中进行处理，当块被执行时，变量存储在过程映像区、位存储区或数据块，或者它们动态地建立在局部堆栈中。

数据块用来保存用户程序中使用的变量数据（如数值）。用户程序可以以位、字节、字或双字操作访问数据块中数据，可以用符号地址或绝对地址。

数据块可分为共享数据块 DB 和背景数据块 DI。从存储区来看它们都是放在数据块存储区（属工作存储区），没有什么区别，但它们的使用范围、数据结构、打开数据块方式均有不同，这里只强调一点：共享数据块 DB 是用户程序中的所有逻辑块都可以使用（读/写），而背景数据块 DI 总是分配给指定的 FB，只在所分配的 FB 中使用背景数据块。

（3）系统数据块（SDB） 系统数据块 SDB 是为存放 PLC 参数所建立的系统数据存储区。SDB 中存有操作控制器的必要的数据，如组态数据、通信连接数据和其他操作参数等，用 STEP7 中不同的工具建立。

2.1.3 STEP7 的数据类型

当代 PLC 不仅进行逻辑运算，还要进行数字运算和数据处理，STEP7 编程语言中大多数指令要与具有一定大小的数据对象一起进行操作，数据块、逻辑块使用中也牵涉到数据类型问题，所以学习和使用 PLC 时，必须认真了解它的数据类型、表示形式及标记。

S7 的数据有以下 2 种类型：

（1）基本数据类型 根据可编程控制器语言标准 IEC 1131-3 规定的数据类型来定义。它有很多种，每种都有规定的含义、确定的位数（但最多到 32 位），有规定的标记和表示形式。基本数据类型可分为位数据类型（BOOL、BYTE、WORD、DWORD、CHAR）、数字数据类型（INT、DINT、REAL）、定时器类型（S5 TIME、DATE、TIME-OF-DAY）。如表 2-1 所示。

对表 2-1 的说明：基本数据类型表示形式中"♯"号前的文字用于说明类型（如"W♯"表示"字"，"DW♯"表示"双字"）；"♯"号前的数字用于表明数制（如"2♯"表示用二进制数）；如无进制说明则表示为十进制数（为 C♯998 表示用 BCD 码表示的十进制数 998）；在 S7 中整数是以补码格式表示的，最高位是符号位；实数（浮点数）的格式符合 ANDL/IEEE 标准 754-1985《IEEE 二进制浮点数算术运算标准》中涉及的基本格式，单宽度的描述。基本数据类型不超过 32位，可以装入 S7 CPU 的累加器中，利用 STEP7 基本指令来处理。

编程时应注意正确使用数据类型。数据类型决定了以什么方式或格式理解或访问存储区中的数据，例如基本数据类型中的字和整数（INT）的位数均为 16 位，因此，对于一个 16 位的存储器，如以"整数"格式访问这个 16 位的存储区，16位中的最高位有特殊含义，它表示整数是正数还是负数；如果是以"字"格式访问时，最高位则没有特殊含义。

表 2-1　基本数据类型说明

数据类型	所占位数	格式选择	范围及数值表示法	示例
位 (BOOL)	1	布尔量	真/假	1 或 0
字节 (BYTE)	8	十六进制	B♯16♯0～B♯16♯FF	L B♯16♯10 L byte♯16♯10
字 (WORD)	16	二进制 十六进制 BCD 码 无符号十进制 （以字节为单位）	2♯0～2♯1111_1111_1111_1111 W♯16♯0～W♯16♯FFFF C♯-999～C♯999 B♯(0,0)～B♯(255,255)	L 2♯0001_0000_0000_0000 L W♯16♯1000 L word♯16♯1000 L C♯998 L B♯(10,20) L byte♯(10,20)
双字 (DWORD)	32	二进制 十六进制 无符号十进制 （以字节为单位）	2♯0～2♯1111_1111_1111_1111_ 1111_1111_1111_1111 DW♯16♯0000_0000～ DW♯16♯FFFF_FFFF B♯(0,0,0,0)～ B♯(255,255,255,255)	L DW♯16♯00A2_1234 L dword♯16♯00A2_1234 L B♯(1,14,100,12) L byte♯(1,14,100,12)
字符 (CHAR)	8	字符	任意可打印的字符（ASCⅡ码大于31），除去 DEL 和"	L E'
整数 (INT)	16	有符号十进制数	-32 768～+32 767	L+1
双整数 (DINT)	32	有符号十进制数	L♯-214 783 648～ L♯214 783 647	L L♯+1
实数 (REAL)	32	IEEE 浮点数	上限:±3.402 823e+38 下限:±1.175 495e-38	L 1.234 567e+13
时间 (TIME)	32	IEC 时间: 精度 1ms	T♯-24D_20H_31M_23S_648MS～ T♯24D_20H_31M_23S_647MS	L T♯0D_1H_1M_0S_0MS L TIME♯1H_1M_0S_0MS

续表

数据类型	所占位数	格式选择	范围及数值表示法	示例
日期 (DATE)	32	IEC 日期：精度 1 天	D#1990_1_1～D#2168_12_31	L D#1994_3_15 L DATE#1994_3_15
TIME_ OF_DAY TOD (每天时间)	32	每天时间：精度 1ms	TOD#0:0:0.0～TOD#23:59:59.999	L TOD#1:10:3.3 L TIME_OF_DAY#1:10:3.3
S5 (系统时间) S5TIME	32	S5 时间：以 10ms 为时基（缺省值）	S5T#0H_0M_0S_0MS～S5T#2H_46M_30S_0MS	L S5T#0H_1M_0S_0MS L S5TIME#0H_1M_0S_0MS

另外，有些指令使用时只要求说明被访问存储区的位数，如装入指令 L；声明数据类型只要明确位数，如为字或双字（例如指令 L MW10，LMD10）而有些指令不仅要求明确位数，而且要求进一步说明位的特殊含义，如算术运算指令，则要指明使用的是整数、双整数还是实数数据类型（例如指令＋I、＋D、＋R）。

（2）复合数据类型 超过 32 位的数据或由其他数据类型构成的数据组合。STEP7 有以下复合数据类型。这里只简单介绍。

① DATE-AND-TIME 型（日期-时间型）64 位长，存放年、月、日、时、分、秒、毫秒、星期。例如"DATE-AND-TIME#02-7-20-10：01：1.238 1"表示"2002 年 7 月 20 日星期天上午 10 点 01 分 1.238 秒（最后一位"1"表示周日）"。

② STRING 型（字符串型）。可定义最多 254 个字符的字符串。

③ ARRAY 型（数组型）。定义同一种数据类型（基本数据或复合数据）的多维数组。如：ARRAY [1‥2，1‥3] OF INT 表示 2×3 的整数数组，可通过下标如 [2，2] 访问数组中的数据。

④ STRGT 型（构造型）。定义多种数据类型组合的数组。包括基本数据和复合数据类型，也包括数组型和型。

⑤ UDT 型（用户数据类型）。STEP7 允许将较多基本和复合数据类型组合成用户自己定义的数据类型称为 UDT，并为 UDT 指定一个名字（UDT1……UDT65535），这个 UDT 块就可以多次使用它。在生成数据块或在声明表中将UDT 作为数据类型使用，使得数据块建立更加快捷方便。

2.2 STEP7 的指令类型与指令结构

用户程序是由一系列指令构成的，指令是程序的最小独立单位，最常用的编程语言有梯形图（LAD）和语句表（STL）两种，因此指令也有梯形图指令和语句表指令之分。它们表达的形式不同，但表示的内容是相同或基本相同的，在具体介绍指令时这两种指令将一起介绍。

2.2.1 STEP7指令系统中的指令类型

STEP7 提供的 SIMATIC 编程语言和语言表达方式符合 IEC 1131-3 标准。SIMATIC 编程语言是为 S7 系列 PLC 而设计的，它们有梯形图（LAD）、语句表（STL）和功能块图（FBD）3 种形式。S7-300/400 系列 PLC 有丰富的指令系统，既可实现一般的逻辑控制、顺序控制，也可实现更复杂的控制，且编程容易。

S7-300/400 系列 PLC 的指令系统主要包括以下指令类型：

① 逻辑指令。包括各种进行逻辑运算的指令。如各种位逻辑运算指令，字逻辑运算指令。

② 定时器和计数器指令。包括各种定时器和计数器线圈指令和功能更强的方块图指令。

③ 数据处理与数学运算指令。包括数据的各种装入、传送、转换、比较、整数算术运算、浮点数算术运算和累加器操作（利用累加器对数据存储及运算）。对数据进行移位和循环移位等的指令。

④ 程序执行控制指令。包括跳转指令、循环指令、块调用指令、主控指令。

⑤ 其他指令。上述未包括的如地址寄存器指令、数据块指令、显示和空操作指令。

本章从下节开始将对上述指令及其使用方法进行介绍，读者在掌握指令使用方法后，便具有了编程的基础，未对具体指令介绍前，对与指令有关的一些共同问题在下面先进行介绍。

2.2.2 指令的形式与组成

（1）梯形图指令（LAD）　梯形图语言是一种图形语言，其图形符号多数与电气控制电路图相似，直观也较易理解，很受电气技术人员和初学者欢迎。梯形图指令有以下几种形式：

① 单元式指令。用不带地址和参数的单个梯形图符号表示。如图 2-3(a) 表示的逻辑操作结果（RLD）取反的指令。

② 带地址的单元式指令。用带地址的单个梯形图符号表示，如图 2-3(b) 表示的逻辑串的值赋值给该地址指定的线圈。

③ 带地址和数值的单元式指令。这种单个梯形图符号需要输入地址和数值，如图 2-3(c) 表示是带保持的接通延时定时器线圈，地址表明定时器编号，数值表明延迟的时间。

④ 带参数的梯形图方块指令。用带有表示输入和输出横线的方块式梯形图符号来表示，如图 2-3(d) 表示的实数除法方块梯形图。输入在方块的左边，输出在

方块的右边。

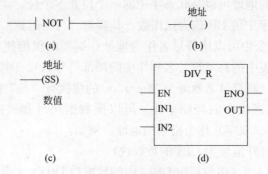

图 2-3　梯形图指令

EN 为启动输入，ENO 为启动输出，它们连接的都是布尔数据类型（位状态）。如果 EN 启动（即它有信号状态 1），而且方块能够无错误地提供功能，则 ENO 的状态为 1；如果 EN 为 0 或方块执行出现错误，则 ENO 状态为 0（不启动）。IN1、IN2 端填入输入参数；OUT 端填入能放置输出信息的存储单元。方块梯形图上任一输入和输出参数的类型均属于基本数据类型，如表 2-1 所示。

（2）语句表指令（STL）　语句表指令也称语句指令或指令表，是一种类似于计算机汇编语言的指令，这种指令很丰富，有些地方它能编出梯形图和功能块图无法实现的程序，语句指令有两种格式：

① 操作码加操作数组成　一条语句指令中有一个操作码，它告诉 CPU 这条指令要做什么，还有一个操作数，也称为地址，它告诉 CPU 在哪里做。例如：A　I2.0。

这是一条位逻辑指令，其中"A"是操作码，它表示要进行"与"操作，"I2.0"是操作数，它告诉是对输入继电器的触点 I2.0 去进行"与"操作。

② 只有操作码的指令　这种语句指令只有操作码，不带操作数，因为它们的操作对象是唯一的，为简便起见，不在指令中说明，例如：NOT，是对逻辑操作结果（RLO）取反指令，操作数 RLO 隐含其中。

2.2.3　指令中的操作数

梯形图指令和语句指令都涉及"地址"或"操作数"，如位逻辑指令以二进制数（位）执行它们的操作，装载和传送指令以字节、字或双字执行它们的操作，而算术指令还要指明所用数据的类型等，因此对操作数必须有清楚的认识。

PLC 指令中的操作数或地址可以是以下的任何一项：

① 常数。指在程序中不变的数，这类数可用来给定时器和计数器赋值，也可用于其他的运算，常用到的常数数据类型（数制、表示格式、范围）如表 2-1 所示，常数当然也包括了 ASCII 字符串。常数示例在表 2-1 中。

② 状态字的位。PLC 的 CPU 中包含有一个 16 位的状态字寄存器,其中前 9 位为有效位,指令的地址可以是状态字中的一个位或多个位,例如:

A BR(状态字中的 BR 位为操作数,其参与"与"运算)。

③ 符号名。指令中可以用符号名作为地址。编程时仅能使用已定义过的符号名(已输入到符号表中的共享符号名和块中的局部符号名)。例如:

A Motor. on(对符号名地址为 Motor. on 的位执行"与"操作)。

④ 数据块和数据块中的存储单元。可以把数据块号和数据块中的存储单元(存储位、字节、字、双字)作为指令的地址。例如:

OPN DB5(打开地址为 DB5 的数据块)。

A DB10. DBX4. 3(用数据块 DB10 中的数据位 DBX4. 3 做"j"运算)。

⑤ 各种功能 FC、功能块 FB、集成的系统功能 SFC、集成的系统功能块 SFB 及其编号,均可作为指令的地址。例如:

CALL FB10. DB10(调用功能块 FB10,及与之相关的背景数据块 DB10)。

⑥ 由标识符和标识参数表示的地址,说明如下:

一般情况下,指令的操作数在 PLC 的存储器中,此时操作数由操作数标识符和参数组成。操作数标识符由区标识符和位数标识符组成,区标识符表示操作数所在存储区,位数标识符说明操作数的位数。

区标识符有:I(输入映像存储区),Q(输出映像存储区),M(位存储区),PI(外部输入),PQ(外部输出),T(定时器),C(计数器),DB(数据块),L(本地数据);位数标识符有:X(位),B(字节),W(字、2 字节),D(双字、4 字节),没有位数标识符的也是表示操作数的位数是 1 位,标识符的表示方法具体参看表 2-2。表 2-2 中给出了不同存储区的最大地址范围(PLC 内部元件的最大数)。这并不一定是实际可使用的地址范围,可使用的地址范围由 CPU 的型号和硬件配置决定。如 S7-300 CPU 的部分地址范围可查表 2-2。

表 2-2 区域间寄存器间接寻址的区域标识

位 26、25、24 的二进制内容	代表的存储区域
000	P(I/O,外设输入/输出)
001	I(输入过程暂存区)
010	Q(输出过程暂存区)
011	M(位存储区)
100	DBX(共享数据块)
101	DIX(背景数据块)
111	L(先前的本地数据,也就是说先前未完成块的本地数据)

关于用地址标识符所表明的操作数还有两点要加以说明:因 PLC 物理存储器是以字节为单位,所以总是以字节单位来确定存储单元,因此:

a. 存储区位地址：包括字节号与位号，用"点"分开，如 M10.7 表示地址是存储单元 MB10 字节的第 7 号位。

b. 存储区字地址或双字地址：它占存储区连续的 2 个字节或 4 个字节，标识参数总是用字或双字最低的字节号为基准标记，图 2-4 说明以下地址标识符所指地址。

c. 存储区字节地址（MB）：如 MB10、MB11、MB12、MB13，示于图 2-4 中。

d. 存储区字地址（MW）：如 MW10（含 MB10、MB11），MW11（含 MB11、MB12），示于图 2-4 中。

e. 其余类推。

f. 存储区双字地址（MD）：如 MD10（含 MB10、MB11、MB12、MB13）。

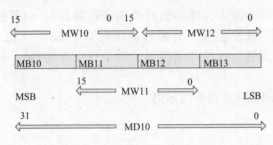

图 2-4　以字节单位确定存储单元

注意：当使用绝对地址的宽度为字或双字时，应保证没有任何重叠的字节分配，以免造成数据读写错误。

2.2.4　寻址方式

一条指令应能指明操作功能与操作对象，而操作对象可以是参加操作的数本身或操作数所在的地址。所谓寻址方式就是指令指定操作对象的方式。STEP7 指令的操作对象（操作数）已如上述，它有 4 种寻址方式，即立即寻址、直接寻址、存储器间接寻址和寄存器间接寻址。

（1）立即寻址　操作数本身就在指令中，不需再去寻找操作数，包括那些未写操作数的指令，因为其操作数是唯一的，为方便起见不再在指令中写出。例如：

```
L    37              //把整数 37 装入累加器 1
L    ABCD            //把 ASCII 码字符 ABCD 装入累加器 1
L    C#987           //把 BCD 码数值 987 装入累加器 1
OW   W#16#FD15A      //将十六进制数 FD5A 与累加器 1 低字逐位作"或"运算
SET                  //把 RLO 置 1
```

（2）直接寻址　所谓直接寻址，就是指令中直接给出存放操作数的存储单元。例如：

```
A    I0.0            //用输入位 I0.0 进行"与"逻辑操作
```

L　　IBI0　　　　//将输入字节 IB10（I10.0～I10.7共 8 位）的内容装入累加器 1

L　　MW64　　　//将存储区字 MW64（MB64、MB65 两字节）的内容装入累加器 1

=　　M115.4　　//将 RLO 的内容赋值给存储位 M115.4

S　　L20.0　　　//将本地数据位 L20.0 置 1

T　　DBD12　　//把累加器 1 中的内容传送至数据双字 DBD12（DBB12、DBB13、DBB14、DBB15）中

（3）存储器间接寻址　　存储器间接寻址指令中的操作对象是一个存储器，这个存储器中的内容是存操作数的地址，所谓存储器间接寻址就是以存储器的内容作为地址，通过这个地址间接找到操作数，所以这个地址又称为地址指针。

由于表示地址的复杂程度不一样，如定时器（T）、计数器（C）、数据块（DB）、功能块（FB、FC）的编号范围在 0～65535 之内，只要 16 位就够了，因此它们只要用字指针（对应存储器也只要用字存储器）。而其他地址如包含有位的地址，如输入位、输出位等，其编号范围在 0～65535.7 之间，用 16 位已不够，则要用到双字指针（对应存储器当然也是双字存储器）。指针的两种格式为图 2-5 所示。

下面是存储器间接寻址指令的示例：

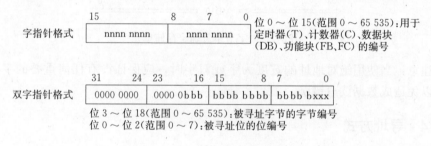

图 2-5　存储器间接寻址的指针格式

OPN　　DB［MW2］　　//打开由 MW2 所存数字为编号的数据块（MW 中的位数为 16 位，属于字指针）

=　　　　DIX［DBD4］　//将 RID 赋值给背景数据位，具体的位号存在数据双字 DBD4 中（DBD 的位数为 32 位，属于双字指针）

A　　　　I［MD2］　　　//对输入位进行"与"操作，具体位号存在存储器双字 MD12 中（MD 的位数为 32 位，属于双字指针）

下面是如何应用字和双字指针的示例：

L　　　　＋5　　　　　//将整数＋5 装入累加器 1

T　　　　MW2　　　　//将累加器 1 的内容传送给存储字 MW2，此时 MW2 的内容为 5

OPN　　DB［MW2］　　//打开数据块 5（用存储器间接寻址法）

L　　　　P＃8.7　　　//将 2＃0000　0000　0000　0000　0000　0100　0111（二进制数）装入累加器 1（注：P＃表示 32 位的双字指针）

T　　　　MD2　　　　//将累加器 1 的内容传送给存储双字 MD2，此时 MD2 的内容为 8.7（双字指针表示的数）

```
A      I［MD2］        //对输入位 I8.7进行"与"逻辑操作
=      Q［MD2］        //将 RLO 状态输出给 Q8.7
```

存储器间接寻址方式的优点是：程序执行过程中，通过改变操作数存储器的地址，可改变取用的操作数，如用在循环程序的编写中。

（4）寄存器间接寻址 前面已经谈到 S7 CPU 中有两个 32 位的地址寄存器 AR1 和 AR2，它们用于对各存储区的存储器内容实现寄存器间接寻址，寻址的方法是将地址寄存器的内容加上偏移量便得到了被寻址的地址（即存操作数的地址）。下面进行具体介绍。

寄存器间接寻址有两种：一种称为"区域内寄存器间接寻址"，一种称为"区域间寄存器间接寻址"，两种方式下地址寄存器存储的地址指针格式在 4 个标志位（∗ 和 rrr）上各有区别，图 2-6 表示地址寄存器内指针格式。

根据图 2-6 说明两种寄存器间接寻址的地址指针安排：

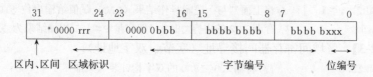

图 2-6　寄存器间接寻址指针格式

① 位 31 如＝0，表明是区域内寄存器间接寻址；位 31＝1，表明是区域间寄存器间接寻址。

② 位 24、25、26（rrr）区域标识：

当为区域内寻址时将 rrr 设为 000（无意义）。区域内寻址的存储区由指令中明确给出（见下面示例），这种指针格式适用于在确定的存储区内寻址。

当为区域间寻址时，区域标识位用于说明所在存储区，这样，就可通过改变这些位，实现跨区寻址，区域标识（rrr）所代表的存储区域如表 2-2 所示。

③ 位 3～位 18（bbbb bbbb bbbb bbbb）：被寻址的字节编号 0～65535。

④ 位 0～位 2（XXX）：被寻地址的位编号。如果要用寄存器间接寻址方式访问一个字节、字或双字，则必须令指针中位的地址编号为 0。

下面举例说明如何使用两种指针格式实现区域内、区域间寄存器间接寻址。

【例 2-1】 区域内寄存器间接寻址。

```
L    P＃8.7          //将 2＃0000 0000 0000 0000 0000 0000 0100 0111 的双字指针
                       装入累加器 1
LAR1                //将累加器 1 的内容传送至地址寄存器 1（AR1），实现的是把一
                       个指向位地址单元 8.7 的区内双字指针存放在 AR1 中
A    I［AR1，P＃0.0］  //地址寄存器 AR1 的内容 8.7 与偏移量（P＃0.0）相加结果为
                       8.7，指明是对输入位 I8.7进行"与"操作，指令中明确给出
                       存储区
=    Q［AR1，P＃1.1］  //地址寄存器 AR1 的内容 8.7 未变，与偏移量（P＃1.1）相加结
```

果为 I0.0，指明是对输出 Q10.0 操作，即将上面"与"逻辑操作结果（RLO）赋值给 Q10.0。

注：AR1 内容 8.7 即字节 8，位 7；偏置量 P♯1.1 即字节 1，位 1。两者相加时字节对字节相加按十进制，位与位相加按八进制结果为 10.0。

【例 2-2】 区域间寄存器间接寻址。

```
L   P♯17.3      //将区间双字指针 I7.3 即 2♯1000 00001 0000 0000 0000 0000
                 0011 1011 装入累加器 1
LAR1            //将累加器 1 的内容（17.3）传送至地址寄存器 AR1
L   P♯Q8.7      //将区间双字指针 Q8.7 即 2♯1000 0010 0000 0000 0000 0000
                 0100 0111 装入累加器 1
LAR2            //将累加器 1 的内容 Q8.7 传送至地址寄存器 AR2
A   [AR1, P♯0.0]  //对输入位 I7.3 进行"与"逻辑操作（地址寄存器 AR1 的内容
                 I7.3 与偏移量 P♯0.0 相加结果为 I7.3）
=   [AR2, P♯1.1]  //将上面"与"逻辑操作结果（RLO）赋值给输出位 Q10.0（地址寄
                 存器 AR2 的内容 Q8.7 与偏移量 P♯1.1 相加结果为 Q10.0）
```

【例 2-3】 区域间寄存器间接寻址（字节、双字地址）。

```
L   P♯18.0       //将输入位 I8.0 的双字指针装入累加器 1
LAR2            //将累加器 1 的内容（18.0）传入地址寄存器 AR2
L   P♯M8.0       //将存储器位 M8.0 的双字指针装入累加器 1
LAR1            //将累加器 1 的内容（M8.0）传入地址寄存器 AR1
L   B [AR2, P♯2.0]  //把输入字节 IB10 装入累加器 1，输入字节 10 为 AR2 中的 8 字
                 节加偏移量 2 字节
T   D [AR1, P♯56.0]  //把累加器 1 的内容装入存储双字 MD64（存储双字 64 为 AR1 中
                 的 8 字节加偏移量 56 字节）。
```

请注意：地址寄存器间接寻址的方式只适用于 STL 语言。

2.3 逻辑指令及应用

逻辑指令主要是用来完成与逻辑运算有关的指令，包括位逻辑指令与字逻辑指令，下面分别介绍。

2.3.1 位逻辑指令及应用

位逻辑指令处理的是两个数字"1"和"0"，这两个数字组成二进制计数系统中的"位"，在电路中"1"和"0"表示触点的"闭合"和"断开"，线圈的"通电"和"断电"。S7 型 PLC 的位逻辑指令有：

（1）"与"（A）、"与非"（AN）指令

① A："与"指令，适用于单个常开触点串联，完成逻辑"与"的运算。

② AN："与非"指令，适用于单个常闭触点串联，完成逻辑"与非"运算。

以上两条指令的梯形图及对应语句表指令如图 2-7 所示。

由图 2-7 看出，触点串联指令也用于串联逻辑行的开始。CPU 对逻辑行开始第一条语句如 I1.0 的扫描称为首次扫描。首次扫描的结果 I1.0 的状态被直接保存在 RLO 逻辑操作结果位中；在下一条语句中，扫描触点 Q5.3 的状态，并将这次扫描的结果和 RLO 中保存的上一次结果相"与"产生的结果再存入 RLO 中，如此逐一进行。在逻辑串结束处的 RLO 可用作进一步处理，如图 2-7 中赋值给 Q4.2（＝Q4.2）。

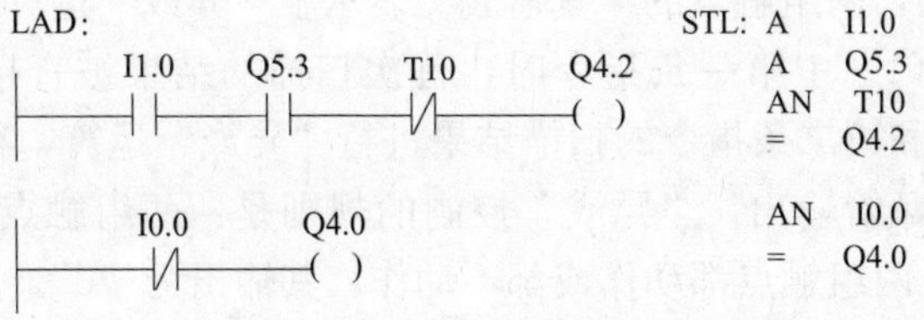

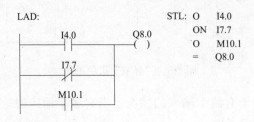

图 2-7　"与"、"与非"指令用法

图 2-7 中如触点 I1.0、Q5.3 动作，而触点 T10 未动作，则 Q4.2 通电（为 1）；触点 I0.0 未动作，则其常闭触点接通（为 1），Q4.0 通电（为 1）。

（2）"或"（O）、"或非"（ON）指令

① O："或"指令，适用于单个常开触点并联，完成逻辑"或"的运算。

② ON："或非"指令，适用于单个常闭触点并联，完成逻辑"或非"的运算。

以上两条指令的梯形图及对应语句表指令如图 2-8 所示。

```
LAD:                        STL: O   I4.0
        I4.0      Q8.0            ON  I7.7
     ┤ ├──────( )               O   M10.1
                                 =   Q8.0
        I7.7
     ┤ ├

        M10.1
     ┤ ├
```

图 2-8　"或"、"或非"指令用法

从图 2-8 看出，触点并联指令也用于一个并联逻辑行的开始，CPU 对逻辑行开始第一条语句如 I4.0 的扫描称为首次扫描，首次扫描的结果（I4.0 的状态）被直接保存在 RLO（逻辑操作结果位）中，并和下一条语句的扫描结果相"或"，产生新的结果再存入 RLO 中，如此逐一进行。在逻辑串结束处的 RLO 可用作进一步处理，如图 2-8 中赋值给 Q8.0（＝Q8.0）。

图 2-8 中如触点 I4.0 动作或 I7.7 未动作或 M10.1 动作，三者中只要有一个触点接通（为 1），Q8.0 即可通电（为 1）。

表 2-3 列出了"与""或"指令及参数。

表 2-3 "与""或"指令及参数

LAD 符号	STL 符号	操作数	数据类型	存储区	说明
—┤ ├—	A;O	〈位地址〉	Bool	I、Q、M、T、C、D、L	
—┤/├—	AN;ON	〈位地址〉	Bool	I、Q、M、T、C、D、L	

(3)"异或"(X)、"异或非"(XN)指令 如图 2-9 所示,这是用于一组(两个相反)触点间连接的指令。在相应电路图中 K_1、K_2 两组各自的常开、常闭触点相互是机械联锁的,两组触点的"真值表"表示了"异或"运算关系。

当执行 STL (1) 中第一条指令时,首次扫描的结果被直接保存在 RLO 中,然后 RLO 中的值和第二条指令的扫描结果进行"异或"运算,得到的新结果再存入 RLO 并将其值赋给输出。"异或"控制的规则是:两组触点只有一组动作时,其输出才是"1":两组触点都动作或都不动作,其输出为"0"。这种指令用于希望一个触点动作才接通线圈的情况下。

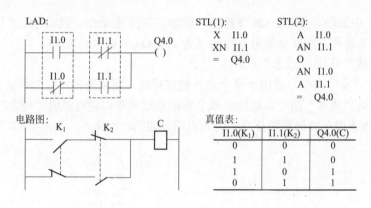

图 2-9 "异或"指令用法

以上规则只适用于有两个输入的情况。当有多个输入时,请用图 2-9 中 STL (2) 第二个语句表程序考虑。

(4)嵌套指令和先"与"后"或" 上面介绍的是最简单的逻辑电路或者说最简单的串、并联电路,在使用 LAD 或 STL 编程时都未遇到困难。但对某些梯形图编写其相应的 STL 程序时将会发生困难,有时还要用到嵌套指令,这里对嵌套指令进行介绍。

嵌套指令用"("表示嵌套开始,用")"表示嵌套结果,用"A("表示"与嵌套"开始,用"O("表示"或嵌套"开始,"与嵌套"用于括号内的表达式或称电路块与其外部电路串联,"或嵌套"则是用于括号内的相应电路块与外部电路并联。

S7 提供了一个嵌套堆栈供嵌套指令使用:"A("、"O("等嵌套开始指令把状态字中当前逻辑操作结果 RLO 及 BR、OR 和功能码（A、O 等）作为一个输入存入嵌套堆栈并开始一个新的逻辑操作。嵌套堆栈可以容纳 7 个输入。"）"嵌套结束指令关闭一个嵌套表达式，并从嵌套堆栈取回一个输入，即恢复 OR 和 BR 位并根据功能码把前 RLO（指嵌套括号中表达式的 RLO）和从堆栈输入中读出的 RLO 进行逻辑运算，得到新的 RLO，有了嵌套使 STL 程序的编写变得较为容易。

另外，STL 程序执行中有两项规定：①CPU 的扫描顺序是先"与"后"或"；②根据"与"在"或"前的原则，O 指令把当前的 RLO 拷贝至状态字的"或位"（OR）中，作为将要进行"或"操作的两个数值之一保存起来，并结束上一指令。

根据上面的介绍，可以方便地对以下几个例子中的梯形图进行 STL 程序的编写。

【例 2-4】 利用先"与"后"或"（先串后并）的原则编写 STL 程序（这里无需用括号）。如图 2-10 所示。

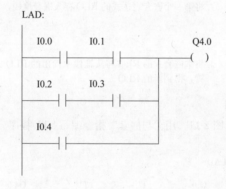

STL:

A　I0.1

A　I0.0

O　　　　　//保存当前 RLO 至 OR 位，并结束上面指令

A　I0.2　//新逻辑行开始

A　I0.3　//被"先与后或"原则，将当前 I0.2、I0.3 相"与"的 RLO
　　　　　　与 OR 位作"或"运算，新结果存入 RLO 中再与 I0.4
　　　　　　"或"

O　I0.4

＝Q4.0

图 2-10　用先"与"后"或"的原则编写 STL 程序

【例 2-5】 用"与嵌套"指令编写 STL 程序。如图 2-11 所示。

【例 2-6】 用"或嵌套"指令编写 STL 程序。如图 2-12 所示。

（5）输出指令　输出指令用于将逻辑串的逻辑运算结果，即最后存于 RLO 中的值赋给指定的操作数（位地址），输出指令的类型如表 2-4 所示。

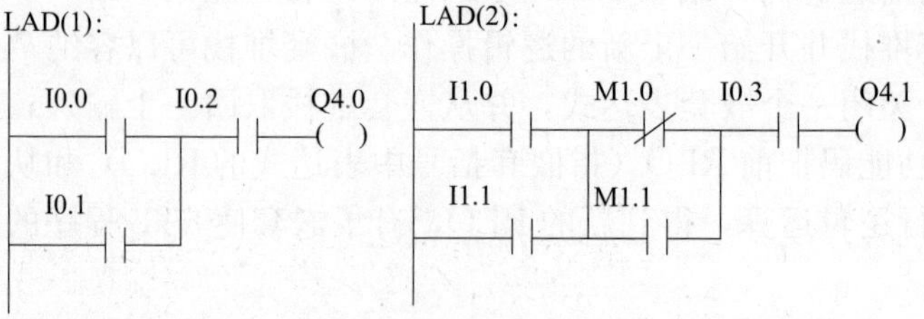

LAD(1):

```
        I0.0      I0.2      Q4.0
    ┌───┤ ├──────┤ ├───────( )───
    │   I0.1
    └───┤ ├──
```

LAD(2):

```
        I1.0      M1.0      I0.3      Q4.1
    ┌───┤ ├──┬───┤/├──┐────┤ ├───────( )───
    │   I1.1 │   M1.1 │
    └───┤ ├──┴───┤ ├──┘
```

STL（1）：
A （
O I0.0
O I0.1
）   //得到第一个嵌套表达式的 RLO
A I0.2   //新逻辑行开始
＝Q4.0
STL（2）：
A （
O I1.0
O I1.1
）   //将第一个嵌套表达式的 RLO 存入嵌套堆栈，又开始新逻辑
A （
ON M1.0
O M1.1
）   //将本嵌套式的 RLO 与从堆栈中读出的 RLO 进行"与"运
             算，得到新的 RLO
A I0.3
＝Q4.1

图 2-11　用"与嵌套"指令编写 STL 程序

LAD:

```
        I2.0      I2.1      T10       Q4.0
    ┌───┤ ├──────┤ ├───────┤ ├───────( )───
    │   I2.2      I2.3
    └───┤ ├──────┤/├──
```

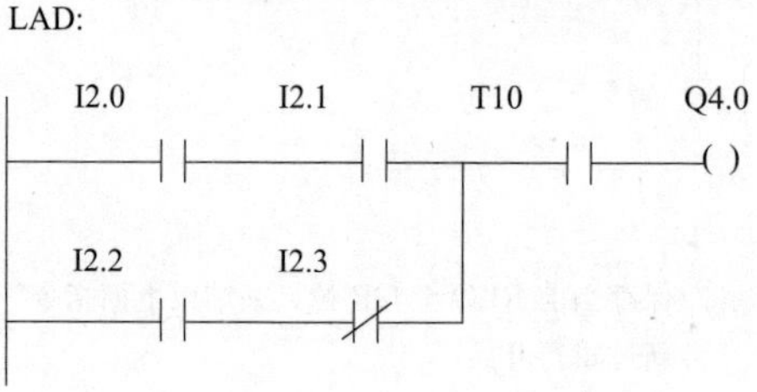

STL：
O （
A I2.0
A I2.1
）
O （   //将第一个嵌套表达式的 RLO 存入嵌套堆栈，又开始新逻辑
A I2.2
AN I2.3
）   //将本嵌套式的 RLO 与从堆栈中读出的 RLO 进行"或"运
             算，再出新的 RLO
A T10
＝ Q8.0

图 2-12　用"或嵌套"指令编写 STL 程序

表 2-4 输出指令及参数

LAD 符号	STL 符号	操作数	数据类型	存储区	说明
—O	=	〈位地址〉	Bool	I,Q,M,D,L	逻辑串结果 RLO 赋值输出
—(S)	S	〈位地址〉	Bool	I,Q,M,D,L	逻辑串结果 RLO 为 1 时,"置位"输出
—(R)	R	〈位地址〉	Bool TIMER COUNTER	I,Q,M,D,L T C	逻辑串结果 RLO 为 1 时,"复位"输出
—(#)—		〈位地址〉	Bool	I,Q,M,D,L	中间结果保存到指定位地址

① 一般输出指令［＝〈位地址〉,〈位地址〉］ 逻辑串输出指令又称赋值指令,该指令把 RLO 中的值赋给指定的位地址,当 RLO 变化时,相应位地址信号状态也变化。位地址可以是表 2-4 中所列存储区的各种位。输出指令通过把首次检测位(FC)置 0,来结束一个逻辑串。当 FC 位为 0 时,表明程序中的下一条指令是一个新逻辑串的第一条指令,CPU 对其进行首次扫描操作,这一点在梯形图中显示得更清楚。在 LAD 中,只能将输出指令-0 放在触点链路最右端,不能将输出指令单独放在一个空网络中。输出指令应用示例在图 2-2～图 2-11 均可见。

使用输出指令时请注意:输出指令可以并联使用,即一个 RLO 可被用来驱动几个输出元件。如下:

【例 2-7】 如图 2-13 所示。

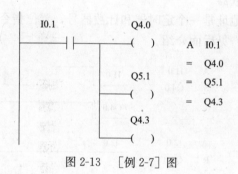

图 2-13 ［例 2-7］图

【例 2-8】 如图 2-14 所示。

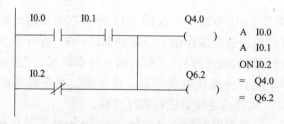

图 2-14 ［例 2-8］图

如其他 PLC 一样,输出指令在梯形图中可连续使用,但用 STL 编程时则要注意。如图 2-15 所示。

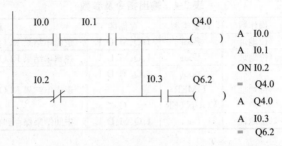

图 2-15　用 STL 编程时输出指令在梯形图中连续使用

② 置位指令 [S〈位地址〉,〈位地址〉],复位指令 [R〈位地址〉,〈位地址〉]　置位/复位指令也是一种输出指令。使用置位指令时,如果 RLO＝1,则指定的地址被置为 1,而且一直保持,直到被复位指令复位为 0。使用复位指令时,如果 RLO＝1,则指定的地址被复位为 0,而且一直保持,直到被置位置为 1 为止,如图 2-10 所示。

图 2-16(a) 中一旦 I1.0 闭合,即使它又断开,线圈 Q4.0 一直保持接通状态;只有当 I2.0 闭合,即使它又断开,才能令线圈 Q4.0 断开,表现通断关系的波形图绘于图 2-16(b) 中,置位/复位指令所用位地址列于表 2-4 中,复位指令 R 还可用于复位定时器和计数器。

此时宏观世界的地址是一个定时器和计数器号,置位指令 S 也可将其地址所指计数器置成某一数值,见后面介绍。

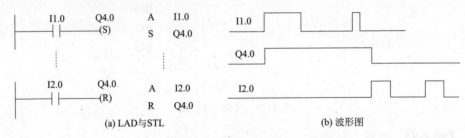

图 2-16　置位/复位指令

③ 中间输出指令 [〈位地址〉]　如图 2-17 所示,中间输出指令被安置于逻辑串中间,用于将其前的位逻辑操作结果(此处 RLO 值)保存到指定地址,有人称它为"连接器"(或中间赋值元件)。它和其他元件串联时,"连接器"指令和触点一样插入,连接器不能直接连接电源母线,也不能放在逻辑串的结尾或分支结尾处,可以用"NOT"元件对连接器进行取反操作。

(6) 触发器指令　触发器有置位复位触发器(SR 触发器)和复位置位触发器(RS 触发器)两种。触发器可用梯形图方块指令来表示,如图 2-18 所示。方块中有一个置位输入(S)和一个复位输入(R)两个输入端,还有一个 Q 为输出端,(位地址)表示要置位或复位的位,Q 端表示(位地址)的信号状态。

LAD:

```
   I1.0   I1.1   M0.0   I2.0   I2.1              M1.1   Q4.0
───┤├─────┤├─────(#)────┤├─────┤├───┤NOT├───────(#)─────( )
```

```
   I1.0   I1.1
───┤├─────┤├───── M0.0存左图的RLO
```

```
   I1.0   I1.1   M0.0   I2.0   I2.1
───┤├─────┤├─────(#)────┤├─────┤├───┤NOT├─── M1.1存左图的
                                              RLO(M1.1存整
                                              个位逻辑组合
                                              的RLO)
```

STL:
```
A    I1.0
A    I1.1
=    M0.0
A    M0.0
A    I2.0
A    I2.1
NOT
=    M1.1
A    M1.1
=    Q4.0
```

图 2-17　中间输出指令

这两种触发器指令均可实现对指定位地址的置位或复位。触发器可以用在逻辑串最右端，结束一个逻辑串。也可用在逻辑串中，当做一个特殊触点，影响右边的逻辑操作结果。

触发器工作很简单，如图 2-18 所示，如果 S 端为 1（I1.0 闭合），触发器置位，存储位 M10.0 和 M20.0 均为 1，Q 端为 1，Q8.0 和 Q9.0 均为 1。此时即使 S 端变为 0（I1.0 断开），触发器仍保持置位不变。如果 R 端为 1（I2.0 闭合），则触发器复位，M10.0 和 M20.0 均为 0，Q 端为 0，Q8.0、Q9.0 均为 0。即使 R 端变为 0（I2.0 断开），触发器也保持复位不变。如果 S 端、R 端同时为 0，触发器则维持原状态不变。如果 S、R 两端同时为 1，则根据优先原则，SR 触发器为复位优先，触发器执行复位操作，M10.0 为 0。RS 触发器为置位优先，触发器执行置位操作，M20.0 为 1。在梯形图中两种触发器有不同符号，读者从图 2-18 可看出。在 STL 中，则是最后编写的指令具有高优先级（即为后优先）。

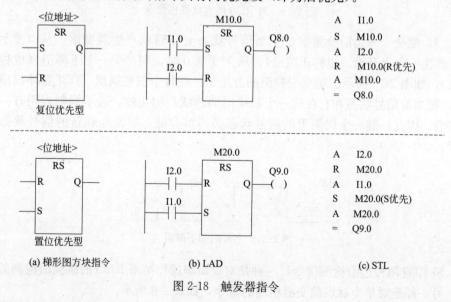

(a) 梯形图方块指令　　　　(b) LAD　　　　(c) STL

图 2-18　触发器指令

触发器的操作数是（位地址），存储区可用 I、Q、M、D、L。

（7）对 RLO 的直接操作指令 可用表 2-5 中的指令来直接改变逻辑操作结果位 RLO 的状态，如图 2-19 中 LAD（1），设 I0.0 与 I0.1 均为闭合，则 RLO 中应为 1，但经 NOT 指令后 RLO 中变为 0，所以 Q8.0 为 0 断电。

表 2-5 对 RLO 的直接操作指令

LAD 指令	STL 指令	功能	说明
—|NOT|—	NOT	取反 RLO	在逻辑串中，将当前的 RLO 状态变反；还可令 STA 位置 1
无	SET	置位 RLO	把 RLO 无条件置 1，并结束逻辑串；使 STA 置 1，OR、FC 清 0
无	CLR	复位 RLO	把 RLO 无条件清 0，并结束逻辑串；使 STA、OR、FC 清 0
—(SAVE)	SAVE	保存 RLO	把 RLO 状态存入状态字的 BR 位中

又如 LAD（2）中，SAVE 指令将当前 RLO 状态存入 BR 位中，下面用检测 BR 位来重新检查保存的 RLO。

执行图 2-19 中的 STL（3）程序，SET 指令使 RLO 为 1，赋值 M10.0～M10.2 为 1，CLR 指令使 RLO 为 0，赋值 M11.5，Q4.2 为 0。

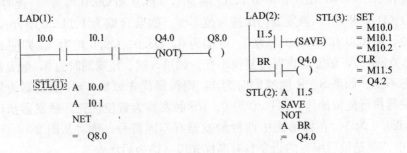

图 2-19 对 RLO 的直接操作指令

（8）跳变——边沿检测指令 当信号状态变化时就产生跳变沿：从 0 变到 1 时，产生一个上升沿（也称正跳沿），从 1 变到 0 时，则产生一个下降沿（也称负跳沿），如图 2-20 所示。跳变沿检测的方法是：在每个扫描周期（DBI 循环扫描一周），把当前信号状态和它在前一个扫描周期的状态相比较，若不同则表明有一个跳变沿。因此，前一个周期里的信号状态必须被存储，以便能和新的信号状态相比较。

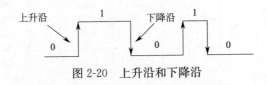

图 2-20 上升沿和下降沿

S7 中有两种边沿检测指令：一种是对逻辑串操作结果 RLO 的跳变沿检测的指令；另一种是对单个触点跳变沿检测的指令，如表 2-6 所示。

表 2-6　边沿检测指令

LAD 指令	STL 指令	操作数	数据类型	存储区	说明
〈位地址〉 —(P)—	FP〈位地址〉	〈位地址〉 用于存储 RLO 状态	Bool	I,Q,M,D,L	逻辑串 RLO 正跳沿检测
〈位地址〉 —(N)—	FN〈位地址〉		Bool	I,Q,M,D,L	逻辑串 RLO 负跳沿检测
<位地址1> POS 允许—　　Q <位地址2>—M_BIT	A(A〈位地址1〉 FP〈位地址2〉)	〈位地址1〉 被检测触点状态	Bool	I,Q,M,D,L	只要允许信号为1，即可对〈位地址1〉触点的正跳沿检测
<位地址1> NEG 允许—　　Q <位地址2>—M_BIT	A(A〈位地址1〉 FN〈位地址2〉)	〈位地址2〉 存储被检测触点状态	Bool	Q,M,D	只要允许信号为1，即可对〈位地址1〉触点的负跳沿检测
		Q 单稳输出	Bool	I,Q,M,D,L	

RLO 跳变检测指令的使用，图 2-21(a) 要检测的是 I1.0、I1.1 逻辑串运算结果 RLO 的跳变边沿，即图 2-21 中 1 点处的 RLO1 的边沿变化情况，用 M1.0 来存储 RLO1 的状态。工作过程见梯形图，在图 2-21 中 a 点时，当前 RLO1 值是 1，而存放在 M1.0 中的上次 RLO1 值是 0，此时 FP 指令检测到一个 RLO1 的正跳沿，那么 FP 指令将 2 点处 RLO2 置 1 并输出给 M8.0；当到达波形图中 b 点时，当前 RLO1 值和前一个 RLO1 值（存 M1.0 中）比较，均为 1 相同（RLO 在相邻两个扫描周期中相同，全为 1 或 0），那么 FP 指令将 2 点处 RLO2 置 0 并输出给 M8.0，M8.0 为 1 的时间仅一个周期。图 2-21 中虚线箭头指的是两个相邻扫描周期 RLO 的比较，图 2-21(b) 是对 RLO 下降沿的检测，读者可同样分析 c 点、d 点时的情况，FN 指令检测到一个 RLO1 的负跳沿时将令 M8.1 置 1，M8.1 为 1 的时间也只是一个周期。

单个触点跳变沿检测指令的使用：图 2-22 中 I1.1，被检测触点状态存放在 〈位地址 2〉即 M1.0，当允许端 I1.0 为 1 即允许检测时，CPU 将 I1.1 当前状态与存在 M1.0 中上次 I1.1 状态相比较，对于正跳沿检测（POS 方块），若当前为 1，上次为 0，表明有正跳沿产生，则输出 Q 和 M8.0 置位 1，其他情况下，输出 Q 与 M8.0 被清 0。对于负跳沿检测（NEC 方块）指令的使用，读者可按上述方法同样分析。由于不可能在相邻的两个扫描周期连接检测到正跳沿（或负跳沿），因此输出 Q 只可能在一个扫描周期中保持为 1，被称为单稳输出，由于输出 M8.0、M8.1 也只是一个脉冲（宽度为一个扫描周期），也可将其视为脉冲输出。

在梯形图中，跳变沿检测方块和 RS 触发方块均可被看做是一个特殊触点，若方块的 Q 为 1，触点闭合，若 Q 为 0，则触点断开。

（9）位逻辑运算指令的应用　位逻辑指令应用范围很宽，对梯形图编程的一些原则，这里仅举几例说明 S7 位逻辑指令的应用。

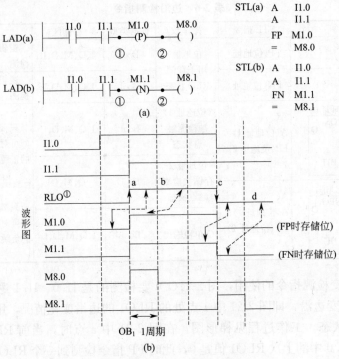

图 2-21　RLO 跳变沿检测

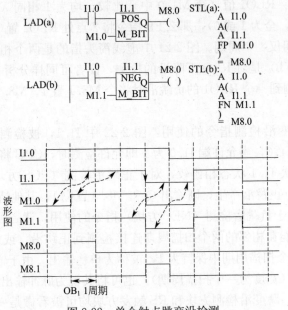

图 2-22　单个触点跳变沿检测

① 验灯程序的编写。在过去的控制系统中，一般使用了大量的指示灯来指示设备的运行状态，如卷烟包装机控制系统操作面板上就装有几十个灯。由于灯的寿

命有限，发生故障时常给操作人员带来错觉，解决的办法通常是设计一个验灯程序，操作人员接班时先检查一下所有指示灯是否完好。

验灯程序的编写很简单，在 PLC 中加用 1 个输入点（如 I3.7），其外部连接一个常开按钮。由于 I3.7 的内部触点是无数的，控制指示灯输出点的梯形图上均并联 1 个 I3.7 常开触点，当它闭合时指示灯均亮，以查验灯的好坏。

如图 2-23 所示，Q4.0 是控制电机接触器线圈的输出点；Q4.0 为 0 时表示电机停转，Q4.1 外接的绿灯亮；Q4.0 为 1 时表示电机运转，Q4.2 外接的红灯亮，验灯触点为 I3.7 程序示于图 2-23 中。

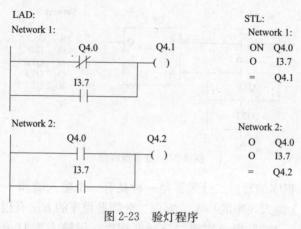

图 2-23　验灯程序

② 利用触发器可以编出用户所需的一些程序，如第一信号记录程序。在工业现场一旦有故障发生可能随之带来多个故障，如果能找出第一个故障信号，对排除故障可能带来很大方便。编写这种程序的方法与编写大家所熟悉的"抢答器"控制程序类似。

抢答器的功能是当一组抢到答题权时，本组显示灯亮，同时其他抢答台抢答无效，显示灯也不亮。只有主持人按动复位按钮，才能恢复下一轮抢答。

设 I1.0、I1.1、I1.2 和 Q5.0、Q5.1、Q5.2 分别为第 1、2、3 抢答台的抢答按钮与显示灯的输入、输出点，I2.0 为主持人复位按钮的输入点。抢答器功能要求设计程序如图 2-24 所示。

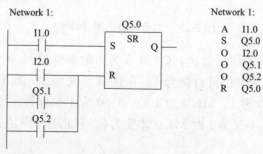

图 2-24

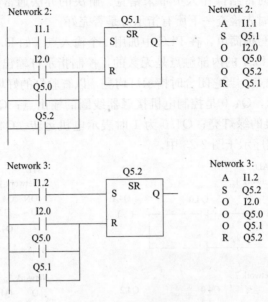

图 2-24 抢答器程序

③ 二分频器程序编写。二分频器是一种具有一个输入端和一个输出端的功能单元，输出频率为输入频率的一半，实现二分频器程序的方法有很多种。

a. 利用"与""或"指令实现二分频器程序。设输入为 I1.0，输出为 Q4.0，根据二分频要求 I1.0 接通 2 次，Q4.0 只接通 1 次，其波形如图 2-25 所示。利用常开、常闭触点串并联实现二分频程序，如图 2-26 所示，图中增加存储位 M4.0 作为控制 Q4.0 的附加条件，其通断波形示于图 2-25 中。

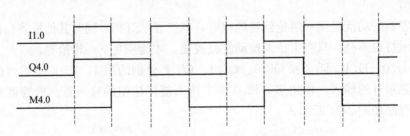

图 2-25 二分频波形图（时序）

从波形图和梯形图均可看出，Q4.0 变为 1 的条件是 I1.0 为 1 且 M4.0 为 0，Q4.0 为 1 后，I1.0 为 0 仍可自保为 1，直到 I1.0 又为 1；而 M4.0 变为 1 的条件是 I1.0 为 0 且 Q4.0 为 1。M4.0 为 1 后，I1.0 为 1 也保持不变（以此区别 Q4.0 处的状态），直到 I1.0 又为 1 时 M4.0 才变为 0，至此时又满足了 Q4.0 再次为 1 的条件。

读者也可通过 I1.0 的时序（当 I1.0 第 1 次为 1，第 1 次为 0；第 2 次为 1，第

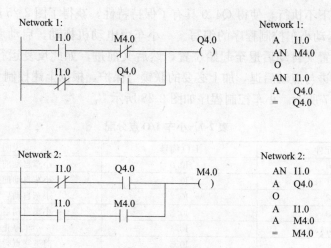

Network 1:

```
A   I1.0
AN  M4.0
O
AN  I1.0
A   Q4.0
=   Q4.0
```

Network 2:

```
AN  I1.0
A   Q4.0
O
A   I1.0
A   M4.0
=   M4.0
```

图 2-26 二分频器程序（1）

2 次为 0；…）分析出 Q4.0，M4.0 变化的波形。

b. 利用跳变沿检测指令实现二分频器程序。分析二分频器波形图中 I1.0 与 Q4.0 波形关系可看出：I1.0 每出现一个正跳沿，Q4.0 便反转一次。因此只要设计一个反转程序，每测得一个正跳沿则执行一次反转，没有正跳沿则不执行反转，具体程序如图 2-27 所示（用了跳转指令）。

Network 10:

```
 I1.0      M2.0       CAS1
──┤ ├──────(P)──────(JMPN)
```

Network 10:

```
A    I1.0   //检测I1.0状态，结果存RLO中
FP   M2.0   //对RLO正跳沿检测，若有则置位RLO，否则复位RLO
JCN  CAS1   //若RLO为0则转移到CAS1
```

Network 11:

```
 Q4.0                 Q4.0
──┤/├─────────────────( )
```

Network 11:

```
AN   Q4.0   //检测Q4.0触点状态
=    Q4.0   //若Q4.0触点为0则令Q4.0为1
            //若Q4.0触点为1则令Q4.0为0
```

Network 12:

```
      CAS1
┌──────────┐
│   CAS1   │
└──────────┘
──┤ ├──
```

Network 12: CAS1:   ⋮

图 2-27 二分频器程序（2）

图 2-27 中网络 10 对 I1.0 正跳沿检测；若没有正跳沿，则转向执行网络 12 的程序；若有正跳沿，则顺序执行网络 11 中的程序。网络 11 实现输出反转；若常闭触点 Q4.0 为 1（说明原 Q4.0 线圈为 0）则令线圈 Q4.0 为 1（实现反转）；若 Q4.0 常闭触点为 0（说明原 Q4.0 线圈为 1）则令线圈 Q4.0 为 0（同样实现反转）。尽管在网络 11 中使用的是输出赋值指令，因它只是在输出有正跳沿时才执

行，其他情况下不执行，使得 Q4.0 具有了保持特性，获得了图 2-25 所示的波形。

④ 往复运动小车控制程序的编写。一小车由电动机拖动，启动后小车自动前进，至指定位置又自动后退至起始位置，然后又前进，如此反复运行直至命令停止。能点动前进与点动后退，加上必要的联锁与保护，根据上述控制要求，对 I/O 点分配如表 2-7 所示。小车控制程序如图 2-28 所示。

表 2-7　小车 I/O 点分配

外接元件	I/O 编号	说明
SB0	I0.0	小车自动前进按钮
SB1	I0.1	小车自动前进按钮
SB2	I0.2	小车自动后退按钮
SB3	I0.3	小车自动后退按钮
SB4	I0.4	小车停止按钮
S1	I0.5	前进终点行程开关
S2	I0.6	后退终点行程开关
FB	I0.7	热继电器触点
KM1	Q4.0	前进接触器线圈
KM2	Q4.1	后退接触器线圈

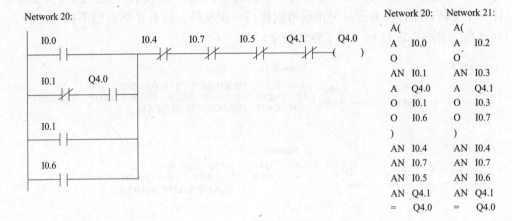

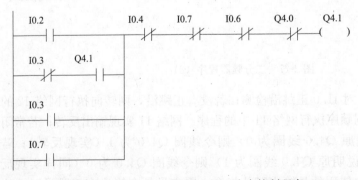

图 2-28　小车控制程序

2.3.2 字逻辑指令及应用

字逻辑运算指令是将两个字（16 位）或双字（32 位）逐位进行逻辑运算的指令，参加运算的两个数，一个在累加器 1 中，另一个可以在累加器 2 中或在指令中以立即数（常数）的方式给出。"字"逻辑运算后的运算结果放在累加器 1 的低字中；"双字"逻辑运算结果存放在累加器 1 中，累加器 2 的内容保持不变。

字逻辑运算结果影响状态字的标志位。如果字逻辑运算结果为 0，则 cel 复位为 0，如果字逻辑运算结果不是 0，则 ccl 被置为 1，cc0 和 ov 位则总是复位为 0。

字逻辑运算指令的语句表和梯形图表示格式如下。

（1）字逻辑语句表（STL）指令 字逻辑 STL 指令是可带操作数（常数）或不带操作数的指令，如表 2-8 所示。

表 2-8 字逻辑 STL 指令

STL	操作数	功能说明
AW		两个字(16 位)逐位进行"与"逻辑运算
OW		两个字(16 位)逐位进行"或"逻辑运算
XOW	不带操作数	两个字(16 位)逐位进行"异或"逻辑运算
AD	或带常数	两个双字(32 位)逐位进行"与"逻辑运算
XD		两个双字(32 位)逐位进行"或"逻辑运算
XOD		两个双字(32 位)逐位进行"异或"逻辑运算

下面举例说明字逻辑 STL 指令的应用。

【例 2-9】 使用不带操作数的字"与"指令 AW。

```
STL
L    MW10    //把存储字 MW10 的内容写入累加器 1 低字中
L    MW20    //把存储字 MW20 的内容写入累加器 1 低字中，累加器 1 原内容移至累加
             器 2
AW           //累加器 1、2 低字内容逐位进行"与"逻辑运算，结果存放在累加器 1 低
             字中
T    MW12    //把累加器 1 低字中内容传送至存储区 MW12 中
```

设 MW10，MW20 中存储内容如图 2-29 所示，按位进行与运算后，存入 MW12 的内容示于图 2-29 中。

【例 2-10】 使用 32 位常数异或 XOD 指令的示例，该程序实现了累加器与指令中给出的 32 位常数的异或逻辑运算。

```
STL          //把存储区双字 MD10 的内容写入累加器 1
L    MD10    //把累加器 1 的内容与常数 DW♯16♯ABCD-1978 按位进行异或逻辑运算，
             结果放在累加器 1 中
T    MD14    //把累加器 1 中的内容传送到存储区双字 MD14 中
```

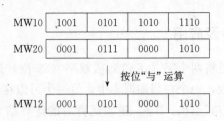

图 2-29 两个字间的 AW 指令的操作

设 MD10 中存储内容如图 2-30 所示，与异或 XOD 指令中常数按位进行异或运算后，传入存储双字 MD14 的内容示于图 2-30 中。

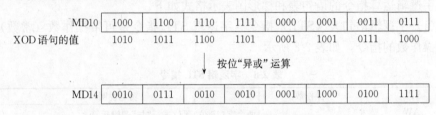

图 2-30 32 位常数 XOD 指令的操作

（2）字逻辑梯形图方块指令 上述字逻辑语句表指令都有对应的梯形图方块指令，梯形图方块图形符号如图 2-31 所示。

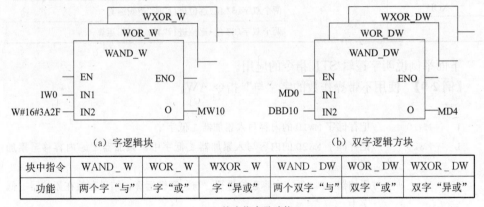

（a）字逻辑块　　　　　　　　　　（b）双字逻辑方块

块中指令	WAND_W	WOR_W	WXOR_W	WAND_DW	WOR_DW	WXOR_DW
功能	两个字"与"	字"或"	字"异或"	两个双字"与"	双字"或"	双字"异或"

（c）块中指令及功能

图 2-31 字逻辑梯形图方块指令

图 2-31 中方块上指令说明该方块功能。IN1 为逻辑运算第一个数输入端，IN2 为第二个数输入端，O 为逻辑运算结果输出端，EN 为允许输入端，ENO 为允许输出端。当 EN 的信号状态为 1，则启动字逻辑运算指令，且使 ENO 为 1；若 EN 为 0，则不进行字逻辑运算，此时 ENO 也为 0。启动字逻辑运算后，对 IN1、IN2 端的两个数字逐位进行逻辑运算，参与逻辑运算的数及结果均为字或双字数据类型，它们可以存留在存储区 I、Q、M、D、L 中，图 2-31（a）进行的是输入字 IW0 中 16 位与常数 W#16#3A2F 的 16 位逐位进行逻辑与运算，运算的结果放

在存储字 MW10 中，图 2-31（b）进行的是存储双字 MDO 中 32 位与数据双字 DBD10 中 32 位逐位进行逻辑与运算，运算结果放在存储双字 MD4 中。

（3）字逻辑运算指令的应用　字逻辑运算指令有各种用途，下面简单举例说明。

【例 2-11】　用字逻辑指令屏蔽（取消）不需要位，取出所需要位，也可对所需位进行设定。如图 2-32 所示，取出用 BCD 数字拨码开关送入输入存储字 IW0 中的 3 个 BCD 数，并将 I0.4～I0.7 四位置位 BCD 数 2（设时基）。实现方法示于图 2-32 中。

编程思路：先用 W♯16♯OFFF 和输入存储字 IW0 进行字和字相"与"运算（WAND-W），运算结果送入存储字 MW0。MW0 中结果如图 2-32 所示，它取出了 3 个输入的 BCD 数并将相应的 4 位置设为 0。再通过 MW0 和 W♯16♯2000 进行字和字相"或"运算，运算结果送入存储字 MW2，MW2 中的数即为所求，如图 2-32 中所示。

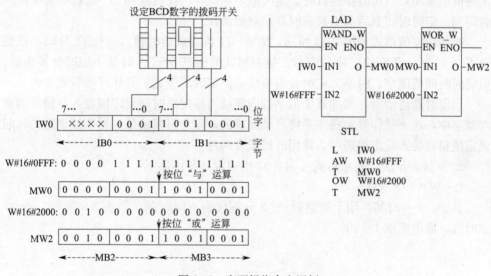

图 2-32　字逻辑指令应用例

2.4　定时器、计数器指令及应用

定时器（计时器）和计数器是 PLC 中的重要元件，在编程时往往要用到，下面分别进行介绍。

2.4.1　定时器指令及应用

PLC 中的定时器相当于电气控制中的时间继电器，用于各种与时间有关的控制，如进行一定的延时接通、延时断开。西门子公司的 PLC 提供了多种类型的定时器，供用户灵活选用。下面先介绍有关定时器的一些共同问题，然后介绍定时器的类型、指令及应用。

（1）定时器基本知识　定时器是一种由位和字组成的复合单元，定时器的触点用位表示，其定时时间值存储在字存储器中（占 2Byte）。因为定时器区域的编址（T 后定时器号，只能按字访问）以及存储格式特殊，所以只有通过定时器指令才能对其进行访问。定时器的个数随 CPU 有所不同，如 S7-300 CPU314，其定时器有 128 个（编号 T0～T127）。

① 关于定时器时间的设定　使用时间继电器时，要为其设置定时时间，当时间继电器的线圈通电后，时间继电器被启动。若定时时间到，继电器的触点动作；当时间继电器的线圈断电时，也将引起其触点动作。该触点可以在控制线路中，控制其他继电器，定时器的使用和时间继电器一样也要设置定时时间。

S7 中时间元件的定时时间由时基和定时值两部分组成，定时时间等于时基与定时值的乘积，当定时器运行时，定时值不断减 1，直到减到 0，减到 0 表示定时时间到。定时时间到后会引起定时器触点的动作。

时间设定值格式如图 2-33 所示，第 0～11 位存放定时值（三位 BCD 码，数值范围 0～999），TX 12、13 位存放二进制格式的时基 0～3。时基小定时分辨率高，但定时时间范围窄；时基大定时分辨率低，但定时范围宽。具体可参看表 2-9。

当定时器启动时，累加器 1 低字的内容被当作定时时间设定值装入存储器的定时器字中，这一操作是由操作系统自动完成的，用户只需给累加器 1 按规定的时间设定值格式装入设定值即可，常用的格式有两种：

a. 直接表示法。表示格式按图 2-33 中规定，具体如下：

L　W♯16♯wxyz

其中：w＝时基，用十进制数 0～3 分别代表不同时基，如表 2-9 所示。xyz＝定时值，取值范围 1～999。

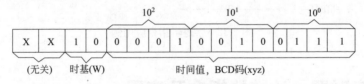

图 2-33　时间设定值格式

图 2-33 中时间设定值为 127s，用 L W♯16♯2127 将其预装在累加器 1 中，以便启动定时器进行时间设定用，直接表示法只对 STL 指令有效。

表 2-9　时基与定时范围

时基	w 数值	分辨率	定时范围
10ms	0	0.01s	10MS～9S_990MS
100ms	1	0.1s	100MS～1M_39S_990MS

续表

时基	w 数值	分辨率	定时范围
1s	2	1s	1S～16M_39S
10s	3	10s	10S～2H_46M_30S

b. S5 时间表示法。表示格式如下：

S5T♯aH_bbM_ccS_dddMS

其中：a＝小时，bb＝分钟，cc＝秒，ddd＝毫秒。时间设定范围：1MS～2H_46M_30S。此时时基不用设定。系统自动选择能满足定时范围要求的最小时基值。

S5 时间表示法设定格式对 STL 指令，LAD、LAD 方块指令均有效。值得说明的一点是：时间设定值装入存储器的定时器字中时，设定值中的时间值存储的是二进制数。

② 定时器类型与指令　S7-300/400 提供了多种形式的定时器，如脉冲定时器、扩展脉冲定时器、接通延时定时器、带保持的接通延时定时器和断电延时定时器，定时器编号是一样的，如 CPU314 为 T0～T127 共 128 个，究竟它是属于哪种定时器类型由对它所用的指令决定。

S7 定时器功能丰富，除了类型外，利用指令还可增加其他一些功能，如随时复位定时器（R 指令），随时重置定时时间（定时器再启动指令 FR），有的还可查看当前剩余定时时间等。定时器指令有梯形图（LAD）指令、梯形图方块指令和语句表指令等。

（2）定时器线圈指令　所有定时器都可以用简单的位指令启动，这时定时器像时间继电器一样，有线圈、有按时间动作的触点及时间设定值，定时器 T 的类型由定时器线圈指令确定，如表 2-10 所示。

表 2-10　定时器类型及对应指令

定时器类型	LAD 指令	STL 指令	说　明
脉冲定时器	T 元件号 —(SP) 预置时间	SP　T 元件号	①指令决定了所用 T 元件号的类型。T 元件号随 CPU 而定 ②梯形图指令中的预置时间即为时间设定值，数据类型为 S5TIME，可在存储区 I、Q、M、D、L 中，也可为常量 ③STL 指令中 T 元件号的时间设定值，按规定格式在定时器启动时装入累加器 1 ④程序中还可用 R（复位）、FR（允许定时器再启动）等指令
扩展 脉冲定时器	T 元件号 —(SE) 预置时间	SE　T 元件号	
接通 延时定时器	T 元件号 —(SD) 预置时间	SD　T 元件号	
保持型接通 延时定时器	T 元件号 —(SS) 预置时间	SS　T 元件号	
关断 延时定时器	T 元件号 —(SF) 预置时间	SF　T 元件号	

下面介绍各种定时器的功能及使用方法。

① 脉冲定时器（SP）　这是一种产生一个"一定长度脉冲"即接通一定时间的定时器，其工作情况通过图 2-34 来说明。图 2-34 中包括梯形图、语句表及主要工作波形图（时序图）。

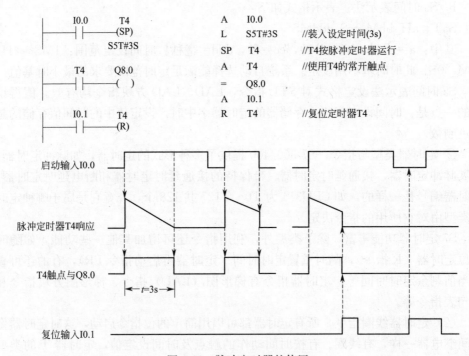

图 2-34　脉冲定时器的使用

当 I0.0 闭合（RLO 有正跳沿），脉冲定时器 T4 启动运行，T4 触点立即动作，T4 常开触点闭合，只要 I0.0 保持闭合，T4 继续运行，T4 常开触点保持闭合，当定时时间到图 2-34 中为 3s，T4 常开触点断开，所以只要 I0.0 维持足够长的时间（超过设定时间）及无复位信号（I0.1 未接通）两个条件成立，脉冲产生定时器就能接通一固定时间（所设定时间）。

有人称它为定长脉冲定时器，但要产生定长时间的脉冲（接通达所设定的时间）也是有条件的。

② 扩展脉冲定时器（SE）　控制中有时要求只要输入信号接通一下，输出就能固定接通一段时间，这时可用扩展脉冲定时器，如图 2-35 所示。

当 I0.0 闭合（RLO 有正跳沿），扩展脉冲定时器 T4 启动运行，T4 触点立即动作，T4 常开触点闭合，此时即使 I0.0 断开，T4 仍将继续运行，T4 常开触点也一直保持闭合直至所设定的时间。只要 I0.0 不在设定时间内反复短时通断，T4 均可定长时间地接通。如果出现 I0.0 的短时反复通断，导致 T4 的反复响应，会使总接通时间大于设定时间（图中 $t > 3s$ 处），I0.1 闭合，启动复位信号，定时器 T4

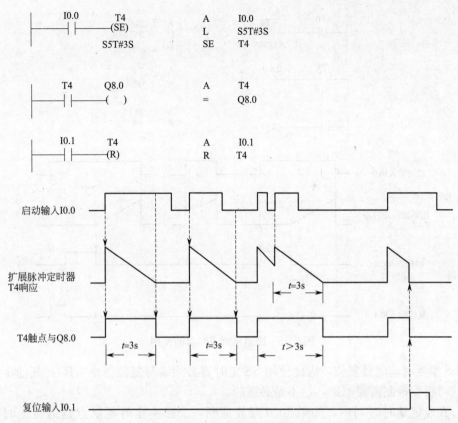

图 2-35 扩展脉冲定时器的使用

立即复位（停止运行）。

③ 接通延时定时器（SD） 控制中，有些控制动作要比输入信号滞后一段时间开始，但和输入信号一起停止，为了满足这样的要求，设计了这种接通延时定时器，其主要工作情况和编程如图 2-36 所示。

当 I0.0 闭合（RLO 有正跳沿），接通延时定时器 T4 启动运行，当设定的延时时间 3s 到后，T4 触点动作，T4 的常开触点闭合，I0.0 断开，T4 运行随之停止，T4 常开触点断开。I0.0 闭合时间小于定时器 T4 设定延时时间，T4 触点不会动作，I0.1 闭合，启动复位信号，定时器 T4 立即复位（停止运行）。

④ 保持型接通延时定时器（SS） 接通延时定时器要求输入信号的接通时间要维持较长（超过设定延迟时间）才会动作。如果希望输入信号短时接通一下便可保证在设定延迟时间后才有输出，这就需要用到保持型接通延时定时器，其主要工作情况和编程如图 2-37 所示。

当 I0.0 闭合一下或闭合较长时间（RLO 有正跳沿），保持型接通延时定时器 T4 均启动运行，当设定的延时时间 3s 到后，T4 触点动作，T4 常开触点就闭合，此后一直闭合，直至 I0.1 闭合，复位指令令其复位。只有复位指令才能令动作了

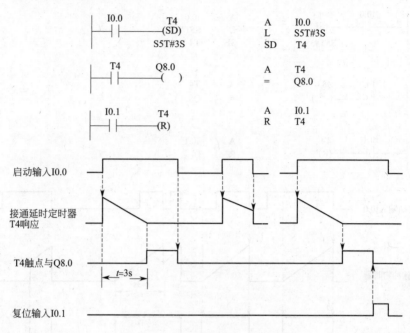

图 2-36   接通延时定时器的使用

的 SS 型延时定时器复位，因此使用 SS 定时器必须编写复位指令（R），其他定时方式可根据控制需要而定，并不是必需的。

在设定延时时间内，如果 I0.0 反复通断，会影响定时器触点延迟接通时间（如图 2-37 中所示，出现重叠计算）。

⑤ 关断延时定时器（SF） 关断延时定时器又称断电延时定时器，是为了满足输入信号断开，而控制动作要滞后一定时间才停止的操作要求而设计的，其工作情况和编程如图 2-38 所示。

图 2-38 中 I0.0 闭合，SF 定时器 T4 启动，其触点立即动作，常开触点 T4 立即闭合，当 I0.0 断开（RLO 有负跳沿）时开始计时，在定时的延时时间未到之前，其触点不会动作，常开触点 T4 不分断开。当延时时间到，常开触点 T4 才会断开。在延时时间内 I0.1 闭合，复位信号可令 T4 立即复位，常开触点立即断开。不在定时延时时间内，复位（R）信号对 SF 定时器不起作用。

在 I0.0 断开的时刻如果存在复位信号，则 SF 定时器立即复位。

（3）定时器梯形图方块指令 程序设计中可以用定时器线圈来满足各种时间控制的要求。但 S7 还提供了另一种 S7 定时器梯形图方块，这种定时器方块的类型和基本功能和上述定时器线圈类型和功能相同，但方块定时器在方块上还增加了一些功能，以方便用户使用。

下面对定时器梯形图方块指令进行介绍。

定时器梯形图方块也是 5 种，即：

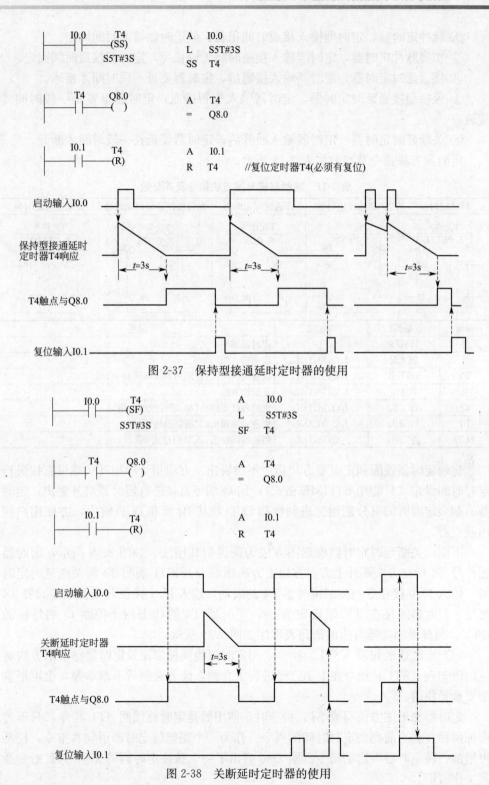

图 2-37 保持型接通延时定时器的使用

图 2-38 关断延时定时器的使用

① 脉冲定时器，定时器输入接通时间很长，但定时器接通时间固定。

② 扩展脉冲定时器，定时器输入接通时间无论长短，定时器接通时间固定。

③ 接通延时定时器，定时器输入接通后，定时器要延一段时间才接通。

④ 保持型接通延时定时器，定时器输入短暂接通，定时器也要延一段时间才接通。

⑤ 关断延时定时器，定时器输入断开后，定时器要延长一段时间才断开。

定时器方块指令及参数如表 2-11 所示。

表 2-11　定时器梯形图方块指令及其参数

脉冲定时器	扩展脉冲定时器	接通延时定时器	保持型接通延时定时器	关断延时定时器
T元件号	T元件号	T元件号	T元件号	T元件号
S_PULSE ─S Q─ ─TV BI─ ─R BCD─	S_PEXT ─S Q─ ─TV BI─ ─R BCD─	S_ODT ─S Q─ ─TV BI─ ─R BCD─	S_ODTS ─S Q─ ─TV BI─ ─R BCD─	S_OFFDT ─S Q─ ─TV BI─ ─R BCD─

参数	数据类型	存储区	说明
元件号	TIMER	T	定时器编码
S	BOOL	I,Q,M,D,L	启动输入端
TV	S5TIME	I,Q,M,D,L	设置定时时间(指定用 S5TIME 格式)端
R	BOOL	I,Q,M,D,L	复位输入端
Q	BOOL	I,Q,M,D,L	定时器状态输出(触点开闭状态)端
BI	WORD	I,Q,M,D,L	剩余时间输出(二进制码格式)端
BCD	WORD	I,Q,M,D,L	剩余时间输出(BCD 码格式)端

比较定时器线圈和定时器方块指令不难看出：方块指令中用 TV 端可直接进行定时时间设定（只能用 S5TIME 格式）；用 Q 端可直接进行定时器对外输出；定时器的剩余定时时间可分别用二进制数和 BCD 数从 BI 端和 BCD 输出，方便用户使用及查看。

下面以关断延时定时器梯形图方法为例说明其用法。如图 2-39 所示，定时器元件号 T4 标在方块图外上方，方块上方所标 S_OFFDT 表明 T4 为关断延时定时器。输入 I0.0 接在 S 端控制定时器 T4 的启动，输入 I0.1 接在 R 端控制定时器 T4 复位，定时器间接在 TV 端设定为 3s，定时器 T4 的状态用于控制 Q 端外接的 Q8.0。与梯形图功能对应的语句表程序如图 2-39 所示。

（4）定时器语句表（STL）指令　与定时器线圈梯形图及定时器梯形图方块对应的语句表（STL）指令在上面已经进行了介绍，读者对照后不难掌握，也可根据需要选择使用。

定时器梯形图方块写成 STL 指令时，使用的是定时器线圈 STL 指令，只不过增加两种查看当前剩余定时时间的指令。作为一个完整的定时器语句表指令，便是再增加一种定时器再启动指令。图 2-40 列出了一个脉冲定时器的完整 STL 指令及其工作波形。

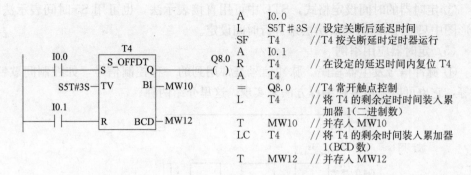

A	I0.0	
L	S5T#3S	// 设定关断后延迟时间
SF	T4	// T4 按关断延时定时器运行
A	I0.1	
R	T4	// 在设定的延迟时间内复位 T4
A	T4	
=	Q8.0	// T4 常开触点控制
L	T4	// 将 T4 的剩余定时时间装入累加器 1（二进制数）
T	MW10	// 并存入 MW10
LC	T4	// 将 T4 的剩余时间装入累加器 1（BCD 数）
T	MW12	// 并存入 MW12

图 2-39 使用定时器方块

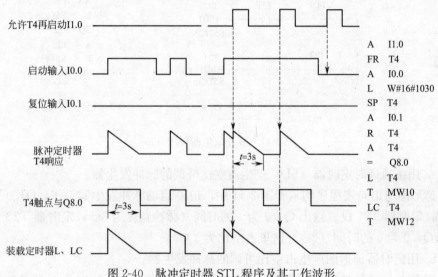

图 2-40 脉冲定时器 STL 程序及其工作波形

对 STL 程序中新增语句功能说明：

① 允许定时器再启动指令（FR）。在允许指令（FR）前逻辑操作结果（RLO）从 0 变为 1（图 2-40 中 I1.0 闭合）可触发一个正在运行的定时器再启动。相当于再重新装一次起始设定时间，让正在运行的定时器又重新工作。

允许再启动指令，不是启动定时器的必要条件，也不是正常定时器操作的必要条件。

② 装载定时器当前剩余时间值。定时器运行时，从设定时间开始进行减计时，减到 0 表示计时时间到，定时器梯形图方块"BI"输出端输出的是包含 10 位二进制数表示的当前时间值（不带时间基准），"BCD"输出端的是包含三位 BCD 数（12 位）和时间基准（存第 12、13 号位）表示的当前时间值。在 STL 程序中为了查看定时器的当前时间（即剩余时间），增加了相应的对定时器时间值的装入与传送指令（L、T、LC、T）。这些指令也不是必需的，根据需要确定是否要编入。

③ 定时器的时间设定格式，STL 中可用直接表示法，也可用 S5 时间表示法。梯形图中只能用 S5 时间表示法来进行时间设定。

（5）定时器应用举例

① 脉冲信号发生器程序　脉冲信号是常用到的一种控制信号，如控制间歇铃声等，它也可以采用多种编程方法来实现，这里介绍两种。

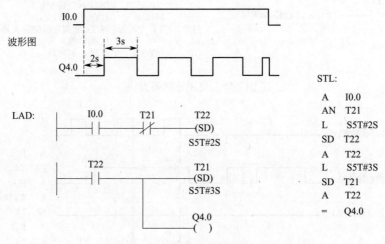

图 2-41　脉冲发生器程序（1）

a. 用接通延时定时器（SD）产生占空比可调的脉冲发生器。

梯形图与语句表程序均示于图 2-41 中，I0.0 启动脉冲发生器工作，Q4.0 脉冲输出，定时器 T21 设置输出 Q4.0 为 1 的时间（脉冲宽度为 3s），定时器 T22 设置输出 Q4.0 为 0 的时间（2s）。这里占空比为 3∶2。

b. 用定时器梯形图产生占空比可调的脉冲发生器。

用 I0.0 启动脉冲发生器工作，Q4.0 为脉冲输出，关断延时定时器 T21（S_OFFDT 方块）设置输出 Q4.0 为 1 的时间（脉冲宽度 3s），接通延时定时器 T22（S_ODT 方块）设置 Q4.0 为 0 的时间（2s）。占空比为 3∶2，程序如图 2-42 所示。

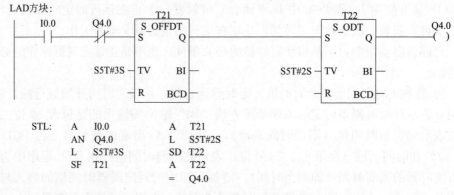

图 2-42　脉冲发生器程序（2）

② 锅炉鼓风机、引风机控制程序　按锅炉操作，启动时先启动引风机运转，经过 10s 后再启动鼓风机运转；停止时先关鼓风机，经过 15s，再关引风机，根据上述要求编出的程序如图 2-43 所示，图 2-43 中 I0.0 接启动按钮，I0.1 接停止按钮，接通延时定时器（SD）T1 控制鼓风机延时启动，接通延时定时器（SD）T2 控制引风机延时断开，Q4.1 外接鼓风机。

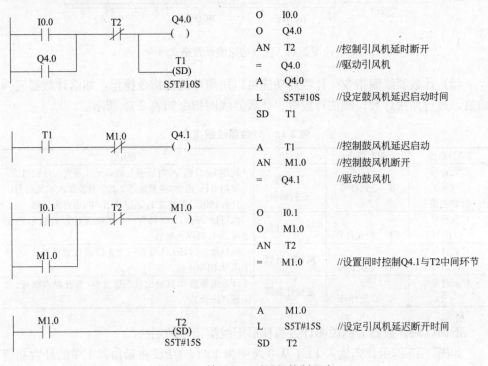

图 2-43　鼓风机、引风机控制程序

2.4.2　计数器指令及应用

在生产过程中常常要对现场事物发生的次数进行记录并据此发出控制命令，计数器就是为了完成这一功能而开发的，下面进行介绍。

（1）计数器基本知识　计数器用于对 RLO 的正跳沿（触点由断到通）计数。计数器是一种由位和字组成的复合单元，计数器的触点用位表示，计数值存储在字存储器（占 2Byte 中。计数范围是 0～999，当计数器加计数达到上限 999 时，累加停止；减计数达到 0 时，将不再减小，对计数器进行置数（设置初始值）操作时，累加器 1 低字中的内容被装入计数器字。计数器将以此作为计数初值，进行增加或减小。

在向计数器置初始值时，置入的初始值为三位 BCD 码，如图 2-44 所示，计数器启动时操作系统自动将其转换成二进制数（10 位）保留在计数器字中。

可用计数器个数随 CPU 而不同，如 S7-300 CPU314 有计数器 64 个，编号为 C0～C63。计数器类型有：加法计数器、减法计数器、可逆计数器三种。计数器类型由计数指令确定。

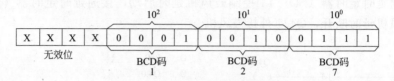

图 2-44　计数初始值设置格式

（2）计数器线圈指令　计数器功能可以用简单的位指令操作，如给计数器置初始值，进行加法计数、减法计数等。计数器线圈指令如表 2-12 所示。

表 2-12　计数器线圈指令

LAD 指令	STL 指令	功能	说明
C 元件号 —(SC) 计数初值	S　C 元件号	计数器 置初始值	使用 LAD 指令，对线圈上的 C 元件号置入计数初值。使用 STL 指令，将累加器 1 低字数值装入 C 元件号。计数初值可存储在 I、Q、M、D、L 中，也可为常数
C 元件号 —(CU)	CU　C 元件号	加(升)计数	执行指令时，RLO 每有一个正跳沿计数值加 1，若达上限 999，则停止累加
C 元件号 —(CD)	CD　C 元件号	减(降)计数	执行指令时，RLO 每有一个正跳沿计数值减 1，若达下限 0，则停止减
C 元件号 —(R)	R　C 元件号	复位计数器	计数值被清 0，其输出状态也复位(常开触点断开、常闭触点闭合)

下面以减计数器为例说明计数器梯形图线圈指令的用法。

如图 2-45 所示，当输入 I0.1 从 0 跳变为 1 时，CPU 将累加器 1 中的计数初值（此处为 BCD 数值 127）置入指定计数器 C20 中（S C20）。计数器一般是正跳沿计数。当输入 I0.3 由 0 跳变到 1，每一个正跳沿使计数器 C20 的计数值减 1（降计数），若 I0.3 没有正跳沿，计数器 C20 的计数值保持不变。当 I0.3 正跳变 127 次，计数器 C20 的计数值减为 0，计数值为 0 后，I0.3 再有正跳沿，计数值 0 也不会再

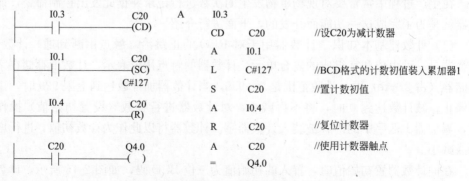

图 2-45　减计数器梯形图

变。计数器 C20 的计数值若不等于 0，则 C20 输出状态为 1，Q4.0 也为 1；当计数值等于 0 时，C20 输出状态也为 0，Q4.0 为 0，输入 I0.4 为 1，计数器立即被复位，计数值复为 0，C20 输出状态为 0。

（3）计数器梯形图方块指令 S7 提供了计数器梯形图方块供程序设计使用，计数器方块图指令功能更强，程序设计更方便，计数器梯形图方块指令有 3 种，如表 2-13 所示。

表 2-13 计数器梯形图方块指令及参数

可逆计数器	加计数器	减计数器
C元件号 S_CUD CU Q CD S CV PV R CV_BCD	C元件号 S_CU CU Q S CV PV R CV_BCD	C元件号 S_CD CD Q S CV PV R CV_BCD

参数	数据类型	存储区	说 明
元件号	COUNTER	C	计数器编号，范围与 CPU 有关
CU	BOOL	I,Q,M,D,L	加计数输入端
CD	BOOL	I,Q,M,D,L	减计数输入端
S	BOOL	I,Q,M,D,L	计数器预置输入端
PV	WORD	I,Q,M,D,L	计数初始值输入（BCD 码，范围：0～999）
R	BOOL	I,Q,M,D,L	复位计数器输入端
Q	BOOL	I,Q,M,D,L	计数器状态输出端
CV	WORD	I,Q,M,D,L	当前计数值输出（整数格式）端
CV_BCD	WORD	I,Q,M,D,L	当前计数值输出（BCD 格式）端

下面以可逆计数器为例，说明计数器方块图指令的使用。如图 2-46 所示，各输入、输出端的连接均示于图中，方块图中当 S（置位）输入端的 I0.1 从 0 跳变到 1 时，计数器就设定为 PV 端输入的值。PV 输入端可用 BCD 码指定设定值（C♯0～999），也可用存储 BCD 数的单元指定设定值，图 2-46 中，指定 BCD 数为 5，R（复位）输入端的 I0.4 为 1，计数器的值置为 0。如果复位条件满足，计数器不能计数，也不能置数。当 CU（加计数）输入端 I0.2 从 0 变到 1 时，计数器的当前值加 1（最大值 999）。当 CD（减计数）输入端 I0.3 从 0 变到 1 时，计数器的当前值减 1（最小值 0。）如果两个计数输入端都有正跳沿，则加、减操作都执行，计数保持不变。当计数值大于 0 时输出 Q 上的信号状态为 1；当计数值等于 0 时输出 Q 上的信号状态为 1；当计数值等于 0 时，Q 上的信号为 0，图 2-46 中，Q4.0 也相应为 1 或 0。输出端 CV 和 CV_BCD 分别输出计数器当前的二进制计数值和 BCD 计数值，可逆计数器工作波形图如图 2-47 中所示。

（4）计数器语句表（STL）指令 对应计数器线圈梯形图及计数器梯形图方块的语句表（STL）指令均列于图旁，读者对照后不难掌握，也可根据需要选择使用。

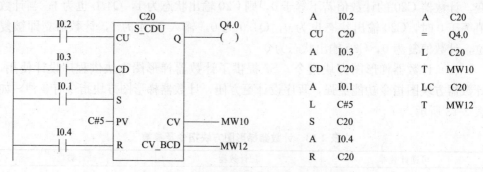

图 2-46　可逆计数器梯形图方块的使用

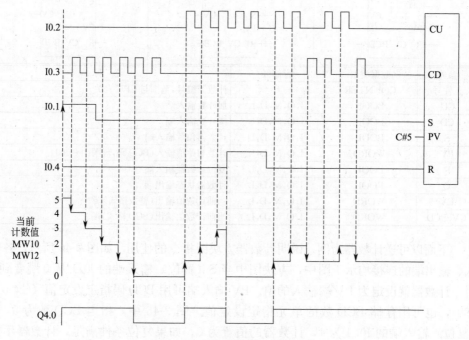

图 2-47　可逆计数器工作波形图

计数器语句表（STL）指令的编程顺序是：允许计数器再启动（FR），加计数、减计数、计数器置初值，计数器复位，使用计数器触点和读取当前计数值。允许计数器再启动指令（FR），不是计数器正常运行的必要条件，一般不需编入。

允许指令（FR）的格式表示如下：

```
A   I0.0
FR  C20
```

当 I0.0 由 0 跳变到 1 时，才对计数器 C20 进行一次允许操作。所谓允许操作是指当计数器置数或升计数、降计数的语句前 RLO 位为 1 时，允许操作可令上述语句执行一次，而一般情况上述语句前必须有一个正跳沿才会执行一次。

（5）计数器应用举例　计数器用于对各种脉冲计数。当定时器不够用时，计数输入端输入标准时钟脉冲也可用定时器使用。计数器与定时器组合还可设计长延时定时器，举例如下。

一般定时器延时时间不到 3h，图 2-48 便是一个实现 10h 接通延时的程序，I0.1 接通一下对计数器 C1 置计数初值，I0.0 闭合开始计时，用接通延时定时器 T5 产生周期为 1min 的脉冲序列。利用 T5 触点对 C1 减计数，当 C1 减为 0 后，其常闭触点闭合，Q4.0 为 1，表示 10h 延时时间到。

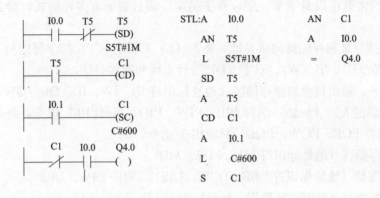

图 2-48　接通时 10h 程序

2.5　数据处理与数学运算指令及应用

数据处理与数学运算，包括数据的交换、传送、数据格式的转换，数据比较，算术运算，累加器操作，移位和循环移位等。这方面指令很丰富，下面进行介绍。

2.5.1　装入和传送指令

应用装入（L）和传送（T）指令可以在输入、输出与存储区之间，或存储区与存储区之间交换数据。CPU 在每次扫描中无条件执行这些指令，这些指令执行不受逻辑操作结果 RLO 状态的影响。

交换数据的方法，一般是通过累加器进行。L 指令将源数据装入累加器 1（累加器 1 原有数据移入累加器 2，累加器 2 原有数据被覆盖）。然后 T 指令将累加器 1 中的内容写入目的存储区，累加器的内容保持不变，L 和 T 指令可以对字节（8 位）、字（16 位）、双字（32 位）数据进行操作，累加器有 32 位，当数据小于 32 位时，数据在累加器中向右对齐（低位对齐），多余各位填 0。

根据装入和传送的对象，使用时可分为不同的情况，下面先介绍几种。

（1）装入和传送常数或存储器内所存数　采用以下 3 种寻址方式解决数据

传送。

① 立即寻址　L 指令装入常数采用立即寻址。如：

```
L  ＋5              //将有符号十进制常数＋5(16 位整数)装入累加器 1
L  L#－200210       //将有行号十进制常数－200210(32 位整数)装入累加器 1
L  C#325           //将 BCD 常数 325 装入累加器 1
L  B#(1,－10,5,4)   //将 4 个独立字节 1,－10,5,4 装入累加器 1
L  P#11.0          //将 32 位双字指针装入累加器 1
```

装入的常数可以是字节、字、双字类型，而且数据有多种格式，读者可参阅表 2-1。

② 直接寻址和存储器间接寻址　装入（L）和传送（T）指令可以对下列存储区内的字节（B）、字（W）、双字（D）进行直接和间接寻址：

a. 输入、输出过程映像存储区（地址标识符 IB、IW、ID、QB、QW、QD）。

b. 外部输入区（地址标识符 PIB、PIW、PID），只能用 L 指令，外部输出区（地址标识符 PQB、PQW、PQD）只能用 T 指令。

c. 位存储区（地址标识符 MB、MW、MD）。

d. 数据块（地址标识符 DBB、DBW、DBD、DIB、DIW、DID）。

e. 局部数据（临时本地数据，地址标识符 LB、LW、LD）。

上述存储区地址范围可查表，L 和 T 指令的直接寻址，就是在指令中直接给出存放数据的存储单元中所述。

```
例如：L  PIW10   //将外部输入 PIB10、PIB11 内容装入累加器 1
     T  LW20    //将累加器 1 低字内容拷贝至局部数据字 LW20 中
```

L 和 T 指令的存储器间接寻址是以存储器（MD、LD、DBD、DID 双字）内容作为地址，通过这个地址再找到操作数。

```
例如：L  IB[MD 10]   //将输入字节 IB(字节地址存 MD10 中)的内容装入累加器 1
     L  PIW[LDO]   //将外部输入字 PIW(字地址存 LDO 中)的内容装入累加器 1
     T  QW[DBD 10] //将累加器 1 内容拷贝至输出字 QW 输出(字地址存 DBD10 中)
```

③ 寄存器间接寻址　装入（L）和传送（T）指令可用区域内寄存器间接寻址和区域间寄存器间接寻址，区内地址和区间地址的设定方法已经介绍，这里仅举几例说明。

L、T 指令的区内寄存器间接寻址如：

```
L  IW[AR1,P#8.0]   //把输入字内容装入累加器 1,输入字的地址由地址寄存器 AR1 内容
                     加上 8
```

字节得出

```
T  MD[AR2,P56.0]   //把累加器 1 的内容传送至存储双字 MD,MD 地址由地址寄存器 AR2
                     内容加
```

上 56 字节得出

L、T 指令的区间寄存器间接寻址如：

L B[AR1,P♯100.0] //把字节装载至累加器 1,它的存储单元由地址寄存器 AR1 内容加上 100 字

节得出。字节的存储区域由地址寄存器 AR1 的 24、25、26 位指明

T D[AR2,P♯42.0] //把累加器 1 的内容传送至双字,它的存储单元由地址寄存器 AR2 内容加

上 42 字节得出,双字的存储区域由地址寄存器 AR2 的 24、25、26 位指明

(2) 读取或传送状态字　使用 L 指令,可将状态字中 0～8 位装入累加器 1,累加器中 4～31 位清 0。但 S7-300 的 L 指令不能装入状态字的 FC、STA 和 OR 三个状态字位。

使用 T 指令,可将累加器 1 中的内容传送到状态字中。

语句格式如下：L STW //将状态字中 0～8 位装入累加器 1 低字中

T STW //将累加器 1 低字中内容传送到状态字中

(3) 装入时间值或计数值　在介绍定时器和计数器时,对如何设置定时器时间设定值及计数初值已作了介绍,这里主要对如何读出定时器字中的当前剩余时间和计数器字中的当前计数值作一点补充说明。

装入定时器当前剩余时间指令有直接装载和 BCD 装载两种。如：

L T10 //将定时器 T10 中当前剩余时间以二进制数格式装入累加器 1 的低字中(不带时基)

LC T10 //将定时器 T10 当前剩余时间和时基以 BCD 码格式装入累加器 1 低字中

时间值数据格式如图 2-49 所示。

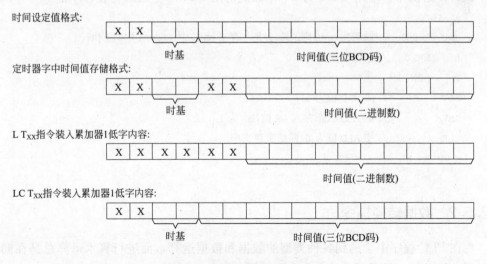

图 2-49　定时器时间值数据格式

装入计数器当前计数值指令,也有直接装载和 BCD 装载两种,如：

L C10 //将计数器 C10 中二进制格式的计数值直接装入累加器 1 的低字中

LC C10 //将计数器 C10 中二进制格式的计数值以 BCD 码格式装入累加器 1 低字中

（4）梯形图方块传送指令　上面介绍的是利用 STL 指令进行数据的装入（L）和传送（T），这里介绍的是用梯形图方块直接进行数据传送。传送方块如图 2-50 所示。

如果允许输入端 EN 为 1，就执行传送操作，将输入 IN 处的值传送到输出 0，并使 ENO 为 1；如果 EN 为 0，则不进行传送操作，并使 ENO 为 0。ENO 总保持与 EN 相同的信号状态。传送方块可传送的数据长度为 8 位、16 位和 32 位的有基本数据类型（包括常数）。但传送用户自定义的数据类型，如数组或结构，则必须用系统集成功能（SFC）进行。

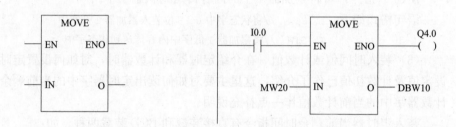

图 2-50　MOVE 方块指令　　　　图 2-51　MOVE 方块指令的使用

图 2-51 为传送方块的使用。图中输入位 I0.0 闭合，则执行传送操作，将存储字 MW20 的内容传送至数据字 DBW10，输出 Q4.0 为 1；若输入位 I0.0 断开，则不执行传送操作，输出 Q4.0 为 0。下面是与图 2-51 对应的语句表程序：

A I0.0

JNB －001 //如果 RLO=0 则跳转，并把 0 存于 BR 位中；RLO=1 则向下执行

L MW20 //进行数据传送

T DBW10

SET //使 RLO 位为 1

SAVE //把 RLO 状态存入 BR 位，BR 为 1

CLR //使 RLO 位为 0，并结束逻辑串

－001A BR

= Q4.0

2.5.2　数据转换指令

在 PLC 程序中会遇到各种类型的数据和数据运算，而进行算术运算总是在同类型数间进行，另外用于输入和显示的数一般习惯用十进制数（BCD 码数），因此在编程时总会遇到数制转换的问题，这些就需要用到转换指令。下面先回顾一下数据格式，再介绍转换指令的使用方法。

（1）数据格式　PLC中常用到的数据格式如下：

① 十进制数（BCD码数）格式　十进制数的第一位用4个二进制数表示，因为最大的数是9，所以需要4位才能表示（1001）。从0~9的BCD码数与二进制表示是相同的。BCD码数分为16位（字）和32位（双字），正数和负数，用4个最高位表示BCD数的符号；0000表示正，1111表示负，其余每4位为一组，表示一位十进制数。表示格式举例如下：

字BCD码正数（如W♯16♯569）存储格式：

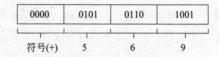

字BCD码负数（如DW♯16♯569）存储格式：

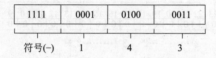

双字BCD码正数（如DW♯16♯569）存储格式：

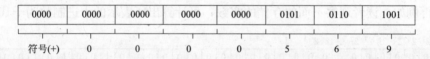

② 整数（INT）、双整数（DINT）格式　即二进制数格式，分为16位整数和32位整数（又称长整数或双整数），正数和负数。用最高的1位（位15或位31）表示符号；0表示正，1表示负.16位整数的范围是−32768~＋32767；32位整数的范围是：L♯−2147483648~L♯＋2147483647。

在二进制格式中，整数的负数形式用正数的二进制补码表示，二进制补码利用正数取反加1得到。

整数存储格式举例如下：

正16位整数：如＋413存储格式。

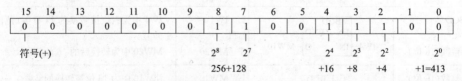

负16位整数：如−413存储格式。

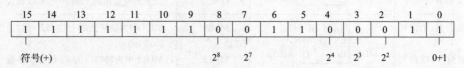

正 32 位双整数：如＋296 存储格式。

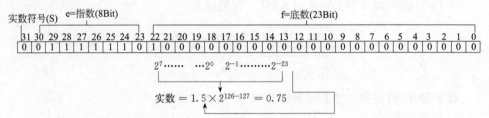

| 31 | 28 27 26 | 24 23 | 20 19 | 16 15 14 13 12 11 10 9 8 7 6 5 4 3 2 1 0 |

$2^8 + 2^5 + 2^3 = 296$

③ 实数（REAL）格式　STEP7 中的实数是按照 IEEE 标准表示的。在存储器中实数占用两个字（32 位），最高有效位是符号位，其他位是指数和尾数。

实数通用表示格式：$(-1)^s 1.f \times 2^{e-127}$

其中，S——实数符号 1 位（存 32 位）；e——指数 8 位（存 23～32 位）；f——小数点后数称尾数 23 位（存 0～22 位）。例如＋0.75 或＋7.5E－1，其存储实数格式如下：

实数符号(S)　e=指数(8Bit)　　　　　　　　　　　f=底数(23Bit)

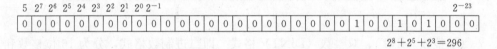

| 31 30 29 28 27 26 25 24 23 | 22 21 20 19 18 17 16 15 14 13 12 11 10 9 8 7 6 5 4 3 2 1 0 |

$2^7 \cdots \cdots 2^0 \; 2^{-1} \cdots \cdots 2^{-23}$

实数 $= 1.5 \times 2^{126-127} = 0.75$

再例如，读者观察下面的存储的实数，可计算出所表示的十进制数为＋10：

$S \; 2^7 \; 2^6 \; 2^5 \; 2^4 \; 2^3 \; 2^2 \; 2^1 \; 2^0 \; 2^{-1}$　　　　　　　　　　　　2^{-23}

| 0 0 0 0 0 0 0 0 0 0 0 0 0 0 0 0 0 0 0 0 0 0 0 1 0 0 1 0 1 0 0 0 |

$2^8 + 2^5 + 2^3 = 296$

（2）BCD 码数和整数间的转换　BCD 码数可转换为整数、双整数，并可反之。为了需要，还可将整数转换成双整数，指令表示格式示例如表 2-14 所示。表内梯形图方块中：EN——转换允许输入端；ENO——转换允许输出端；IN——被转换数输入端；O——转换结果输出端，方框上部为方块转换功能。被转换数和转换结果可以存储在存储区 I、Q、M、D、L 中。

表 2-14　转换指令表

功能	梯形图方块	STL	功能
BCD 数(三位) ↓ 整数(16 位)	BCD_I EN　ENO IW4—IN　O—MW10	L　IW4 BTI T　MW20	IW4 中为三位被转换的 BCD 数（范围：±999） MW20 中为转换后的 16 位整数
整数(16 位) ↓ BCD 数(三位)	I_BCD EN　ENO MW10—IN　O—QW12	L　MW10 ITB T　QW20	MW10 中为 16 位被转换的整数 QW12 中为转换后的三位 BCD 数 如果出现溢出则 ENO＝0（见执行说明）
BCD 数(七位) ↓ 双整数(32 位)	BCD_DI EN　ENO MD8—IN　O—MD12	L　MD8 BTD T　MD12	MD8 中为被转换的七位 BCD 数（范围：±9999999） MD12 中为转换后的 32 位双字整数

续表

功能	梯形图方块	STL	功能
双整数(32位) ↓ BCD数(七位)	DI_BCD EN　ENO MD10—IN　O—QD4	L　MD10 DTB T　QD4	MD10 中为被转换的 32 位整数 QD4 中为转换后的七位 BCD 数 如果出现溢出则 ENO＝0(见执行说明)
整数(16位) ↓ 双整数(32位)	I_DI EN　ENO MW10—IN　O—MD12	L　MW10 IID T　MD12	MW10 中为被转换的 16 位整数 MD12 中为转换后的 32 位整数
双整数(32位) ↓ 实数(32位)	DI_R EN　ENO MD10—IN　O—MD14	L　MD10 DTR T　MD14	MD10 中为被转换的 32 位整数 MD14 中为转换后的实数(32 位)

对表 2-14 的执行说明：

① 在执行 BCD 码转换为整数或双整数指令时，如果 BCD 数是无效数(如其中一位值在 A～F 即 10～15 范围内)，将得不到正确的转换结果，并导致系统出现"BCDF"错误。在这种情况下，程序的正常运行顺序被终止，并有下述之一事件发生：CPU 将进入 STOP 状态，"BCD 转换错误"信息写入诊断缓冲区(条件标识符号 2521)；如果 OB121 已编程就调用。

② 在执行整数转换为 BCD 码数时，由于三位 BCD 码数所能表示的范围：－999～＋999，小于 16 位整数的数值范围－32768～＋32767。如果整数超出了 BCD 码所能表示的范围，便得不到正确的转换结果，称为溢出。此时 ENO 输出为 0，同时状态字中的溢出位(OV)和溢出保持位(OS)将被置 1。在程序中一般需要根据 OV 或 OS，或 ENO 判断转换结果是否有效。

基于相同原因，在执行双整数转换为 BCD 码数时，也要注意这个问题。

③ 在编程时，因为运算或比较等原因，需将整数转换成双整数，可用表 2-14 中第 5 条指令。下面举一使用例，如图 2-52 所示，图中绘出了梯形图方块及对应语句表程序。

当允许输入端 EN 所接 I0.0 为 1，则进行转换，如果为 0 则不进行转换。存储字 MW10 中装的应是三位 BCD 码数，设为＋915(如果格式非法，则显示系统错误)。如果转换成功 ENO 为 1，执行转换后所得的整数存于存储字 MW12 中(如图 2-52 所示)。如果 EN 为 0 或转换不成功则 ENO 为 0，Q4.0 为 1。

(3) 双整数和实数间的转换　用户程序中有时需要整数相除，相除的结果可能小于 0，由于这些值只能用实数表示，因此需要转换到实数，此外，其他实数运算和比较也会用到实数转换，实数是 32 位数，一般整数要转换为实数时，须先将整数转换为双整数后再进行。

① 双整数(32位)转换为实数(32位)　梯形图方块指令(DI_R)和语句表指令(DTR)均列于表 2-14 中最后一条。当 EN＝1 时执行转换，将存储双字 MD10(MB10、11、12、13)中的 32 位整数转换为 32 位实数并输出存于 MD14

（MB14、15，16、17）中，ENO 为 1，当 EN＝0 时，不执行转换且 ENO＝0。

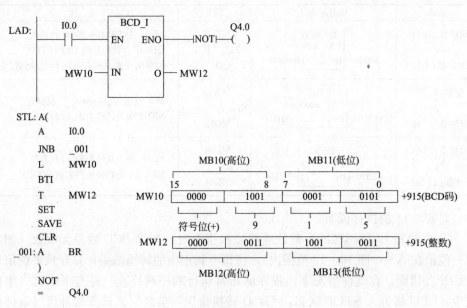

图 2-52　转换方块图使用

②　实数（32 位）转换为双整数（32 位）　转换指令的梯形图方块，图形均相似，但方框上的字符不一样。当然也要注意 IN 被转换数据输入端和 O 转换结果输出端的数据类型。实数转换为双整数时，IN 端和 O 端接的都是 DWORD 双字单元，可以是 ID、QD、MD、DBD、LD。为简化介绍，用图 2-53 统一表示转换方块，方块中上部字符列于表 2-15 中。

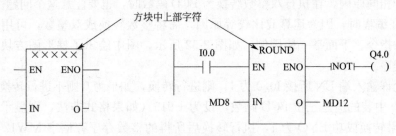

图 2-53　梯形图方块转换指令框图及示例

表 2-15　行改革实数转换为双整数指令表

梯形图方块上部字符	STL 指令	转换规则
ROUND	RND	将实数转换为最接近的整数
CEIL	RND＋	将实数转换为大于或等于该实数的最小整数
FLOOR	RND－	将实数转换为小于或等于该实数的最大整数
TRUNC	TRUNC	只取实数的整数部分

因为实数的数值范围远大于 32 位整数，所以有的实数不能成功地转换为 32 位

整数。如果被转换的实数格式非法或超出了 32 位整数的表示范围，则在累加器 1 中得不到有效的转换结果，而且状态字中的 OB 和 OS 被置 1。执行表 2-15 指令，就是在将累加器 1 中的实数转换为 32 位整数。但化整的规则不相同，同一实数，执行不同转换指令，所得结果有些区别。RND 指令中将实数转换为最接近的整数是指，实数的小数部分执行小于 5 舍，大于 5 入，等于 5 则选择偶数结果。如 100.5 化整为 100，而 101.5 化整为 102。表 2-16 为执行表 2-15 指令的示例。

表 2-16　实数化整结果举例

被转换的实数	执行下面转换指令后所得的整数			
	RND	RND+	RND−	TRUNC
+99.5	+100	+100	+99	+99
−99.5	−100	−99	−100	−99
+102.5	+102	+103	+102	+102
−101.5	−102	−101	−102	−101

数据转换指令简单应用：要求将一个 16 位整数转换成实数（32 位），先要将 16 位整数转换成 32 位整数，再从 32 位整数转换到 32 位实数。此实数便可用于带有实数的运算程序，转换程序如图 2-54 所示。

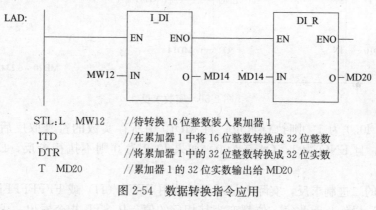

```
STL:L   MW12      //待转换 16 位整数装入累加器 1
    ITD           //在累加器 1 中将 16 位整数转换成 32 位整数
    DTR           //将累加器 1 中的 32 位整数转换成 32 位实数
    T   MD20      //累加器 1 的 32 位实数输出给 MD20
```

图 2-54　数据转换指令应用

（4）求反、求补指令　对整数、双整数的二进制数求反码，即逐位将 0 变为 1，1 变为 0。对整数、双整数求补码，即逐位取反后再加 1。实数的求反则只是将符号位取反，求补只对整数或双整数才有意义。

求反、求补梯形图方块指令的图形与图 2-47 相同，只不过 IN 端为求反，求补数据输入端，O 端为反码、补码数据输出端。IN 端和 O 端接的是存储区 I、Q、M、D、L 的字或双字。求反、求补梯形图方块指令中上部字符表示法和 STL 指令均列于表 2-17 中。

表 2-17　求反、求补指令表

梯形图方块上部字符	STL 指令	功能说明
INV_I	INVI	整数求反，对 16 位二进制数逐位取反
INV_DI	INVD	双整数求反，对 32 位二进制数逐位取反

梯形图方块上部字符	STL指令	功能说明
NEG_I	NEGI	整数求补,对整数取反后再加1
NEG_DI	NEGD	双整数求补,对双整数取反后再加1
NEG_R	NEGR	实数求反,对32位实数的符号位取反

下面举例说明其用法。

【例 2-11】 整数求补。如图 2-55 所示。

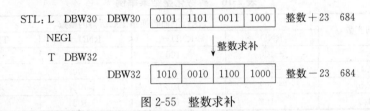

图 2-55　整数求补

【例 2-12】 实数求反。如图 2-56 所示。

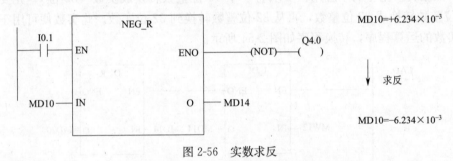

图 2-56　实数求反

如果 I0.0 为 1,则执行求反;将 MD10 中所存实数的符号取反后,输出到 MD14 中,且 ENO 为 1,Q4.0 为 0。如果 I0.0 为 0 则不执行求反,ENO 为 0,Q4.0 为 1。

整数的二进制求反,实际上是对原整数用 FFFF (H) 或 FFFFFFFF (H) 进行 "异或" 操作,因此每一位都变为其相反的值。从 STL 指令看出,求反、求补操作均在累加器中进行。

2.5.3　数据比较指令

在编程时有时需要对两个量进行比较,比较指令只能在两个同类型数据间进行。被比较的两个数可以是:I——两个整数 (16 位定点数);D——两个双整数 (32 位定点数);R——两个实数 (32 位＝IEEE 格式浮点数)。若比较的结果为 "真",则令 RLO=1,否则 RLO=0。比较指令影响状态字,如有必要,用指令测试状态字有关位可得到两个比较数更详细情况。

比较类型有等于、不等于等 6 种,用比较符表示。3 种数据的 6 种比较如表 2-18 所示,它实际上是 STL 比较指令的格式,在比较指令的梯形图方块上都也采用了

表 2-18 所列出的符号，同一符号两种语言格式（STL、LAD）中均使用，对读者记忆更为方便。下面举例说明比较指令的用法，其他类型比较指令的用法读者不难举一反三。

表 2-18　数据比较类型（数据比较 STL 指令）

名称	整数比较	双整数比较	实数
等于	==I	==D	==R
不等于	<>I	<>D	<>R
大于	>I	>D	>R
小于	<I	<D	<R
大于等于	>=I	>=D	>=R
小于等于	<=I	<=D	<=R

举例： 两个整数进行大于等于比较。如图 2-57 所示。

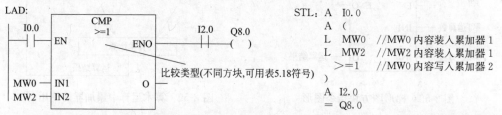

图 2-57　两个整数进行大于等于比较

在梯形图中比较数值放在两个输入端 IN1 和 IN2，用 IN1 去和 IN2 比较。这里是如果输入字 MW0 的内容大于等于输入字 MW2 的内容，则比较结果为"真"。例题中若下列条件同时成立，则输出位 Q8.0 为 1：

输入位 I0.0 为 1

（MW0）≥（MW2）

输入位 I2.0 为 1

由上看出，方块比较指令在逻辑串中，可等效于一个常开触点，如果比较结果为"真"，则该常开触点闭合（意味着电流可流过），否则触点断开。

例题的 STL 程序表明，它执行比较指令，是用累加器 2 的数和累加器 1 的数比较，若比较结果为"真"则令 RLO=1，反之 RLO=0。本例中如 MW0 中的数大于等于 MW2 中的数，则 RLO=1。

2.5.4　算术运算指令

现代 PLC 实际上是一台工业控制计算机，一般都有很强的运算功能。在这里对开方、对数、三角函数等数学功能暂不介绍，仅介绍 S7 基本数学功能，即整数、双整数和实数的加、减、乘、除算术运算。

S7-300/400 的基本数学运算有相同的格式，梯形图方块指令图形如图 2-58 所示，方框上部×××_×为运算符号，列于表 2-19 中。它表明进行的是哪种算术运算。如果在允许输入 EN 处的 RLO＝1，就执行运算。运算未出现错误则 ENO＝1。如果运算结果超出了数据类型的表示范围或有错误（如格式错误），则状态字的 OV 和 OS 位为 1，并使允许输出 ENO＝0。当 ENO＝0 时，方块之后被 ENO 连接的（串级排列）其他功能不继续执行。IN1 端为第一个运算数，IN2 端为第二个运算，O 为运算结果输出端，它们可以存储在 I、Q、M、D、L 存储区中。除"整数乘法"运算外，其他算术运算在这三端所接数据位数：如果是整数运算，数据长度均为 16 位（W）；如是双整数或实数运算，数据长度均为 32 位（D）。

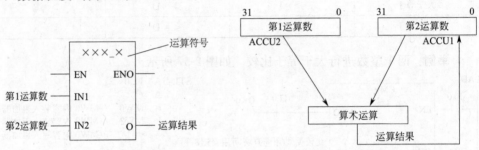

图 2-58 梯形图方块指令图形　　　　图 2-59 算术运算中累加器的使用

实际算术运算都是在累加器 1 和 2 中进行，但执行语句表 STL 算术指令时，对累加器中存数的概念应更清晰，如图 2-59 所示，算术运算时，第 1 运算数（被加、被减、被乘、被除数）存累加器 2，第 2 运算数存累加器 1，算术运算结果保存在累加器 1 中（原存第 2 运算数被覆盖）。算术运算时，不受 RLO 控制，对 RLO 也不产生影响，但算术运算对状态字中的 CC1 和 CC0、OV、OS 有影响，可以用位操作指令或条件跳转指令，对状态字中的标志位进行判断操作。为清楚起见，表 2-19 列出了算术运算 STL 指令及梯形图方块上部所标的运算字符，供读者选用和组成梯形图方块使用。

表 2-19 算术运算指令

算术运算	STL 指令			梯形图方块上部运算字符		
	整数	双整数	实数	整数	双整数	实数
加	＋I	＋D	＋R	ADD_I	ADD_DI	ADD_R
减	−I	−D	−R	SUB_I	SUB_DI	SUB_R
乘	＊I①	＊D	＊R	MUL_I①	MUL_DI	MUL_R
除	/I②	/D③	/R	DIV_I②	DIV_DI③	DIV_R
		MOD④			MOD④	

算术运算指令的一般规定已如上述，对一些特殊之处表 2-19 中①②③④说明

如下：

① 整数乘法运算时，第1、2运算数（被乘数、乘数）用16位（字），相乘结果即"乘积"用32位（双字）。

② 整数除法运算时，用方块指令（DIV_I）在O处输出"商"（舍去余数），用STL指令（I）时"商"存累加器1低字，"余数"存累加器1高字中。

③ 双整数除法运算时，"商"（舍去余数）方块指令在O处输出（32位值），而STL指令商则是保留在累加器1中。

④ MOD为双整数回送"余数"除法。执行方块指令时在O处输出的是两个双整数相除所得的"余数"（小数），执行STL指令时"余数"作为结果存于累加器1中。

下面举例说明表2-19用法。

① 整数加法。如图2-60所示。

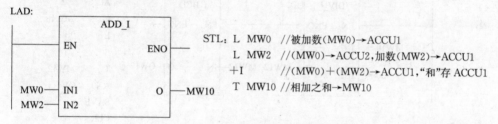

STL：L MW0　//被加数(MW0)→ACCU1
　　　L MW2　//(MW0)→ACCU2,加数(MW2)→ACCU1
　　　+I　　 //(MW0)+(MW2)→ACCU1,"和"存ACCU1
　　　T MW10 //相加之和→MW10

图 2-60　整数加法

② 双整数减法。如图2-61所示。

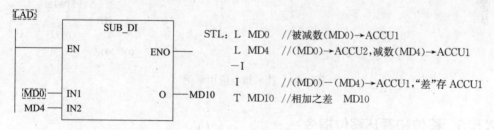

STL：L MD0　//被减数(MD0)→ACCU1
　　　L MD4　//(MD0)→ACCU2,减数(MD4)→ACCU1
　　　-I
　　　I　　　//(MD0)-(MD4)→ACCU1,"差"存ACCU1
　　　T MD10 //相加之差　MD10

图 2-61　双整数减法

③ 整数乘法。如图2-62所示。

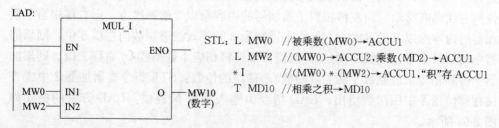

STL：L MW0　//被乘数(MW0)→ACCU1
　　　L MW2　//(MW0)→ACCU2,乘数(MD2)→ACCU1
　　　I　　 //(MW0)(MW2)→ACCU1,"积"存ACCU1
　　　T MD10 //相乘之积→MD10

图 2-62　整数乘法

④ 双整数除法（舍去余数）。如图 2-63 所示。

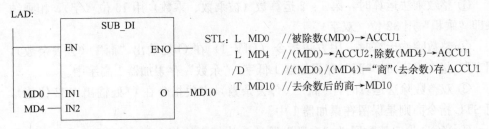

LAD:

STL：L MD0 //被除数(MD0)→ACCU1
L MD4 //(MD0)→ACCU2,除数(MD4)→ACCU1
/D //(MD0)/(MD4)="商"(去余数)存 ACCU1
T MD10 //去余数后的商→MD10

图 2-63　双整数除法（舍去余数）

算术指令应用举例，要求存储在字 MW10 的数字每增加 20，QW12 中显示的 BCD 数就增加 1。程序如图 2-64 所示。

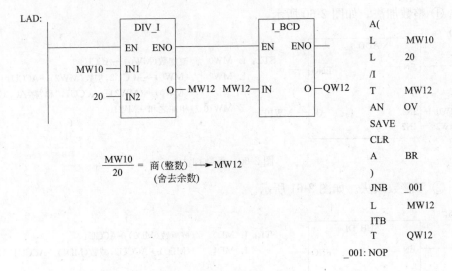

LAD:

A(
L   MW10
L   20
/I
T   MW12
AN   OV
SAVE
CLR
A   BR
)
JNB _001
L   MW12
ITB
T   QW12
_001: NOP

$$\frac{MW10}{20} = 商（整数）\longrightarrow MW12$$
（舍去余数）

图 2-64　算术指令应用举例

2.5.5　移位和循环移位指令

累加器帮助 CPU 执行逻辑运算、数字运算、数据转换和比较，同样也通过它进行移位操作。使用移位指令能够将累加器 1 低字的内容或者整个累加器的内容逐位向左或向右移动。向左移相当于累加器的内容乘以 2 的幂次方，向右移相当于累加器的内容除以 2 的幂次方（如将十进制数 3 的等效二进制数向左移 3 位，则累加器中的结果是十进制数 24 的二进制值；如果将相应十进制数 16 右移 2 位，则累加器中得到相应十进制数 4 的二进制数），移动的位数：STL 指令在累加器 2 中或直接在移位指令中用常数给出；LAD 指令由输入参数 N 提供，LAD 方块的格式如图 2-65 所示。

移位和循环移位的 STL 指令，梯形图方块上部移位符号及符位功能均列于

表 2-20 中供读者选用和组成移位方块使用。

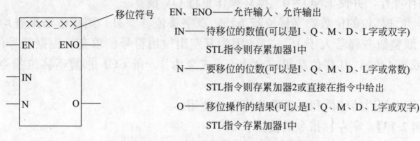

移位符号

EN、ENO——允许输入、允许输出

IN——待移位的数值(可以是I、Q、M、D、L字或双字)
STL指令则存累加器1中

N——要移位的位数(可以是I、Q、M、D、L字或常数)
STL指令则存累加器2或直接在指令中给出

O——移位操作的结果(可以是I、Q、M、D、L字或双字)
STL指令存累加器1中

图 2-65　移位和循环移位方块指令格式

使用移位和循环移位指令时,应注意以下几点:

① 如表 2-20 所示,累加器 1 移位后空出的位,填以 0 或符号位 0 代表正,1 代表负,被移动的最后一位保存在状态字的 CC1 里,CC0 和 OC 被复位为 0。可使用条件跳转指令,对 CC1 进行判断。循环移位指令与一般移位指令的差别是:循环移位的空位填以从累加器中移出的位或 CC1 移出的位。

表 2-20　移位和循环移位指令及功能说明

名称	STL 指令	梯形图方块上部移位符号	功能说明
字左移	SLW	SHL_W	累加器 1 低字内容逐位左移,空出位填充 0
字右移	SRW	SHR_W	累加器 1 低字内容逐位左移,空出位填充 0
双字左移	SLD	SHL_DW	累加器 1 整个内容逐位左移,空出位填充 0
双字右移	SRD	SHR_DW	累加器 1 整个内容逐位右移,空出位填充 0
整数右移	SSI	SHR_I	累加器 1 低字内容逐位右移,空出位填充符号位(正填 0,负填 1)
双整数右移	SSD	SHR_DI	累加器 1 整个内容逐位右移,空出位填充符号位(正填 0,负填 1)
双字左循环	RLD	ROL_DW	累加器 1 整个内容逐位左移,空出位填从累加器 1 移出的位
双字右循环	RRD	ROR_DW	累加器 1 整个内容逐位右移,空出位填从累加器 1 移出的位
双字左循环(带 CC1 位)	RLDA		累加器 1 整个内容带 CC1 位逐位左移一位,空出位填从 CC1 移出的位
双字右循环(带 CC1 位)	RRDA		累加器 1 整个内容带 CC1 位逐位右移一位,空出位填从 CC1 移出的位

② 16 位的移位指令,只影响累加器 1 低字中的位 0～15,累加器 1 高字中的位 16～31 不受影响。

③ STL 的称位和循环移位指令执行是无条件的,也就是说,它们的执行不根据任何条件,也不影响逻辑操作结果。

④ 梯形图方块的移位和循环移位指令:当 EN＝1 时才执行操作,ENO 的状态由最后被移同位的状态决定(与 CC1 相同)。也就是说,如果最后被移出的位

置＝0，ENO 也为 0，其他和 ENO 相连的指令（级联）不执行；当 EN＝0 时则不进行循环操作，并使 ENO＝0。循环操作总将 OV 清 0。

⑤ 允许移位的位数：字移位若＞15，双字移位若＞31，则移位结果查均为 0；整数、双整数右移若大于 15、31，因为其空出位用符号位填充，根据符号位为 0（正）或 1（负），其移位结果或全为 0，或全为 1。带 CC1 的循环移位指令只移 1 位。

下面举例说蛤移位和循环移位指令的使用。

【例 2-13】 字左移指令的使用。

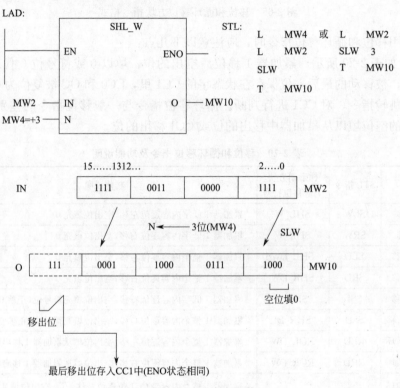

图 2-66 字左移指令的使用

如图 2-66 所示，当 EN 处为 1 执行字左移，待移位字 MW2 中的数字示于图中，要移动的位数存于 MW4 中，图示为＋3。即令 MW2 中的数字左移 3 位，移出的 3 位中的 2 位丢失，但最后一位于 CC1 中，它影响 ENO，左移后，右端出现的空位填以 0。移位结果存于 MW10，示于图中，由于最后移出位为 1（存 CC1中）所以 ENO 处为 1。

【例 2-14】 双整数右移指令的使用，即带符号的双整数右移。

如图 2-67 所示，当 EN 处为 1 时，执行存 MD0 中的双整数右移 3 位（设 MW6 中存 3，也可直接在 N 处标明 3），移出的 3 位中 2 位丢失。最后一位存 CC1 中它影响 ENO。右移后，左端出现的空位填以符号位 1。移位结果存于 MD10，示于图中，由于最后移出位为 0（与 CC1 同），则输出 ENO 处也为 0。

【例 2-15】 双字左循环移位指令的使用。

如图 2-68 所示，当 I0.0 为 1 时，执行存 MD0 中的双字左循环移位 4 次（设 MW4 中存 4），MD0 中的各位依次左移，最左边（最高位）4 位移至最右边（最低位）4 位，移位结果存于 MD20 中，ENO 的状态由最后移出位的状态决定，本例中为 1，则 Q4.0 置位 1。

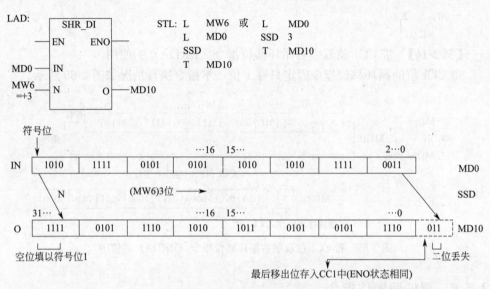

图 2-67 双整数右移指令的使用

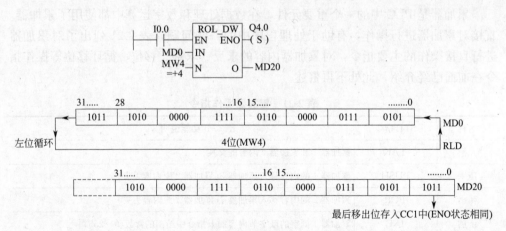

图 2-68 双字左循环移位指令的使用

以下是与梯形图完全对应的语句表程序：

```
A    I0.0
JNB  -001 //如果 RLO＝0 则跳转至-001,并令 BR＝0;如果 RLO＝1 向下执行
```

```
L    MW4      //左循环移位位数+4存在 MW4 中,(MW4)→ACCU1 即+4→ACCU1
L    MD0      //待左循环移位双字 MD4→ACCU1,原 ACCU1 中+4→ACCU2
RLD           //MD4 中内容左循环移 4 位,图中示出 CC1+1
T    MD20     //循环移位结果存 MD20
A    <>0      //CC1 和 CC0 组合现不等于 0,则 RLO+1
SAVE          //把 RLO 状态存入 BR 位
CLR           //使 RLO 为 0 并结束逻辑串
—001:A  BR
S    Q4.0
```

【例 2-16】 带 CC1 位双字右循环移位指令（RRDA）的使用。

带 CC1 位的循环移位指令固定只移 1 位,本指令执行情况如图 2-69 所示。

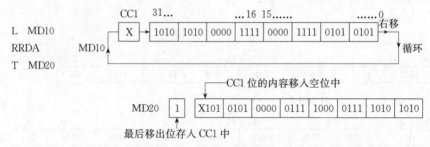

图 2-69 带 CC1 位双字右循环移位指令（RRDA）的使用

2.5.6 累加器操作指令

累加器是 PLC 中的一个重要元件,在数据处理和数字运算中都使用了累加器。直接对累加器进行操作,有助于处理程序中的一些问题,表 2-21 列出了对累加器进行直接操作的主要指令,对累加器内容的求反、求补、移位、循环移位等操作指令在前面已经介绍,此处不再赘述。

表 2-21 累加器操作指令

名称	STL 指令	功能说明
互换	TAK	累加器 1 和累加器 2 内容的交换
压入	PUSH	累加器 1 的内容移入累加器 2(累加器 2 原内容丢失)
弹出	POP	累加器 2 的内容移入累加器 1(累加器 1 原内容丢失)
增加	INC	累加器 1 低字的低字节内容加上指令中给出的常数(0~255)①
减少	DEC	累加器 1 低字的低字节内容减去指令中给出的常数(0~255)①
反转	CAW	交换累加器 1 低字中两个字节的顺序
交换	CAD	颠倒累加器 1 加四个字节的顺序

① 指令执行是无条件的,结果不影响状态字。

TAK、PUSH、POP是对两累加器直接操作的指令，其工作情况如图2-70所示，CAW、CAD是对一个累加器（即累加器1）直接操作的指令，执行时其内部字节变化如图2-71所示。

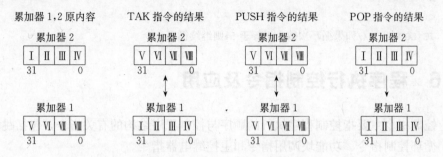

图2-70 TAK、PUSH、POP指令的执行结果

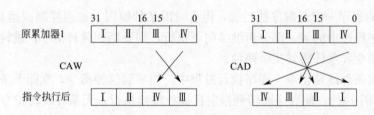

图2-71 CAW、CAD指令执行时累加器1的变化

下面举例说明累加器操作指令使用方法。

【例2-17】 比较存储字MW10和MW20中所存整数的大小，并将大的整数减去小的整数，结果存入MW30中。STL程序如下（累加器1、2低字分别用ACCU1-L、ACCU2-L表示）：

```
L   MW10      //第一个待比较数(MW10)装入ACCU1-L
L   MW20      //第二个待比较数(MW20)装入ACCU1-L,第一个数(MW10)装入ACCU2-L
>1          //(MW10)>(MW20)则为真,RLO=1,否则RLO=0
JC NEXT      //如果RLO=0则顺序执行;如果RLO=1,则跳转到NEXT
TAK         //MW10与MW20中的数互相交换(将大数存入ACCU2-L)
NEXT:-I     //ACCU2-L减去ACCU1-L(大数减去小数)结果存ACCU1-L
T   MW30      //相减结果存MW30
```

【例2-18】 INC指令在循环程序中的使用。用MB10作为循环计数器，在进入循环体之前先令MB10中为1，用INC指令修正循环次数，使循环体中的程序连续执行5次，STL程序如下：

```
L   I
T   MB10      //令计数存储器为1,作好计数准备
LOOP:        //循环操作体
```

```
L  MB10       //装载计数存储器 MB10 至 ACCU1
NC 1          //计数器加 1
T  MB10       //保存循环次数
L  B#16#5//
<  I
JC LOOP       //如果循环次数小于等于 5,则继续循环
```

2.6　程序执行控制指令及应用

控制指令主要指控制程序执行的顺序与控制程序结构的有关指令,包括跳转指令、循环控制指令、功能块调用指令和主控继电器指令。

2.6.1　跳转指令

PLC 的程序一般是顺序执行的,但有时因某种原因,如因控制或运算的需要,需跳过顺序程序中的某一部分再继续向下执行,则要用到跳转指令,跳转指令分无条件跳转指令和条件跳转指令两种。

(1) 无条件跳转指令　程序执行过程中,扫描到这种指令,立即无条件中止正常程序的顺序执行,使程序跳转到指定目标处继续执行,无条件跳转指令如表 2-22 所示,跳转目标用指令中的地址标号来指明。标号最多为 4 个字符,第一个字符必须是字母(或－),其余字符可为字母或数字。地址标号标志着程序继续执行的地点,在 STL 程序中地址标号写在指令左面,用冒号与指令分隔。在梯形图中地址标号必须在一个网络开始。在编程器上,从梯形逻辑浏览中选择 LABEL (标号),出现空方块,将标号名填入方块中。

表 2-22　无条件跳转指令

STL 指令	LAD 指令	功能说明
JU　地址标号	地址标号 ——(JMP)	无条件跳转
JL　地址标号		多路分支跳转(跳转表格)

跳转指令可以用在 FB、FC 和 OB 中,但跳转指令和跳转目标必须在同一个块中(最大跳转长度＝64K 字节)。在一个块中跳转目标只能出现一次,不能重名(不同逻辑块中的目标标号可以重名)。在跳转指令和标号之间任何指令和段在跳转时都不执行。

图 2-72 表示出无条件跳转指令的使用方法。

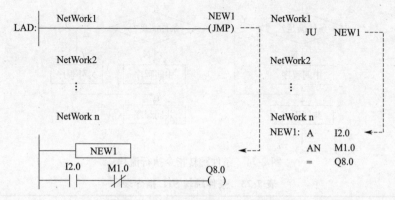

图 2-72　无条件跳转指令的使用

多路分支跳转指令（JL）即跳转表格指令，它必须与无条件跳转指令（JU）连在一起使用，JU 指令紧随 JL 指令之后，是一系列无条件跳转到某分支的指令，确定分支路径的参数，存放于累加器 1 中。其工作情况如图 2-73 中所示。

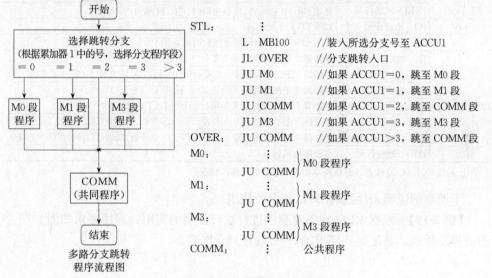

图 2-73　多路分支跳转指令的使用

（2）条件跳转指令　条件跳转指令先要判断跳转的条件是否满足，若满足，程序跳转到指定的目标标号处继续执行；若不满足，程序不跳转顺序执行。其程序流程图如图 2-74 所示，图 2-74（b）中所示条件跳转指令主要是语句表（STL）指令，根据跳转条件的不同它共有 13 条。条件跳转梯形图指令只有 2 条，下面分别介绍。

① 条件跳转语句表（STL）指令　状态寄存器（状态字）中的逻辑操作结果位（RLO）、二进制结果位（BR）、溢出位（OV）、存储溢出位（OS）、条件码 1（CC1）和条件码 0（CC0）均可以是跳转的条件，因为它们的状态能反映程序的控制与编写。表 2-23 列出了这 12 条指令。

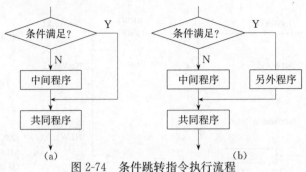

图 2-74　条件跳转指令执行流程

表 2-23　条件跳转 STL 指令表

跳转条件	STL 指令	说　明
RL0	JC　地址标号	如果 RLO=1,则跳转
	JCN　地址标号	如果 RLO=0,则跳转
RLO 与 BR	JCB　地址标号	如果 RLO=1 且 BR=1 则跳转。指令执行时将 RLO 保存在 BR 中
	JNB　地址标号	如果 RLO=0 且 BR=0 则跳转。指令执行时将 RLO 保存在 BR 中
BR	JBI　地址标号	如果 BR=1 则跳转,指令执行时,OR、$\overline{FC}$清 0,STA 置 1
	JNBI　地址标号	如果 BR=0 则跳转,指令执行时,OR、$\overline{FC}$清 0,STA 置 1
OV	JO　地址标号	如果 OV=1 则跳转
OS	JOS　地址标号	如果 OS=1 则跳转,指令执行时,OS 清 0
CC1 与 CC0[①]	JZ　地址标号	累加器 1 中的计算结果为零(=0)跳转(CC1=0,CC0=0)
	JN　地址标号	累加器 1 中的计算结果为非零(<>0)跳转(CC1=0 或 1,CC0=1 或 0)
	JP　地址标号	累加器 1 中的计算结果为正(>0)跳转(CC1=1,CC0=0)
	JM　地址标号	累加器 1 中的计算结果为负(<0)跳转(CC1=0,CC0=1)
	JMZ　地址标号	累加器 1 中的计算结果小于等于零(<=0 非正)跳转(CC1=0 或 1,CC0=0)
	JPZ　地址标号	累加器 1 中的计算结果大于等于零(>=0 非负)跳转(CC1=0,CC0=1 或 0)
	JUO　地址标号	实数溢出跳转(CC1=1,CC0=1)

① 通过 CC1、CC0 状态,可反映累加器 1 中计算结果的情况。

下面举例说明条件跳转 STL 指令的使用。

【例 2-19】　根据 RLO 状态对程序进行跳转控制的应用,程序要求如图 2-75 中的流程图所示,满足这一要求的 STL 程序列在图旁。

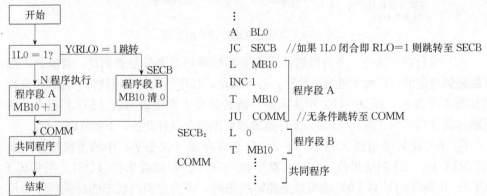

图 2-75　根据 RLO 状态对程序进行跳转控制的应用

【例2-20】 根据算术运算结果对程序进行跳转控制的应用。程序要求如图2-76中的流程图所示，满足其要求的STL程序列在图旁。

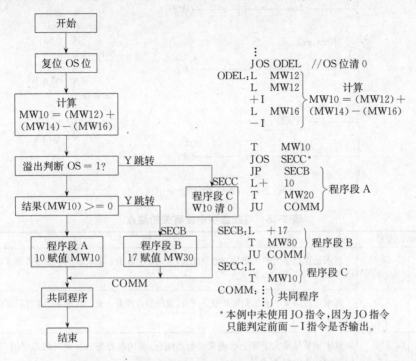

图2-76 根据算术运算结果对程序进行跳转控制的应用

② 条件跳转梯形图（LAD）指令 梯形图跳转指令只有两条，如表2-24所示，其中JMP也可用于无条件跳转（对应STL指令为JU）。

表2-24 梯形图跳转指令

STL指令	LAD指令	功能说明
JC 地址标号	地址标号 —(JMP)	用于RLO=1的条件跳转，条件跳转时，清零OR、$\overline{FC}$；置位STA、RLO（也可用于无条件跳转，无条件跳转时不影响状态字）
JCN 地址标号	地址标号 —(JMPN)	当RLO=0时跳转，清零OR、$\overline{FC}$；置位STA、RLO

下面介绍条件跳转梯形图指令的用法。

a. 一般用法。如图2-77所示，如果输入I0.0与I0.1均为1，则执行跳转指令，程序转移至标号CAS1处执行。跳转指令与标号之间的不执行，也就是说即使I0.3为1，也不令Q4.0置位。

b. 用状态字中位做跳转条件的用法。在S7中，没有根据算术运算结果直接跳转的梯形图指令。但用反映状态字中各位状态的常开常闭触点作为跳转条件，配用上面两条跳转指令，即可编出根据运算结果进行跳转的梯形图。与状态字中位有关的触点如表2-25所示。

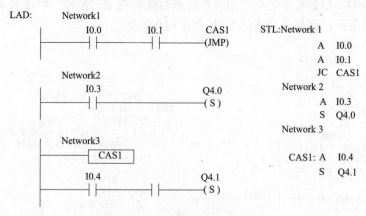

图 2-77　条件跳转指令用法

表 2-25　与状态字中位有关的触点

LAD 单元符号		说　明
>0 ⊣├	>0 ⊣/├	算术运算结果大于0,则常开触点闭合,常闭触点断开。此时状态字的条件码:CC1=1,CC0=0
<0 ⊣├	<0 ⊣/├	算术运算结果小于0,则常开触点闭合,常闭触点断开。此时状态字的条件码:CC1=0,CC0=1
≥0 ⊣├	≥0 ⊣/├	算术运算结果大于等于0,则常开触点闭合,常闭触点断开。此时状态字的条件码:CC1=0,CC0=1 或 0
≤0 ⊣├	≤0 ⊣/├	算术运算结果小于等于0,则常开触点闭合,常闭触点断开。此时状态字的条件码:CC1=0 或 1,CC0=0
==0 ⊣├	==0 ⊣/├	算术运算结果等于0,则常开触点闭合,常闭触点断开。此时状态字的条件码:CC1=0,CC0=0
<>0 ⊣├	<>0 ⊣/├	算术运算结果不等于0,则常开触点闭合,常闭触点断开。此时状态字的条件码:CC1=0 或 1,CC0=1 或 0
BR ⊣├	BR ⊣/├	若状态字的 BR 位(二进制结果位)为1,则常开触点闭合,常闭触点断开
UO ⊣├	UO ⊣/├	浮点算术运算结果溢出,则常开触点闭合,常闭触点断开。此时状态字的条件码:CC1=1,CC0=1

　　表中的 LAD 单元符号可以用在各种梯形图程序中,影响 RLO 状态。如用在跳转梯形图中作为输入条件则形成了以状态字中位为条件的跳转操作,其使用方法举例说明如下:图 2-78 第一条实现的是非零跳转,检测条件码 CC1 和 CC0 的组合如果不为 0,则该结果位为 1。

　　程序跳转到地址标号为 CAS1 处执行,第二条指令执行时,如果出现非法操作(实数溢出),则无序异常位(反位)UO 为 0(RLO 为 0),程序跳转到 CAS2 处向下执行。

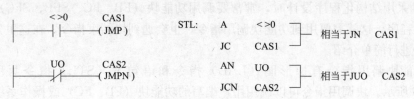

图 2-78 使用状态字中的位作转移条件

2.6.2 循环控制指令

循环控制指令一般称为循环指令。使用循环指令可以多次重复执行某程序段。循环指令的格式为：

地址标号：
⋮ ⎤ 循环体
LOOP 地址标号 ⎦

指令中地址标号指出循环所回到的地方，在地址标号与 LOOP 地址标号间构成循环体（重复执行程序段）。循环次数存在累加器 1 中，即 LOOP 指令以累加器 1 为循环计数器。LOOP 指令执行 1 次，将累加器 1 低字中的值减 1，如果不是 0，则回到循环体开始处（地址标号处）继续循环执行；如果是 0 则停止循环，执行 LOOP 指令下面的指令。

循环次数不能是负数，程序设计时应保证循环计数器中的数为正整数（数值范围 1～32767）或字型数据（数值范围：W♯16♯0001～W♯16♯FFFF）。

图 2-79 用于说明循环指令的使用，考虑到循环体（程序段 A）中可能用到累加器 1，设置了一个循环计数暂存器 MB10。

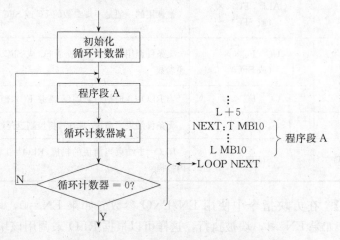

图 2-79 循环指令 LOOP 的使用

2.6.3 功能块调用指令

S7 采用结构化程序设计时，常常要调用功能块（FB、FC、SFB、SFC）来组成用户程序，这就需要用到功能块调用指令，也会遇到块结束指令，在这里先对这类指令进行简单介绍。

功能块调用指令有梯形图（LAD）指令和语句表（STL）指令两种，如表 2-26 所示。块调用指令可以调用用户编写的功能块（FB、FC）或操作系统提供的功能块（SFB、SFC）。调用指令的操作数是功能块类型及其编号。当调用的功能块是 FB 或 SFB 块时，还要提供相应的背景数据块 DB。使用调用指令时，可以为被调用功能块中的形参（表 2-26 中 Par1、Par2、Par3 等）赋以实际参数（在方块图或指令中填写）。调用时应保证实参与形参的数据类型一致。

表 2-26　功能块（FB、FC、SFB、SFC）调用与块结束指令

LAD 指令	STL 指令	说　明
DB×× FB×× EN ENO Par1 Par2 Par3	CALL　FB××，DB×× Par1：= Par2：= Par3：=	调用 FB、FC、SFB、SFC 的指令。只在调用 FB、SFB 时提供背景数据块 DB×× • DB×× 背景数据块号 • FB×× 被调用功能块号 • FC×× 被调用功能号 • EN 允许输入 • ENO 允许输出 • Par1、Par2、Par3 等为功能块的 in、out、in_out 形参
FC×× EN ENO Par1 Par2 Par3	CALL　FC×× Par1：= Par2：= Par3：=	
FC×× — (CALL)	CALL　FC×× （或 SFC）	被调用的一般是不带参数的 FC 或 SFC 号
FC×× EN ENO	UC　FC×× （或 SFC）	无条件调用功能块（一般是 FC 或 SFC××），但不能传递参数
	CC　FC××	当 RLO=1 时执行调用（一般是 FC），但不能传递参数
——(RET)	BEU	无条件结束当前块的扫描，将控制返还给调用块
—┤├—(RET)	BEC	RLO=1 结束当前块的扫描，RLO=0 将继续在当前块内扫描

【例 2-21】　在方块指令中使用 EN/ENO 参数。如果 EN＝0，块不被执行，且 ENO＝0；如果 EN＝1，块被执行，这样可以根据 RLO 来调用该块，如图 2-80 所示。

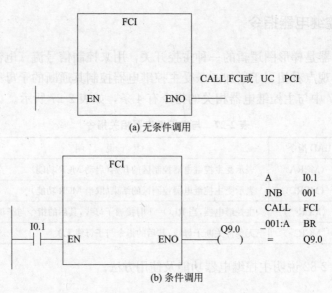

图 2-80 在方块指令中使用 EN/ENO 参数

【例 2-22】 功能块 FB10 的一个背景数据块为 DB13，在 FB10 中定义了三个形参，各形参的参数名、数据类型及实参如图 2-81(a) 所示，调用程序如图 2-81(b) 所示。

形参	数据类型	实参
Switch	BOOL	I1. 0
Length	WORD	MW10
Speed	BWORD	MD20

(a)

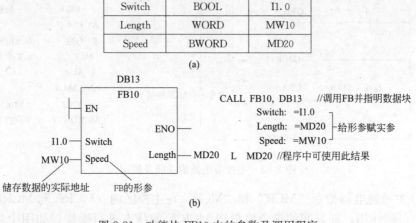

(b)

图 2-81 功能块 FB10 中的参数及调用程序

如表 2-26 所示，它有两种，即无条件块结束指令和有条件块结束指令。

无条件块结束指令（BEU）：本指令结束对当前块的扫描，使扫描返回到调用的程序中。有条件块结束指令（BEC）：本指令当条件的逻辑操作结果（RLO）为 1 时，结束当前块的扫描，将控制返还给调用块。当条件的 RLO＝0，程序将不执行 BEC，继续在当前块内扫描。

2.6.4 主控继电器指令

主控继电器是梯形图逻辑的一种主控开关，用来控制信号流（电流路径）的通断，从电路的观点看相当于增加一条受主控继电器控制其通断的子母线。

在 STEP7 中与主控继电器相关的指令有 4 条，如表 2-27 所示。

表 2-27 与主控继电器相关指令

STL 指令	LAD 指令	说　　明
MCRA	—(MCRA)	表示受主控继电器控制区的开始(启动 MCR 功能)
MCRD	—(MCRD)	表示受主控继电器控制区的结束(取消 MCR 功能)
MCR(	—(MCR<)	主控继电器,当 RLO＝1 时接通子母线,其后的指令与子母线相连
)MCR	—(MCR>)	无条件关断子母线,其后的指令与子母线无关

现通过图 2-82 说明主控继电器功能及使用方法。

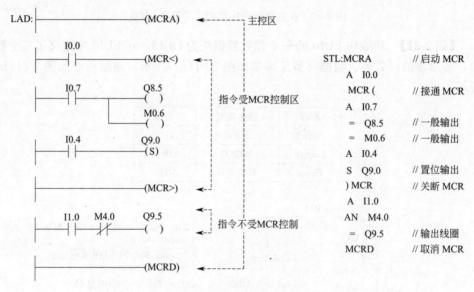

图 2-82　主控继电器的功能及使用

① 主控继电器指令"MCR"和"MCR"在主控区内（MCRA 和 MCRD 指令之间）可起作用，即其间的指令将根据 MCR 位的状态进行操作。如图中当 I0.0 为 1 时，I0.7 闭合，Q8.5、M0.6 为 1；当 I0.4 闭合 Q9.0 置位，当 I0.0 为 0 时，不管 I0.7 和 I0.4 为闭合或断开，Q8.5、M0.6 均为 0，Q9.0 维持原状。MCR 是否动作对与子母线相连的控制逻辑操作结果的影响可参见表 2-28 所示 MCR 指令外，如图中 Q9.5 状态，不受 MCR 位状态影响，仍然只受 I1.0、M4.0 控制。

在主控区外，即使有 MCR 位也不按其操作，而认为主控触点是闭合的。

表 2-28   MCR 对逻辑操作的影响

MCR 信号状态	= （输出线圈或中间输出）	S 或 R （置位或复位）	T （传送或赋值）
0	写入 0 模仿掉电时继电器的静止状态	不写入 模仿掉电时的自锁继电器,使其保持当前状态	写入 0 模仿一个元件,在掉电时产生 0 值
1	正常执行	正常执行	正常执行

② 若在 MCRA 和 MCRD 之间有 BEU（无条件结束块）指令，则 CPU 执行到此指令时也结束主控区。

③ 若在接通的 MCR 区域中有块调用指令，接通状态不能延续到被调用块中，必须在被调用块中重新接通 MCR 区，才能使指令根据 MCR 位操作。

④ "MCR("指令和")MCR"指令要成对使用，以表示受控子母线的形成和停止，MCR 指令可嵌套使用，即 MCR 区内又可用 MCR，最大的嵌套深度是 8 层。在 CPU 中有一个深度为 8 的 MCR 位堆栈，该堆栈用于保存建立子母线前的 RLO，以便在子母线终止时恢复该值。嵌套调用的工作情况，请参见图 2-83。

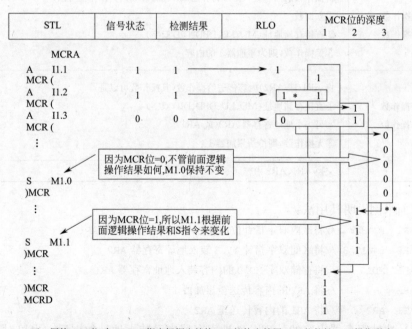

* 下一层的MCR位，由"MCR("指令根据当前的RLO值的当前层MCR位值按AND操作形成

** ")MCR"指令结束该层，并保存MCR位以备上层使用

图 2-83   MCR 指令的嵌套调用

2.7 其他指令

这里介绍的其他指令，包括地址寄存器指令，数据块指令，显示和空操作指令。

2.7.1 地址寄存器指令

PLC有4种寻址方式，其中的寄存器间接寻址方式就要用到两个地址寄存器AR1、AR2，它们都是32位的寄存器，在其中存储有地址指针，下面介绍地址寄存器内容装入、传送及操作的有关指令。

（1）地址寄存器内容的装入和传送 对于地址寄存器AR1、AR2，可以不经过累加器而直接将操作数装入或传出，或进行数据相互交换。

地址寄存器装入和传送指令如表2-29所示。

表 2-29　地址寄存器的装入和传送指令

指令	功能说明
LAR1　操作数 LAR2　操作数	将操作数的内容装入地址寄存器AR1(或AR2),其操作数可以是: ①立即数 ②直接存储地址(MD、LD、DBD、DID双字) ③无操作数,则为累加器1的内容
TAR1　操作数 TAR2　操作数	将AR1(或AR2)内容传送给操作数,其操作数可以是: ①直接存储地址(MD、LD、DBD、DID双字) ②另一个地址寄存器AR2(或AR1) ③无操作数,则传给累加器1
CAR	交换 AR1、AR2 内容

下面举例说明其用法：

```
LAR1  P♯8.7   //将区内双字指针位地址 8.7 装入地址寄存器 AR1
LAR2  P♯17.3  //将区间双字指针 I7.3 装入地址寄存器 AR2
LAR1  MD10    //将存储双字 MD10 的内容装入地址寄存器 AR1
LAR2          //将 AR2 的内容传送至累加器 1
TAT1  AR2     //将 AR1 的内容传送至 AR2
```

（2）地址寄存器内容的处理 地址寄存器中已装入地址数据后，也可对其中的地址数据进行适当的增加处理，这就是地址寄存器加指令。使用"加指令"如用到累加器1或指针常数时，应保证其格式正确（符合地址表示形式）。地址寄存器加指令如表2-30所示。

表 2-30　地址寄存器的加指令

指令	操作数	功能说明
＋AR1		指令中没有指明操作数，则把累加器1低字的内容加至地址寄存器1
＋AR2		指令中没有指明操作数，则把累加器1低字的内容加至地址寄存器2
＋AR1	P♯Byte. Bit	把一个指针常数加至地址寄存器1，指针常数范围：0.0～4095.7
＋AR2	P♯Byte. Bit	把一个指针常数加至地址寄存器2，指针常数范围：0.0～4095.7

下面举例说明表 2-30 用法。例如：

```
L    P♯250.7     //把指针常数(250.7)装入累加器1
＋AR1            //把 250.7 加至地址寄存器1
＋AR2  P♯126.7   //把指针常数(126.7)加至地址寄存器2
```

2.7.2　数据块指令

编程时可用表 2-31 的指令对数据块进行操作，使用表中指令及数据块时，请注意必须先打开一个数据块，然后才能使用与数据块有关指令。

表 2-31　数据块指令

LAD 指令	STL 指令	功能说明
只有 OPN 指令	OPN	该指令打开一个数据块作为共享数据块或背景数据块，如 OPN DB10；OPN DI20
DB 号或 DI 号 ——(OPN)	CAD	该指令交换数据块寄存器，使共享数据块成为背景数据块，或者相反
	DBLG	该指令将共享数据块的长度(字节数)装入累加器1，如 L　DBLG
	DBNO	该指令将共享数据块的块号装入累加器1，如 L　DBNO
	DILG	该指令将背景数据块的长度(字节数)装入累加器1，如 L　DILG
	DINO	该指令将背景数据块的块号装入累加器1，如 L　DINO

表 2-31 中 OPN 指令为指令数据块的传统方法（先打开后访问），其他方法和详细内容请看下面举例说明。

下面举例说明 L DBLG 指令的用法。如要求：当数据块的长度大于 50 个字节时，程序跳转到 ERR 标号处，该处指令调用功能块 FC10，做出适当处理，程序如下：

```
OPN  DB10    //打开共享数据块 DB10
L    DBLG    //将共享数据块的长度装入累加器1
L    ＋50    //将整数 50 装入累加器1，共享数据块长度移入累加器2
>=1          //打开数据长度≥50 个字节吗？
JC   ERR     //是大于等于则跳转至标号 ERR 处，不是则顺序向下执行
A    I0.0    //执行一个与操作
BEU          //不管逻辑操作结果如何，当前块结束语
ERR:CALL  FC10 //对于块长度≥50 情况，调用 FC10 做出相应处理
```

下面的例子说明 L　DBNO 指令的用法。如要求检查当前所打开的数据块号是否在 100～200 范围内（即 DB100～DB200 间）。程序如下：

```
L    DBNO    //将目前已打开的数据块块号装入累加器 1
L    +100    //将下限值 100 装入累加器 1,待检查的数据块块号移入累加器 2
<I           //待检查数据块块号<100 吗?
JC   ERR     //是小于 100 则跳转至标号 ERR 处,不是则顺序向下执行
L    DBNO    //将目前已打开的数据块块号装入累加器 1
L    +200    //将上限值 200 装入累加器 1,待检查的数据块块号移入累加器 2
>1           //待检查数据块块号>200 吗?
JC   ERR     //是大于 200 则跳转至标号 ERR 处,不是则说明块号在要求范围内顺序执行
A    I0.0    //执行一个与操作
BEU          //不管逻辑操作结果如何,当前块结束
ERR:
```

2.7.3 显示和空操作指令

语句表指令中包括以下显示和空操作(不操作)指令,如表 2-32 所示。

表 2-32 显示和空操作指令

STL 指令	功能说明
BLD	程序显示指令
NOP0	空操作 0,不进行任何操作
NOP1	空操作 1,不进行任何操作

第3章 ◀◀◀

数字量控制系统梯形图设计方法

3.1 梯形图的经验设计法与继电器电路转换法

数字量控制系统又称为开关量的控制系统，继电器控制系统就是典型的数字量控制系统。

3.1.1 用经验法设计梯形图

（1）启动、保持与停止电路 启动、保持和停止电路简称为启保停电路，在梯形图中得到了广泛的应用，图 3-1 中启动按钮和停止按钮提供的启动信号 I0.0 和停止信号 I0.1 为 1 状态的时间很短。只按启动按钮，I0.0 的常开触点和 I0.1 的常闭触点均接通，Q4.1 的线圈"通电"，它的常开触点同时接通。放开启动按钮，I0.0 的常开触点断开，"能流"经 Q4.1 和 I0.1 的触点流过 Q4.1 的线圈，这就是所谓的"自锁"或"自保持"功能。只按停止按钮，I0.1 的常闭触点断开，使Q4.1 的线圈"断电"，其常开触点断开，以后即使用权放开停止按钮，I0.1 的常闭触点恢复接通状态，Q4.1 的线圈仍然"断电"。这种功能也可以用图 3-2 中的 S（置位）和 R（复位）指令来实现。

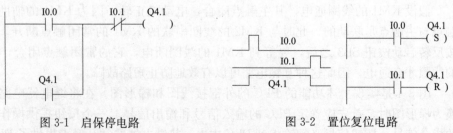

图 3-1　启保停电路　　　　　　图 3-2　置位复位电路

在实际电路中，启动信号和停止信号可能由多个触点组成的串、并联电路提供。

可以用设计继电器电路图的方法来设计比较简单的数字量控制系统的梯形图，即在一些典型电路的基础上，根据被控对象对控制系统的具体要求，不断地修改和完善梯形图。有时需要反复多次地调试和修改梯形图。增加一些中间编程元件和触点，最后才能得到一个较为满意的结果。电工手册中常用的继电器电路图可以作为设计梯形图的参考电路。

这种方法没有普遍的规律可以遵循，只有很大的试探性和随意性，最后的结果不是惟一的，设计所用的时间、设计质量与设计者的经验有很大的关系，所以有人把这种设计法叫做经验设计法，它可以用于较简单的梯形图（例如手动程序）的设计。

（2）三相异步电动机的正反转控制　图3-3是三相异步电动机正反转控制的主电路和继电器控制电路图，KM1和KM2分别是控制正转运行和反转运行的交流接触器。用KM1和KM2的主触点改变进入电动机的三相电源的相序，即可以改变电动机的旋转方向。图中的FR是热继电器，在电动机过载时，它的常闭触点断开，使KM1或KM2的线圈断电，电动机停转。

图3-3中的控制电路由两个启保停电路组成，为了节省触点，FR和SB1的常闭触点供两个启保停电路公用。

按下正转启动按钮SB2、KM1的线圈通电并自保持，电动机正转运行。按下反转启动按钮SR3、KM2的线圈通电并自保持，电动机反转运行。按下停止按钮SB1、KM1或KM2的线圈断电，电动机停止运行。

为了方便操作和保证KM1和KM2不会同时为ON，在图3-3中设置了"按钮联锁"，即将正转启动按钮SB2的常闭触点与控制反转的KM2的线圈串联，将反转启动按钮SB3的常闭触点与控制正转的KM1的线圈串联，设KM1的线圈通电，电动机正转，这时如果想改为反转，可以不按停止按钮SB1，直接按反转启动按钮SB3，这时常闭触点断开，使KM1的线圈断电，同时SB3的常开触点接通，使KM2的线圈得电，电动机由正转变为反转。

由主回路可知，如果KM1和KM2的主触点同时闭合，将会造成三相电源相间短路的故障，在二次回路中，KM1的线圈串联了KM2的辅助常闭触点，KM2的线圈串联了KM1的辅助常闭触点，它们组成了硬件互锁电路。

假设KM1的线圈通电，其主触点闭合，电动机正转。因为KM1的辅助常闭触点与主触点是联动的，此时与KM2的线圈串联的KM1的常闭触点断开，因此按反转启动按钮SB3之后，要等到KM1的线圈断电，它的常闭触点闭合，KM2的线圈才会通电，因此这种互锁电路可以有效地防止短路故障。

图3-4是实现上述功能的PLC的外部接线图和梯形图。在将继电器电路图转换为梯形图时，首先应确定PLC的输入信号和输出信号。三个按钮提供操作人员的指令信号，按钮信号必须输入到PLC中去，热继电器的常开触点提供了PLC的

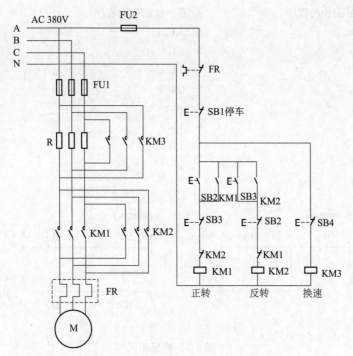

图 3-3　三相异步电动机正反转控制电路图

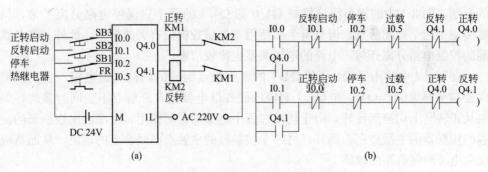

图 3-4　PLC 的外部接线图和梯形图

另一个输入信号，显然，两个交流接触器的线圈是 PLC 的输出负载。

画出 PLC 的外部接线图后，同时也确定了外部输入/输出信号与 PLC 内部的输入/输出过程映像位的地址之间的关系。可以将继电器电路图"翻译"为梯形图。如果在 STEP7 中用梯形图语言输入程序，可以采用与图 3-3 中的继电器电路完全相同的结构来画梯形图。各触点的常开、常闭的性质不变，根据 PLC 外部接线图中给出的关系，来确定梯形图中各触点的地址。

CPU 在处理图 3-5(a) 中的梯形图时，实际上使用了局域数据位（例如 L20.0）来保存 A 点的运算结果，将它转换为语句表后，有 8 条语句。将图中的两个线圈的控制电路分离开后变为两个网络，一共只有 6 条指令。

//图 3-5(a)中的程序

//图 3-5(b)中的程序

```
Network1:                   Network1
A   I1.0                     A   I1.0
=   L20.0                    A   I1.1
A   L20.0                    =   Q4.3
A   I1.1                     Network2
=   Q4.3                     A   I1.0
A   L20.0                    A   I1.2
A   I1.2                     =   Q4.4
=   Q4.4
```

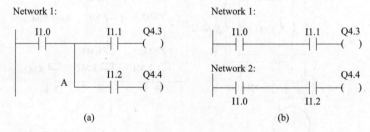

图 3-5　梯形图

如果将图 3-3 中的继电器电路图"原封不动"地转换为梯形图，也存在着同样的问题，图 3-4 中的梯形图将控制 Q4.0 和 Q4.1 的两个启保停电路分离开来，虽然多用了两个常闭触点，但是避免了使用与局域数据位有关的指令。此外，将各线圈的控制电路分离开后，电路的逻辑关系也比较清晰。

在图 3-4 中使用了 Q4.0 和 Q4.1 的常闭触点组成的软件互锁电路，它们只能保证输出模块中与 Q4.0 和 Q4.1 对应的硬件继电器的常开触点不会同时接通，如果从正转马上切换到反转，由于切换过程中电感的延时作用，可能会出现原来的接通的接触器的主触点还未断开，另一个接触器的主触点已经合上的现象，从而造成交流电源瞬间短路的故障。

此外，如果因主电路电流过大或接触器质量不好，某一接触器的主触点被断电时产生的电弧熔焊而被黏结，其线圈断电后主触点仍然是接通的，这时如果另一个接触器的线圈通电，仍将造成三相电源短路事故，为了防止出现这种情况，应在 PLC 外部设置由 KM1 和 KM2 的辅助常闭触点组成的硬件互锁电路（见图 3-4）。这种互锁与图 3-3 中的继电器电路的互锁原理相同，假设 KM1 的主触点被电弧熔焊，这时它的与 KM2 线圈串联的辅助常闭触点处于断开状态，因此 KM2 的线圈不可能得电。

（3）常闭触点输入信号的处理　前面在介绍梯形图的设计方法时，输入的数字量信号均由外部常开触点提供，但是在实际的系统中有些输入信号只能由常闭触点提供。

在图 3-4 中，如果将热继电器 FR 的常开触点换成常闭触点，没有过载时 FR 的常闭触点闭合，I0.5 为 1 状态，其常开触点闭合，常闭触点断开。为了保证没有过载时电动机的正常运行，显然应在 Q4.0 和 Q4.1 的线圈回路中串联 I0.5 的常开触点，而不是像继电器系统那样，串联 I0.5 的常闭触点，过载时 FR 的常闭触点断开，I0.5 为 0 状态，其常开触点断开，使 Q4.0 或 Q4.1 的线圈"断电"，起到了保护作用。

这种处理方法虽然能保证系统的正常运行，但是作过载保护的 I0.5 的触点类型与断电器电路中的刚好相反，熟悉继电器电路的人看起来很不习惯，在将继电器电路"转换"为梯形图时也很容易出错。

为了使梯形图和继电器电路图中触点的常开/常闭的类型相同，建议尽可能地用常开触点作 PLC 的输入信号。如果某些信号只能用常闭触点输入，可以按输入全部为常开触点来设计，然后将梯形图中相应的输入位的触点改为相反的触点，即常开触点改为常闭触点，常闭触点改为常开触点。

（4）小车控制程序的设计　图 3-6 中的小车开始时停在左边，左限位开关 SQ1 的常开触点闭合，要求按下列顺序控制小车：

① 按下右行启动按钮 SB2，小车右行。

② 走到右限位开关 SQ2 处停止运行，延时 8s 后开始左行。

③ 回到左限位开关 SQ1 处时停止运动。

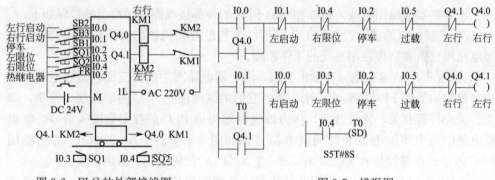

图 3-6　PLC 的外部接线图　　　　　　图 3-7　梯形图

在异步电动机正反转控制电路的基础上设计的满足上述要求的梯形图如图 3-7 所示，在控制右行的 Q4.0 的线圈回路中串联了 I0.4 的常闭触点，小车走到右限位开关 SQ2 处时，I0.4 的常闭触点断开，使 Q4.0 的线圈断电，小车停止右行。同时 I0.4 的常开触点闭合，T0 的线圈通电，开始定时。8s 后定时时间到，T0 的常开触点闭合，使 Q4.1 的线圈通电并自保持，小车开始左行，离开限位开关 SQ2 后，I0.4 的常开触点断开，T0 的常开触点。因为其线圈断电而断开。小车运行到左边的起始点时，左限位开关 SQ1 的常开触点闭合，I0.3 的常闭触点断开，使 Q4.1 的线圈断电，小车停止运动。

在梯形图中（见图 3-7），保留了左行启动按钮 I0.1 和停止按钮 I0.2 的触点，使系统有手动操作的功能。串联在启保停电路中的左限位开关 I0.3 和右限位开关 I0.4 的常闭触点在手动时可以防止小车的运动超限。

3.1.2 根据继电器电路图设计梯形图

PLC 使用与继电器电路图极为相似的梯形图语言。如果用 PLC 改造继电器控制系统，根据继电器电路图来设计梯形图是一条捷径。这是因为原有的继电器控制系统经过长期使用和考验，已经被证明能完成系统要求的控制功能，而继电器电路图又与梯形图有很多相似之处，因此可以将继电器电路图"翻译"成梯形图，即用 PLC 的外部硬件接线图和梯形图软件来实现继电器系统的功能。这种设计方法一般不需要改动控制面板，保持了系统原有的外部特性，操作人员不用改变长期形成的操作习惯。

(1) 基本方法　继电器电路是一个纯粹的硬件电路图，将它改为 PLC 控制时，需要用 PLC 的外部接线图和梯形图来等效继电器电路图。可以将 PLC 想象成一个控制的内部"线路图"，梯形图中的输入位 (I) 和输出位 (Q) 是控制箱与外部世界联系的"接口继电器"，这样就可以用分析继电器电路图的方法来分析 PLC 控制系统。在分析梯形图时可以将输入位的触点想象成对应的外部输入器件的触点，将输出位的线圈想象成对应的外部负载的线圈。外部负载的线圈除了受梯形图的控制外，还要能受外部触点的控制。

将继电器电路图转换为功能相同的 PLC 的外部接线图和梯形图的步骤如下：

① 了解和熟悉被控设备的工作原理、工艺过程和机械的动作情况，根据继电器电路图分析和掌握控制系统的工作原理。

② 确定 PLC 输入信号和输出负载。继电器电路图中的交流接触器和电磁阀等执行机构如果用 PLC 的输出位来控制，它们的线圈接在 PLC 的输出端。按钮、操作开关和行程开关、接近开关、压力继电器等提供 PLC 的数字量输入信号，继电器电路中的中间继电器和时间继电器（例如图 3-8 中的 KA1 和 KT）的功能用 PLC 内部的存储器位和定时器来完成，它们与 LC 的输入位、输出位无关。

③ 选择 PLC 的型号，根据系统所需的功能和规模选择 CPU 模块，电源模块和数字量输入/输出模块，对硬件进行组态，确定输入/输出模块在机架中的安装位置和它们的起始地址。S7-300 的输入/输出模块的起始地址由模块所在的槽号确定，S7-400 的输入/输出模块的起始地址在组态时由系统自动指定，用户也可以进行修改。

④ 确定 PLC 各数字量输入信号与输出负载对应的输入位和输出位的地址，画出 PLC 的外部接线图。各输入量和输出量在梯形图中的地址取决于它们所在的模块的起始地址和模块中的接线端子号。

⑤ 确定与继电器电路图的中间继电器、时间继电器对应的梯形图中的存储器位 (M) 和定时器、计数器的地址。第④步和第⑤步建立了继电器电路图中的元件

的梯形图中的位地址之间的对应关系。

⑥ 根据上述的对应关系画出梯形图。

（2）根据继电器电路图设计梯形图的实例 液压动力滑台是机床加工工件时完成进给运动的动力部件，由液压系统驱动，完成加工的自动循环，滑台开始停在最左边，左限位开关 SQ（10.3）的常开触点闭合。

在自动运行模式，开关 SA 闭合，I0.5 为 1 状态。按下常开按钮 SB1（I0.0），Q4.0、Q4.2 变为 1 状态，YV11 和 YV12 的线圈通电，动力滑台向右快速成进给（简称快进）；碰到中限位开关 SQ2（I0.1）时变为工作进给（简称工进），Q4.2 变为 0 状态，YV2 的线圈断电；碰到右限位开关 SQ3（I0.2）时暂停 8s，Q4.0 变为 0 状态，YV11 的线圈断电，滑台停止运动；时间到时动力滑台快速退回（简称快退），Q4.1 变为 1 状态，YV12 的线圈通电，返回初始位置时限位开关 SQ1 动作，Q4.1 变为 0 状态，YV12 的线圈断电，停止运动。

图 3-8 是实现上述控制要求的继电器电路图，图 3-9 和图 3-10 是实现相同功能的 PLC 控制系统的外部接线图和梯形图。

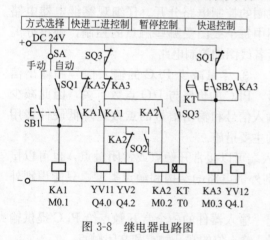

图 3-8 继电器电路图

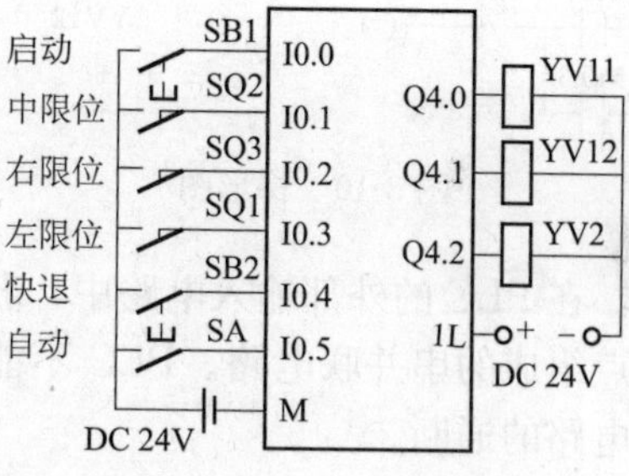

图 3-9 PLC 外部接线图

图 3-10 中 M0.3 和 Q4.1 的状态完全相同，因此可以省略 M0.3，用 Q4.1 的触点来代替 M0.3 的触点。不过 M0.3 是用软件实现的，使用它不会增加硬件成本。

在设计时应注意梯形图与继电器电路图的区别，梯形图是一种软件，是 PLC 图形化的程序。在继电器电路图中，各继电器可以同时动作，而 PLC 的 CPU 是串行工作的，即 CPU 同时只能处理 1 条指令。

（3）注意事项 根据继电器电路图设计 PLC 的外部接线图和梯形图时应注意以下问题：

① 应遵守梯形图语言中的语法规定 由于工作原理不同，梯形图不能照搬继电器电路中的某些处理方法。例如在继电器电路中，触点可以放在线圈的两侧，但是在梯形图中，线圈必须放在电路的最右边。

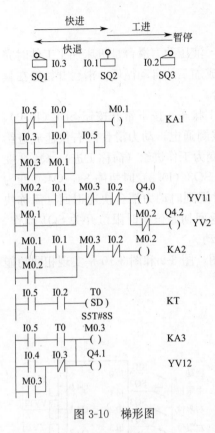

图 3-10 梯形图

② 适当分离继电器电路图中的某些电路　设计继电器电路原理图时的一个基本原则是尽量减少图中使用的触点的个数，因为这意味着成本的节约，但是这往往会使某些线圈的控制电路交织在一起。在设计梯形图时，首要的问题是设计的思路要清楚，设计出的梯形图容易阅读和理解，并不特别在意是否多用几个触点，因为这不会增加硬件的成本，只是在输入程序时需要多花一点时间。

在将图 3-8 中的继电器电路图改画为梯形图时，如果完全"原封不动"地改画，这种梯形图读起来也很费力，将它转换为语句表时，将会使用较多的局域数据变量（L）。在将继电器电路图改画为梯形图时，最好将各线圈的控制电路分开。仔细观察继电器电路图中每个线圈受哪些触点的控制，画出分离后各线圈的控制电路。

③ 尽量减少 PLC 的输入信号和输出信号　PLC 的价格与 I/O 点数有关，因此减少输入信号和输出信号的点数是降低硬件费用的主要措施。

在 PLC 的外部输入电路中，各输入端可以接常开触点或常闭触点，也可以接触点组成的串并联电路。PLC 不能识别外部电路的结构和触点类型，只能识别外部电路的通断。

与继电器电路不同，一般只需要同一输入器件的一个常开触点给 PLC 提供输入信号，在梯形图中，可以多次使用同一输入位的常开触点和常闭触点。

图 3-8 中的选择开关 SA 的常开触点和常闭触点分别表示自动模式和手动模式。PLC 的输入端只需外接 SA 的一个触点（例如常开触点）。在梯形图中，I0.5 的常开触点和常闭触点分别对应于自动模式和手动模式。

如果在继电器电路图中，某些触点总是以相同的串并联电路的形式出现，可以将这种串并联电路作为一个整体接在 PLC 的一个输入点上。串并联电路接通时对应的输入位（I）为 1，梯形图中该输入位的常开触点闭合，常闭触点断开。

设计输入电路时，应尽量采用常开触点，如果只能使用常闭触点，梯形图中对应触点的常开/常闭类型应与继电器电路图中的相反。

某些器件的触点如果在继电器电路图中只出现一次，并且与 PLC 输出端的负载串联，例如有锁存功能的热继电器的常闭触点，不必将它们作为 PLC 的输入信号，可以将它们放在 PLC 外部的输出回路，仍与相应的外部负载串联。

继电器控制系统中某些相对独立且比较简单的部分，可以用继电器电路控制，这样可以减少所需的 PLC 的输入点和输出点。

④ 时间继电器的处理　时间继电器有 4 种延时触点，图 3-11 是它们的图形符号和动作时序。图中上面两个触点是通过延时时间继电器的触点，线圈通电后触点延时动作，线圈断电后触点立即动作，恢复常态。这种时间继电器对应于 S7-300/400 的接通延时定时器，PLC的定时器触点是延时动作的触点，虽然它们形状与普通的触点形状一样。

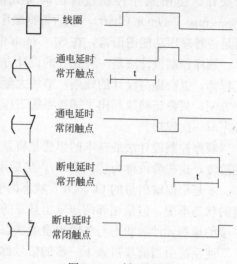

图 3-11 中下面的两个触点是断电延时时间继电器的触点，线圈通电时触点立即动作，线圈断电后触点延时恢复常态，这种时间继电器对应于 S7-300/400 的断开延时定时器。

图 3-11　时间继电器

时间继电器除了有延时动作的触点外，还有在线圈通电瞬间接通的瞬动触点。在梯形图中，可以在定时器的线圈两端并联存储器位（M）的线圈，它的触点相当于定时器的瞬动触点。

⑤ 设置中间单元　在梯形图中，若多个线圈都受某一触点串并联电路的控制，为了简化电路，在梯形图中可以设置中间单元，即用该电路来控制某存储器位（M），在各线圈的控制电路中使用其常开触点。这种元件类似于继电器电路中的中间继电器。

⑥ 设立外部互锁电路　控制异步电动机正反转的交流接触器如果同时动作，将会造成本相电源短路。为了防止出现这样的事故，应在 PLC 外部设置硬件互锁电路。

在继电器电路中采取了互锁措施的其他电路，例如异步电动机的星形-三角形启动电路等，在改用 PLC 控制时也应采取同样的硬件互锁措施。

⑦ 外部负载的额定电压　PLC 的继电器输出模块和双向晶闸管输出模块一般只能驱动额定电压 AC 20V 的负载，如果系统原来的交流接触器的线圈电压为380V 的，应将线圈换成 220V 的，或设置外部中间继电器。

3.2　顺序控制设计法与顺序功能图

3.2.1　顺序控制设计法

所谓顺序控制，就是按照生产工艺预先规定的顺序，在各个输入信号的作用下，根据内部状态和时间的顺序，在生产过程中各个执行机构自动地有秩序地进行操作，使用顺序控制设计法时首先根据系统的工艺过程，画出顺序功能图（Sequential Function Chart），然后根据顺序功能图画出梯形图。STEP7 的 S7 Graph 就是一种顺序功能图语言，在 S7 Graph 中生成顺序功能图后便完成了编程工作。

顺序控制设计法是一种先进的设计方法，很容易被初学者接受，对于有经验的工程师，也会提高设计的效率，节约大量的设计时间。程序的调试、修改和阅读也很方便，只要正确地画出了描述系统工作过程的顺序功能图，一般都可以做到调试程序时一次成功。

顺序控制设计法最基本的思想是将系统的一个工作周期划分为若干个顺序相连的阶段，这些阶段称为步（Step），然后用编程元件（例如存储器位 M）来代表各步。步是根据输出量的 ON/OFF 状态的变化来划分的，在任何一步之内，各输出量的状态不变，但是相邻两步输出量总的状态是不同的，步的这种划分方法使代表各步的编程元件的状态与各输出量的状态之间有着极为简单的逻辑关系。

使系统由当前步进入下一步的信号称为转换条件，转换条件可以是外部的输入信号，例如按钮、指令开关、限位开关的接通/断开等，也可以是 PLC 内部产生的信号，例如定时器、计数器的触点提供的信号，转换条件不可能是若干个信号的与、或、非逻辑指令。

顺序控制设计法用转换条件控制代表各步的编程元件，让它们的状态按一定的顺序变化，然后用代表各步的编程元件去控制 PLC 的各输出位。

顺序功能图是描述控制系统的控制过程、功能和特性的一种图形，也是设计 PLC 的顺序控制程序的有力工具。

顺序功能图并不涉及所描述的控制功能的具体技术，它是一种通用的直观的技术语言，可以供进一步设计和不同专业人员之间进行技术交流之用，对于熟悉设备和生产流程的现场情况的电气工程师来说，顺序功能图是很容易画出的。

在 IEC 标准（IEC 61131）中，顺序功能图是 PLC 位居首位的编程语言。我国在 1986 年颁布了顺序功能图的国家标准化 GB 6988.6—1986。顺序功能图主要由步、有向连线、转换、转换条件和动作（或命令）组成。

3.2.2 步与动作

（1）步 图 3-12 是液压动力滑台的进给运动示意图和输出入输出信号的时序图，为了节省篇幅，将几个脉冲输入信号的波形画在一个波形图中，设动力滑台在初始位置时停在左边，限位开关 I0.3 为 1 状态，Q4.0～Q4.2 是控制动务滑台运动的 3 个电磁阀。与图 3-10 中的系统相同，按下启动按钮后，动力滑台的一个工作周期由快进、工进、暂停和快退组成，返回初始位置后停止运动。根据 Q4.0～Q4.2 的 ON/OFF 状态的变化，一个工作周期可以分为快进、工进、暂停和快退这 4 步。另外还应设置等待启动的初始步，图中分别用 M0.0～M0.4 来代表这 5

步。图 3-12 的右边是描述该系统的顺序功能图，图中用矩形方框表示步，方框中可以用数字表示各步的编号，也可以用代表各步的存储器位的地址作为步的编号，例如 M0.0 等，这要在根据顺序功能图设计梯形图时较为方便。

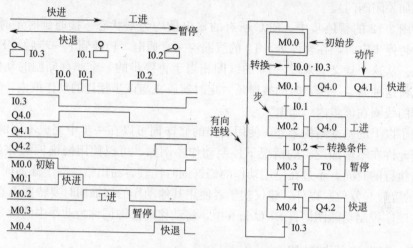

图 3-12 液压动力滑台的顺序功能图

（2）初始步 初始状态一般是系统等待启动命令的相对静止的状态。系统在开始进行自动控制之前，首先应进入规定的初始状态。与系统的初始状态相对应的步称为初始步，初始步用双线方框来表示，每一个顺序功能图至少应该有一个初始步。

（3）与步对应的动作或命令 可以将一个控制系统划分为被控系统和施控系统，例如在数控车床系统中，数控装置是施控系统，而车床是被控系统。对于被控系统，在某一步中要完成某些动作（action）；对于施控系统，在某一步中要向被控系统发出某些命令（conmand）。为了叙述方便，下面将命令或动作统称为动作，并用矩形框中的文字或符号来表示动作，该矩形框与相应的步的方框用水平短线相连。

如果某一步有几个动作，可以用图 3-13 中的两种画法来表示，但是并不隐含这些动作之间的任何顺序。

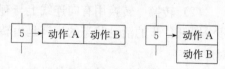

图 3-13 动作

当系统正处于某一步所在的阶段时，该步处于活动状态，称该步为"活动步"。步处于活动状态时，相应的动作被执行，处于不活动状态时，相应的非存储型动作被停止执行。

说明命令的语句应清楚地表明该命令是存储型的还是非存储型的。非存储型动作"打开1号阀"，是指该步为活动步时打开1号阀，为不活动时关闭1号阀。非存储型动作与它所在的步是"同生共死"的，例如图 3-12 的中 M0.4 与 Q4.2 的波形完全相同，它们同时由 0 状态变为 1 状态，又同时由 1 状态变为 1 状态。

某步的存储型命令"打开 1 号阀并保持"，是指该步为活动步时 1 号阀被打开，该步变为不活动步时继续打开，直到在某一步 1 号阀被复位。在表示动作的方框中，可以用 S 和 R 来分别表示对存储型动作的置位（例如打开阀门并保持）和复位（例如关闭阀门）。

在图 3-12 的暂停步中，PLC 所有的输出量均为 0 状态。接通延时定时器 T0 用来给暂停步定时，在暂停步，T0 的线圈应一直通电，转换到下一步后，T0 的线圈断电。从这个意义上来说，T0 的线圈相当于暂停步的一个非存储型的动作，因此可以将这种为某一步定时的接通延时定时器放在与该步相连的动作框内，它表示定时器的线圈在该步内"通电"。

除了以上的基本结构之外，使用动作的修饰词可以在一步中完成不同的动作，修饰词允许在不增加逻辑的情况下控制动作。例如，可以使用修饰词 L 来限制某一动作执行的时间。不过在使用动作的修饰词时比较容易出错，除了修饰词 S 和 R（动作的置位与复位）以外，建议初学者使用其他动作的修饰词时要特别小心。

在顺序控制功能图语言 S7 Graph 中，将动作的修饰词称为动作中的命令。

3.2.3 有向连线与转换

（1）有向连线

在顺序功能图中，随着时间的推移和转换条件的实现，将会发生步的活动状态的进展，这种进展按有向连线规定的路线和方向进行。在画顺序功能图时，将代表各步的方框按它们成为活动步的先后次序顺序排列，并且用有向连线将它们连接起来。步的活动状态习惯的进展方向是从上到下或从左至右，在这两个方向有向连线上的箭头可以省略。如果不是上述的方向，应在有向连线上用箭头注明进展方向。在可以省略箭头的有向连线上，为了更易于理解也可以加箭头。

如果在画图时有向连线必须中断，例如在复杂的图中，或用几个图来表示一个顺序功能图时，应在有向连线中断之处标明下一步的标号和所在的页数。

（2）转换　转换用有向连线上与有向连线垂直的短画线来表示，转换将相邻两步分隔开，步的活动状态的进展是由转换的实现来完成的，并与控制过程的发展相对应。

（3）转换条件　转换条件是与转换相关的逻辑命题，转换条件可以用文字语言来描述，例如"触点 A 与触点 B 同时闭合"，也可以用表示转换的短线旁边的布尔代数表达式来表示，例如 I0.1＋I2.0。S7 Graph 中的转换条件用梯形图或功能块图来表示（见图 3-14），如果没有使用 S7 Graph 语言，一般用布尔代数表达式来表示转换条件。

图 3-14 中用高电平表示步 M2.1 为活动步，反之则用低电平表示。转换条件 I0.0 表示 I0.0 为 1 状态时转换实现，转换条件表示 I0.0 为 0 状态时转换实现。转换条件 I0.1＋I2.0 表示 I0.1 的常开触点闭合或 I2.0 的常闭触点闭合时转换实现，

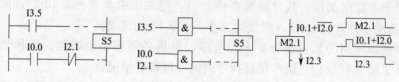

图 3-14 转换与转换条件

在梯形图中则用两个触点的并联来表示这样的"或"逻辑关系。

符号↑I2.3 和↓I2.3 分别表示当 I2.3 从 0 状态变为 1 状态和从 1 状态为 0 状态时转换实现。实际上转换条件↑I2.3 和↓I2.3 是等效的，因为一旦 I2.3 由 0 状态变为 1 状态（即在 I2.3 的上升沿），转换条件 I2.3 也会马上起作用。

在图 3-12 中，转换条件 TD 相当于接通延时定时器 T0 的常开触点，即在 T0 的定时时间到时转换条件满足。

3.2.4 顺序功能图的基本结构

（1）单序列　单序列由一系列相继激活的步组成，每一步的后面仅有一个转换，每一个转换的后面只有一个步［见图 3-15(a)］，单序列的特点是没有分支与合并。

（2）选择序列　选择序列的开始称为分支［见图 3-15(b)］，转换符号只能标在水平连线之下。如果步 5 是活动步，并且转换条件 h=1，则发生由步 5→步 8 的进展。如果步 5 是活动步，并且 k=1，则发生由步 5→步 10 的进展。

在步 5 之后选择序列的分支处，每次只允许选择一个序列，如果将选择条件 k 改为 kh，则当 k 和 h 同时为 ON 时，将优先选择 h 对应的序列。

选择序列的结束称为合并［见图 3-15(b)］，几个选择序列合并到一个公共序列时，用需要重新组合的序列相同数量的转换符号和水平连线表示，转换符号只允许标在水平连线之上。

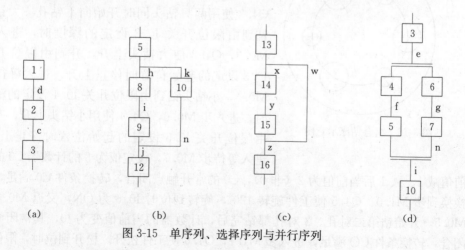

图 3-15 单序列、选择序列与并行序列

如果步 9 是活动步，并且转换条件 j＝1，则发生由步 9→步 12 的进展。如果步 10 是活动步，并且 n＝1，则发生由步 5→步 12 的进展。

允许选择序列的某一条分支上没有步，但是必须有一个转换。这种结构称为"跳步"[见图 3-15(c)]。跳步是选择序列的一种特殊情况。

(3) 并行序列　并行序列的开始称为分支[见图 3-15(d)]，当转换的实现导致几个序列同时激活时，迪些序列称为并行序列，当步 3 是活动的，并且转换条件 c＝1，4 和 6 这两步同时变为活动步，同时步 3 变为不活动步，为了强调转换的同步实现，水平连线用双线表示。步 4、6 被同时激活后，每个序列中活动步的进展是独立的，在表示同步的水平双线之上，只允许有一个转换符号，并行序列用来表示系统的几个同时工作的独立部分的工作情况。

并行序列的结束称为合并[见图 3-15(d)]，在表示同步的水平双线之下，只允许有一个转换符号。当直接连在双线上的所有前级步（步 5、7）都处于活动状态，并且转换条件 i＝1 时，才会发生步 5、7 到步 10 的进展，即步 5、7 同时变为不活动步，而步 10 变为活动步。

(4) 复杂的顺序功能图举例

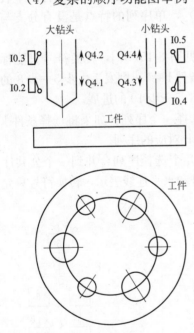

图 3-16　组合钻床示意图

某专用钻床用来加工圆盘状零件上的均匀分布的 6 个孔（见图 3-16），上面是侧视图，下面是工件的俯视图。在进入自动运行之前，两个钻头应在最上面，上限位开关 I0.3 和 I0.5 为 ON，系统处于初始步，计数器 C0 的设定值 3 被送入计数器。在图 3-17 中用存储器位 M 来代表各步，顺序功能图中包含了选择序列和并行序列。操作人员放好工作后，按下启动按钮 I0.0，转换条件满足，由初始步转换到步 M0.1，Q4.0 变为 ON，工件被夹紧。夹紧后压力继电器 I0.1 为 ON，由步 M0.1 转换到步 M0.2 和 M0.5，Q4.1 和 Q4.3 使用两只钻头同时开始向下钻孔。大钻头钻到由限位开关 I0.2 设定的深度时，进入步 M0.3，Q4.2 使大钻头上升，升到由限位开关 I0.3 设定的起始位置时停止上升，进入等待步 M0.4，小钻头钻到由限位开关 I0.4 设定的深度时，进入步 M0.6，Q4.4 使用小钻头上升，升到由限位开关 I0.5 设定的起始位置时停止上升，进入等待步 M0.7，设定值为 3 的计数器 C0 的当前值减 1。减 1 后当前值为 2（非 0），C0 的常开触点闭合，转换条件 C0 满足，转换换到步 M1.0、Q4.5 使工件旋转 120°，旋转到位时 I0.6 为 ON，又返 M0.2 和 M0.5，开始钻第二对孔。3 对孔都钻完后，计数器的当前值变为 O，其常闭触点闭合，转换条件 C0 满足，进入步 M1.1，Q4.6 使工件松开。松开到位时，限位开关 I0.7 为 ON，系统返回初始步 M0.0。

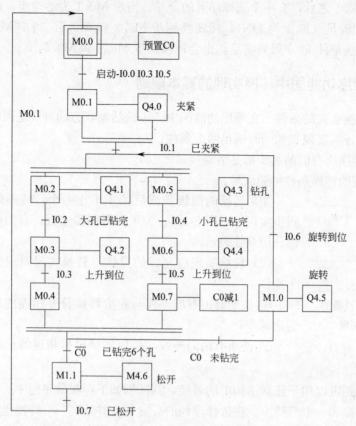

图 3-17　组合钻床的顺序功能图

因为要求两个钻头向下钻孔和钻头提升的过程同时进行，采用并行序列来描述上述的过程。由 M0.2～M0.4 和 M0.5～M0.7 组成的两个单序列分别用来描述大钻头和小钻头的工作过程。在步 M0.1 之后，每一个并行序列的分支。当 M0.1 为活动步，且转换条件 I0.1 得到满足（I0.1 为 1 状态），并行序列中两个单序列中第1 步（步 M0.2 和 M0.5）同时变为活动步，此后两个单序列内部各步的活动状态的转换是相互独立的，例如大孔和小孔钻完时的转换一般不是同步的。

两个单序列中的最后 1 步（步 M0.4 和 M0.7）应同时变为不活动步。但是两个钻头一般不会同时上升到位，不可能同时结束运动，所以设置了等待步 M0.4 和 M0.7，它们用来同时结束两个并行序列。当两个钻头均上升到位，限位开关 I0.3 和 I0.5 分别为 1 状态，大、小钻头两个子系统分别进入两个等步，并行序列将会立即结束。

在步 M0.4 和 M0.7 之后，有一个选择序列的分支。没有钻完 3 对孔时 C0 的常开触点闭合，转换条件满足 C0，如果两个钻头都上升到位，将从步 M0.4 和 M0.7 转换到步 M1.0。如果已钻完 3 对孔，C0 的常闭触点闭合，转换条件 C0 满足，将从步 M0.4 和 M0.7 转换到步 M1.1。

在步 M0.1 之后，有一个选择序列的合并。当步 M0.1 为活动步，而且转换条件 I0.1 得到满足（I0.1 为 ON），将转换到步 M0.2 和 M0.5。当步 M1.0 为活动步，而且转换条件 I0.6 得到满足，也会转换到步 M0.2 和 M0.5。

3.2.5　顺序功能图中转换实现的基本规则

（1）转换实现的条件　在顺序功能图中，步的活动状态的进展是由转换的实现来完成的。转换实现必须同时满足两个条件：

① 该转换所有的前级步都是活动步；

② 相应的转换条件得到满足。

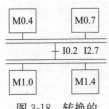

图 3-18　转换的
同步实现

如果转换的前级步或后续步不止一个，转换的实现称为同步实现（见图 3-18）。为了强调同步实现，有向连线的水平部分用双线表示。

（2）转换实现应完成的操作　转换实现时应完成以下两个操作：

① 使所有由有向连线与相应转换符号相连的后续步都变为活动步；

② 使所有由向连线与相应转换符号相连的前级步都变为不活动步。

以上规则可以用于任意结构中的转换，其区别如下：在单序列中，一个转换仅有一个前级步和一个后续步。在选择序列的分支与合并处，一个转换也只有一个前级步和一个后续步，但是一个步可能有多个前级步或多个后续步。在并行序列的分支处，转换有几个后续步，在转换实现时应同时将它们的对应的编程元件置位。在并行序列的合并处，转换有几个前级步，它们均为活动步时才有可能实现转换，在转换实现时应将它们对应的编程元件全部复位。

转换实现的基本规则是根据顺序功能图设计梯形图的基础，它适用于顺序功能图中的各种基本结构，也是下面要介绍的各种设计顺序控制梯形图的方法的基础。

在梯形图中，用编程元件（例如存储器位 M）来代表步，当某步为活动步时，该步对应的编程元件为 1 状态。当该步之后的各条件满足时，转换条件对应的触点或电路接通，因此可以将该触点或电路与代表所有前级步的编程元件的常开触点串联，作为与转换实现的两个条件同时满足对应的电路。例如，图 3-18 中转换条件的布尔代数表达式为 $I0.2 \cdot I2.7$，它的两个前级步用 M0.4 和 M0.7 来代表，所以应将 I2.7 的常闭触点和 I0.2、M0.4、M0.7 的常开触点串联，作为转换实现的两个条件同时满足对应的电路。在梯形图中，该电路接通时，应使所有代表前级步的编程元件（M0.4 和 M0.7）复位。同时使所有代表后续步的编程元件（M1.0 和 M1.4）置位（变为 1 状态并保持），完成以上任务的电路将在本章后面的内容中介绍。

3.2.6 绘制顺序功能图的注意事项

下面是针对绘制顺序功能图时常见的错误提出的注意事项：

① 两个步绝对不能直接相连，必须用一个转换将它们隔开。

② 两个转换也不能直接相连，必须用一个步将它们隔开。

③ 顺序功能图中的初始步一般对应于系统等待启动的初始状态，这一步可能没有什么输出处于 ON 状态，因此在画顺序功能图时很容易遗漏这一步。初始步是必不可少的，一方面因为该步与它的相邻步相比，从本质上说输出变量的状态各不相同；另一方面如果没有该步，无法表示初始状态，系统也无法返回停止状态。

④ 自动控制系统应能多次重复执行同一工艺过程，因此在顺序功能图中一般应有由步和有向连线组成的闭环，即在完成一次工艺过程的全部操作之后，应从最后一步返回初始步，系统停留在初始状态（单周期操作见图 3-12），在连续循环工作方式时，将从最后一步返回下一工作周期开始运行第一步（见图 3-17）。

⑤ 如果选择有断电保持功能的存储器位（M）来代表顺序控制图中的各位，在交流电源突然断电时，可以保存当时的活动步对应的存储器位的地址。系统重新上电后，可以使系统从断电瞬时的状态开始继续运行，如果用没有断电保持功能的存储器位代表各步，进入 RUN 工作方式时，它们均处于 OFF 状态，必须在 OB100 中初始步预置为活动步，否则因顺序功能图中没有活动步，系统将无法工作。如果系统有自动、手动两种工作方式，顺序功能图是用来描述自动工作过程的，这时还应在系统由手动工作方式进入自动工作方式时，用一个适当的信号将初始步置为活动步，并将非初始步置为不活动步。

在硬件组态时，双击 CPU 模块所有的行，打开 CPU 模块的属性对话框，选择"Retentive Memory"（有保持功能的存储器）选项卡，可以设置有断电保持功能的存储器位（M）的地址范围。

3.2.7 顺序控制设计法的本质

经验设计法实际上是试图用输入信号 I 直接控制输出信号 Q[见图 3-19(a)]，如果无法直接控制，或为了实现记忆、联锁、互锁等功能，只好被动地增加一些辅助元件和辅助触点。由于不同的系统的输出量 Q 与输入量 I 之间的关系各不相同，以及它们对联锁、互锁的要求千变万化，不可能找出一种简单通用的设计方法。

顺序控制设计法则是用输入量 I 控制代表各步的编程元件（例如存储器位 M），再用它们控制输出量 Q[见图 3-19(b)]。步是根据输出量 Q 的状态划分的，M 与 Q 之间具有很简单的"与"的逻辑关系，输出电路的设计极为简单。任何复杂系统的代表步的 M 存储器位的控制电路，其设计方法都是相同的，并且很容易掌握，所以顺序控制设计法具有简单、规范、通用的优点。由于 M 是依次顺序变为 1 状态的，实际上已经基本解决了经验设计法中的记忆、联锁等问题。

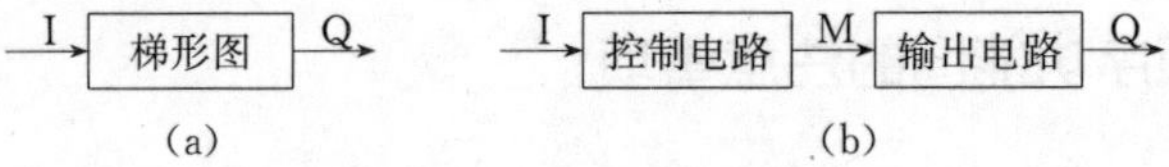

$$I \rightarrow \boxed{梯形图} \rightarrow Q \qquad\qquad I \rightarrow \boxed{控制电路} \xrightarrow{M} \boxed{输出电路} \rightarrow Q$$

$$\text{(a)} \qquad\qquad\qquad\qquad\qquad\qquad \text{(b)}$$

图 3-19　信号关系图

3.3　使用启保停电路的顺序控制梯形图编程方法

3.3.1　设计顺序控制梯形图的一些基本问题

S7-300/400 的编程软件 STEP7 中的 S7 Graph 是一种顺序功能图编程语言。如果购 STEP7 的标准版，S7 Graph 属于可选的编程语言，需要单独付费，学习使用 S7 Graph 也需要花一定的时间。此外现在大多数 PLC（包括西门子的 S7-200 系列）还没有顺序功能图语言。因此有必要学习根据顺序功能图来设计顺序控制梯形图的编程方法。3.3～3.4 节首先介绍两种通用的编程方法，使用启保停电路的编程方法和以转换为中心的编程方法，3.5 节介绍具有多种工作方式的控制系统的编程方法，3.6 节介绍 S7 Graph 的使用方法。

本章介绍的两种通用的编程方法很容易掌握，用它们可以迅速地、得心应手地设计出任意复杂的数字量控制系统的梯形图，它们的适用范围广，可以用于所有厂的各种型号的 PLC。

（1）程序的基本结构　绝大多数自动控制系统除了自动工具模式外，还需要设置手动工作模式。在下列两种情况下需要工作在手动模式。

① 启动自动控制程序之前，系统必然处于要求的初始状态。如果系统的状态不满足启动自动程序的要求，需要进入手动工作模式，用手动模式使系统进入规定的初始状态，再回到自动工作模式。一般在调试阶段使用手动工作模式。

② 顺序自动控制对硬件的要求很高，如果有硬件故障，例如某个限位开关有故障，不可能正确地完成整个自动控制过程。在这种情况下，为了使设备不至于停机，可以进入手动工作模式，对设备进行手动控制。

在自动、手动工作方式的控制系统的两种典型的程序结构如图 3-20 所示，公用程序用于处理自动模式和手动模式者需要执行的任务，以及处理两种模式的相互切换。

图 3-20 中的 I2.0 是自动、手动切换开关，在左边的梯形图中，当 I2.0 为 1 时第一条条件跳转指令（JMP）的跳步条件满足，将跳过自动程序，执行手动程序，I2.0 为 0 时第二条条件跳转指令的跳步条件满足，将跳过手动程序，执行自动程序。

在图 3-20 右边的梯形图中，当 I2.0 为 1 时调用处理手动操作的功能"MAN"，为 0 时调用处理自动操作的功能"AUTO"。

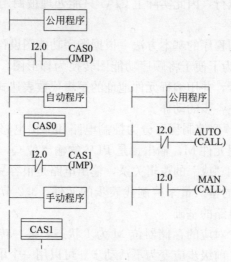

图 3-20 自动、手动程序

（2）执行自动程序的初始状态 开始执行自动程序之前，要求系统处于规定的初始状态。如果开机时系统没有处于初始状态，则应进入手动工作方式，用手动操作使系统进入初始状态后，再切换到自动工作方式，也可以设置使系统自动进入初始状态的工作方式。

系统满足规定的初始状态后，应将顺序功能图的初始步对应的顺位置 1，使初始步变为活动步，为启动自动运行作好准备。同时还应将其余各步对应的存储器位复位为 0 状态，这是因为在没有并行序列或并行序列未处于活动状态时，同时只能有一个活动步。

在 3.3 节和 3.4 节中，假设用来代表步的存储器位没有被设置为有断电保持功能，刚开始执行用户程序时，系统已处于要求的初始状态，并通过 OB100 将初始步对应的存储器位（M）置 1，其余各步对应的存储器位均为 0 状态，为转换的实现作好了准备。

（3）双线圈问题 在图 3-20 的自动程序和手动程序中，都需要控制 PLC 的输出 Q，因此同一个输出位的线圈可能会出现两次或多次，称为双线圈现象。

在跳步条件相反的两个程序段（例如图 3-20 中的自动程序和手动程序）中，允许出现双线圈，即同一元件的线圈可以在自动程序和手动程序中分别出现一次。实际上 CPU 在每一次循环中，只执行自动程序或只执行手动程序，不可能同时执行这两个程序，对于分别位于这两个程序的两个相同的线圈，每次循环只处理其中的一个，因此在本质上并没有违反不允许出现双线圈的规定。

在图 3-20 中用相反的条件调用功能（FC）时，也允许同一元件的线圈在自动程序功能和手动程序功能中分别出现一次，因为两个功能的调用条件相反，在一个扫描周期内只会调用其中的一个功能，而功能中的指令只是在该功能被调用时才执行，没有调用时则不执行，因此实际上 CPU 只能处理被调用的功能中的双线圈中的一个线圈。

（4）设计顺序控制程序的基本方法　根据顺序功能图设计梯形图时，可以用存储器位 M 来代表步。为了便于将顺序功能图转换为梯形图，用代表各步的存储器位的地址作为步的代号，并用编程元件地址的逻辑代数表达式来标注转换条件，用编程元件的地址来标注各步的动作。

由图 3-19 可知，顺序控制程序分为控制电路和输出电路两部分。输出电路的输入量是代表步的编程元件 M，输出量是 PLC 的输出位 Q。它们之间的逻辑关系是极为简单的相等或相"或"的逻辑关系，输出电路是很容易设计的。

控制电路用 PLC 的输入量来控制代表步的元件，3.2 节中介绍的转换实现的基本规则是设计控制电路的基础。

某一步为活动步，对应的存储器位 M 为 1 状态，某一转换实现时，该转换的后续步应变为活动步，前级步应变为不活动步。可以用一个串联电路来表示转换实现的这两个条件，该电路接通时，应将该转换所有的后续步对应的存储器位 M 置为 1 状态，将所有前级步对应的 M 复位为 0 状态，由分析可知，转换实现的两个条件对应的串联电路接受的时间只有一个扫描周期，因此应使用有记忆功能的电路或指令来控制代表步的存储器位。启保停电路和置位、复位电路都有记忆功能，本节和下一节将分别介绍使用启保停电路和置位复位电路的编程方法。

3.3.2　单序列的编程方法

启保停电路只使用与触点和线圈有关的指令，任何一种 PLC 的指令系统都有这一类指令，因此这是一种通用的编程方法，可以用于任意型号的 PLC。

（1）控制电路的编程方法

图 3-21 给出了图 3-12 中的液压动力滑台的进给运动示意图、顺序功能图和梯形图。在初始状态时动力滑台停在左边，限位开关 I0.3 为 1 状态。按下启动按钮 I0.0，动力滑台在各步中分别实现快进、工进、暂停和快退，最后返回初始位置和初始步后停止运动。

如果使用的 M 区被设置为没有断电保持功能，在开机时 CPU 调用 OB100 将初始步对应的 M0.0 置为 1 状态，开机时其余各步对应的存储器位被 CPU 自动复位为 0 状态。

设计启保停电路的关键是确定它的启动条件和停止条件。根据转换实现的基本规则，转换实现的条件是它的前级步为活动步，并且相应的转换条件满足。以控制 M0.2 的启保停电路为例，步 M0.2 的前级步为活动步时，M0.1 的常开触点闭合，它前面的转换条件满足时，I0.1 的常开触点闭合。两项要件同时满足时，M0.1 和 I0.1 的常开触点组成的串联电路接通。因此在启保停电路中，应将代表前级步的

M0.1 的常开触点和代表转换条件的 I0.1 的常开触点串联作为控制 M0.2 的启动电路。

在快进步，M0.1 一直为 1 状态，其常开触点闭合。滑台碰到中限位开关时，I0.1 的常开触点闭合，由 M0.1 和 I0.1 的常开触点串联而成的 M0.2 的启动电路接通，使 M0.2 的线圈通电。在下一个扫描周期，M0.2 的常闭触点断开，使 M0.1 的线圈断电，其常开触点断开，使 M0.2 的启动电路断开，由以上的分析可知，启保停电路的启动电路只能接通一个扫描周期，因此必须用有记忆功能的电路来控制代表步的存储器位。

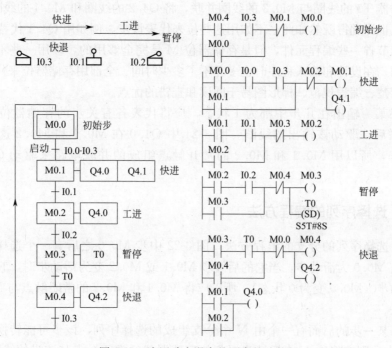

图 3-21　液压动力滑台的顺序的功能图

当 M0.2 和 I0.2 的常闭触点均闭合时，步 M0.3 变为活动步，这时步 M0.2 应变为不活动步，因此可以将 M0.3＝1 作为使存储器位 M0.2 变为 0 状态的条件，即将 M0.3 的常闭触点与 M0.2 的线圈串联。上述的逻辑关系可以用逻辑代数式表示为

$$M0.2＝(M0.1＋M0.2) \cdot M0.3$$

在这个例子中，可以用 I0.2 的常闭触点代替 M0.3 的常闭触点，但是当转换条件由多个信号"与"或"非"逻辑运算组合而成时，需要将它的逻辑表达式求反，经过逻辑代数运算后再将对应的触点串并联电路作为启保停电路的停止电路，不如使用后续步对应的常闭触点这样简单方便。

根据上述的编程方法和顺序功能图，很容易画出梯形图。以步 M0.1 为例，由顺序功能图可知，M0.0 是它的前级步，二者之间的负条件为 I0.0 · I0.3，所以应将 M0.0、I0.0 和 I0.3 的常开触点串联，作为 M0.1 的启动电路。启动电路并联了 M0.0 的自保持触点。后续步 M0.2 的常闭触点与 M0.1 的线圈串联，M0.2 为 1 时 M0.1 的线圈"断电"，步 M0.1 变为不活动步。

（2）输出电路的编程方法　下面介绍设计梯形图的输出电路部分的方法。因为步是根据输出变量的状态变化来划分的，它们之间的关系极为简单，可以分为两种情况来处理：

某一输出量仅在某一步中为 ON，例如图 3-21 中的 Q4.1 就属于这种情况，可以将它的线圈与对应步的存储器位 M0.1 的线圈并联。从顺序功能图还可以看出可以将定时器 T0 的线圈与 M0.3 的线圈并联，将 Q4.2 的线圈和 M0.4 的线圈并联。

有人也许觉得既然如此，不如用这些位来代表该步，例如用 Q4.1 代替 M0.1，这样可以节省一些编程元件，但是存储器位 M 是完全够用的，多用一些不会增加硬件费用，在设计和输入程序时也多花不了多少时间。全部用存储器位来代表步具有概念清楚、编程规范、梯形图易于阅读和查错的优点。

如果某一输出在几步中都为 1 状态，应将代表各有关步的存储器位的常开触点并联后，驱动该输出的线圈。图 3-21 中 Q4.0 在 M0.1 和 M0.2 这两步中均应工作，所以用 M0.1 和 M0.2 的常开触点组成的并联电路来驱动 Q4.0 的线圈。

3.3.3　选择序列的编程方法

（1）选择序列的分支的编程方法　图 3-22 中步 M0.0 之后有一个选择序列的分支，设 M0.0 为活动步，当它的后续步 M0.1 或 M0.2 变为活动步时，它都应变为不活动步（M0.0 变为 0 状态），所以应将 M0.1 和 M0.2 的常闭触点与 M0.0 的线圈并联。

如果某一步的后面有一个由 N 个分支组成的选择序列，该步可能转换到不同的 N 步去，则应将这 N 个后续步对应的存储器位的常闭触点与该步的线圈串联，作为结束该步的条件。

（2）选择序列的合并的编程方法　图 3-22 中，步 M0.2 之前有一个选择序列的合并，当步 M0.1 为活动步（M0.1 为 1），并且转换条件 I0.1 满足，或步 M0.0 为活动步并且转换条件 I0.2 满足，步 M0.2 都应变为活动步，即代表该步的存储器位 M0.2 的启动条件应为 M0.1·I0.1＋M0.02·I0.2，对应的启动电路由两条并联支路组成，每条支路分别由 M0.1、I0.1 或 M0.0、I0.2 的常开触点串联而成（见图 3-23）。

一般来说，对于选择序列的合并，如果某一步之前有 N 个转换，即有 N 条分支进入该步，则代表该步的存储器位的启动电路由 N 条支路并联而成，各支路由某一前级步对应的存储器位的常开触点与相应转换条件对应的触点或电路串联而成。

3.3.4 并行序列的编程方法

（1）并行序列的分支的编程方法　图 3-22 的步 M0.2 之后有一个并行序列的分支，当步 M0.2 是活动步并且转换条件 I0.3 满足时，步 M0.3 与步 M0.5 应同时变为活动步，这是用 M0.2 和 I0.3 的常开触点组成的串联电路分别作为 M0.3 和 M0.5 的启动电路来实现的；与此同时，步 M0.2 应变为不活动步。步 M0.3 和 M0.5 是同时变为活动步的，只需将 M0.3 或 M0.5 的常闭触点与 M0.2 的线圈串联即可。

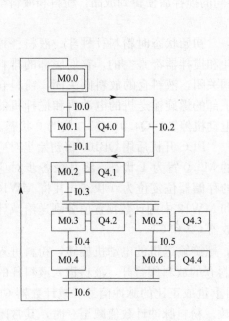

图 3-22　选择序列与并行序列

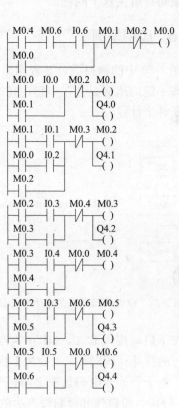

图 3-23　梯形图

（2）并行序列的合并的编程方法　步 M0.0 之前有一个并行序列的合并，该转换实现的条件是所有的前级步（即步 M0.4 和 M0.6）都是活动步和转换条件 I0.6 满足。由此可知，应将 M0.4、M0.6 和 I0.6 的常开触点串联，作为控制 M0.0 的启保停电路的启动电路。M0.4 和 M0.6 的线圈都串联了 M0.0 的常开触点，使步 M0.4 和步 M0.6 在转换实现时同时变为不活动步。

任何复杂的顺序功能图都是由单序列、选择序列和并行序列组成的，掌握了单序列的编程方法和选择序列、并行序列的分支、合并的编程方法，就不难迅速地设计出任意复杂的顺序功能图描述的数字量控制系统的梯形图。

3.3.5　仅有两步的闭环的处理

如果在顺序功能图中有仅由两步组成的小闭环［见图 3-24(a)］，用启保停电路设计的梯形图不能正常工作。例如 M0.2 和 I0.2 均为 1 时，M0.3 的启动电路接通，但是这时与 M0.3 线圈串联的 M0.2 的常闭触点却是断开的，所以 M0.3 的线圈不能"通电"。出现上述问题的根本原因在步 M0.2 既是步 M0.3 的前级步，又是它的后续步。将图 3-24(b)中的 M0.2 的常闭触点改为转换条件 I0.3 的常闭触点，就可以解决这个问题。

3.3.6　应用举例

图 3-25 中的物料混合装置用来将粉末状的固体物料（粉料）和液体物料（液料）按一定的比例混合在一起，经过一定时间的搅拌后便得到成品，粉料和液料都用电子秤来计量。

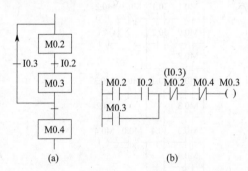

图 3-24　仅由两步组成的小闭环的处理

初始状态时粉料秤秤斗、液料秤秤斗和搅拌器都是空的，它们底部的排料阀关闭，液料仓的放料阀关闭，粉料仓下部的螺旋输送机的电动机和搅拌机的电动机停转；Q4.0～Q4.4 均为 0 状态。

PLC 开机后用 OB100 将初始步对应的 M0.0 置为 1 状态，将其余各步对应的存储器位复位为 0 状态，并将 MW10 和 MW12 中的计数预置值分别送给减计数器 C0 和 C1。

按下启动按钮 I0.0，Q4.0 变为 1 状态，螺旋输送机的电动机旋转，粉料进入粉料秤的秤斗；同时 Q4.1 变为 1 状态，液料仓的放料阀打开，液料进入液料秤的秤斗。电子秤的光电码盘输出与秤斗内物料重量成正比的脉冲信号。减计数器 C0 和 C1 分别对粉料秤和液料秤产生的脉冲计数。粉料脉冲计数值减至 0 时，其常闭触点闭合，粉料秤的秤斗内的物料等于预置值。Q4.0 变为 0 状态，螺旋输送机的电动机停机。液料脉冲计数值减至 0 时，其常闭触点闭合，液料秤的秤斗内的物料等于预置值。Q4.1 变为 0 状态，关闭液料仓的放料阀。

计数器的当前值非 0 时，计数器的输出位为 1，反之为 0。粉料称量结束后，C0 的常闭触点闭合，转换条件 C0 满足，粉料秤从步 M0.1 转换到等待步 M0.2，预置值送给 C0，为下一次称量做好准备。同样地，液料称量结束后，液料秤从步 M0.3 转换到等待步 M0.4，预置值关给 C1。步 M0.2 和 M0.4 后面的转换条件"=1"表示转换条件为二进制常闭 1，即转换条件总是满足的，因此在两个秤的称量都结束后，M0.2 和 M0.4 同时为活动步，系统将"无条件地"转换到步 M0.5，

Q4.2变为1状态,打开电子秤下部的排料门,两个电子秤开始排料,排料过程用定时器T0定时。同时Q4.3变为1状态,搅拌机开始搅拌。T0的定时时间到时排料结束,转换到步M0.6,搅拌机继续搅拌,T1的定时时间到时停止搅拌,转换到步M0.7,Q4.4变为1状态,搅拌器底产的排料门打开,经过T2的定时时间后,关闭排料门,一个工作循环结束。

本系统要求在按了启动按钮I0.0后,能连续不停地工作下去。按了停止按钮I0.1后,并不立即停止运行,要等到当前工艺周期的全部工作完成,成品排放结束后,再从步M0.7返回到初始步M0.0。

图3-27中的第一个启保停电路用来实现上述要求,按下启动按钮I0.0,M1.0变为1状态,系统处于连续工作模式。在顺序功能图是下面一步执行完

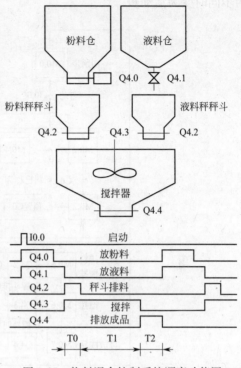

图3-25 物料混合控制系统顺序功能图

后,T2的常开触点闭合,转换条件T2·M1.0满足,将从步M0.7转换到M0.2和M0.3,开始下一个周期的工作。在工作循环中的任意一步(步M0.1～M0.7)为活动步时按下停止按钮I0.1,"连续"标志位M1.0变为0状态,但是它不会马上起作用,要等到最后一步M0.7的工作结束,T2的常开触点闭合,转换条件T2·M1.0满足,才会从步M0.7转换到初始步M0.0,系统停止运行。

步M0.7之后有一个选择序列的分支,当它的后续步M0.0、M0.1和M0.3变为活动步时,它都应变为不活动步。但是M0.1和M0.3是同时变为1状态的,所以只需要将M0.0和M0.1的常闭触点或M0.0和M0.3的常闭触点与M0.7的线圈串联。

步M0.1和步M0.3之前有一个选择序列的合并,当步M0.0为活动步并且转换条件I0.0满足,或步M0.7为活动步并且转换条件满足,步M0.1和步M0.3都应变为活动步,即代表这两步的存储器位M0.1和步M0.3的启动条件应为M0.0·I0.0+M0.7·T2·M1.0,对应的启动电路由两条并联支路组成,每条支路分别由M0.0,I0.0或M0.7.T2,M1.0的常开触点串联而成(见图3-27)。

图3-26中步M0.0之后有一个并行序列的分支,当M0.0是活动步,并且转换条件I0.0满足;或者M0.7是活动步,并且转换条件T2·M1.0满足,步M0.1与步M0.3都应同时变为活动步。M0.1和M0.3的启动电路完全同上,保证了这

两步同时变为活动步。

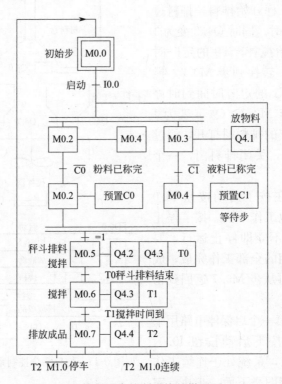

图 3-26　物料混合控制系统的梯形图（一）

步 M0.1 与步 M0.3 是同时变为活动步的，它们的常闭触点同时断开，因此 M0.0 的线圈只需串联 M0.1 或 0.3 的常闭触点即可。当然也可以同时串联 M0.1 与 M0.3 的常闭触点，但是要多用一条指令。

步 M0.5 之前有一个并行序列的合并，由步 M0.2 和步 M0.4 转换到步 M0.5 的条件是所有的前级步（即步 M0.2 和 M0.4）都是活动步和转换条件（＝1）满足。因为转换条件总是满足的，所以只需将 M0.2 和 M0.4 的常开触点串联，作为 M0.5 的启动电路就可以了。可以将转换条件"＝1"理解为启动电路中的一条看不见的短接线。

为了进一步提高生产效率，两个电子秤的称量过程与搅拌过程以可同时进行，它们的工作过程可以用有 3 条单序列的并行系列来描述，在称量和搅拌都完成后排放成品，然后开始搅拌和将秤斗中的原料放入搅拌机中。放料结束后关闭秤斗底部的卸料门，两个秤的料斗又开始进料和称量的过程。

实际的物料混合系统（例如混凝土搅拌系统和橡胶工业中的密炼机配料控制系统）要复杂得多，输入、输出量要多得多。本例为突出重点，减少读者熟悉系统的时间，使读者尽快地掌握顺序控制梯形图的编程方法，对实际的系统作了大量的简化。

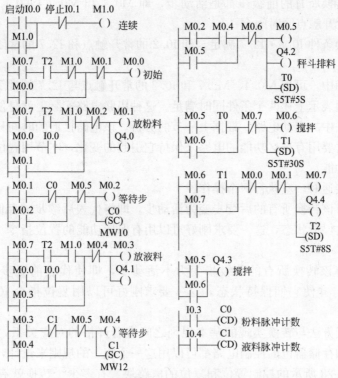

图 3-27 物料混合控制系统的梯形图（二）

本例中使用的是 PLC 的普通计数器，其计数频率较低，只有几十赫兹，最大计数值为 999。在实际系统中一般用高速计数器来对编码器发出的脉冲计数。

3.4 使用置位复位指令的顺序控制梯形图编程方法

3.4.1 单序列的编程方法

使用置位复位指令的顺序控制梯形图编程方法又称为以转换为中心的编程方法。图 3-28 给出了顺序功能图与梯形图的对应关系。实现图中的转换需要同时满足两个条件。

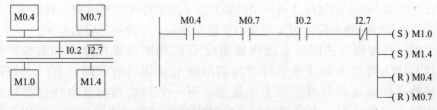

图 3-28 以转换为中心的编程方法

（1）该转换所有的前级步都是活动步，即 M0.4 和 M0.7 均为 1 状态，M0.4 和 M0.7 的常开触点同时闭合；

（2）转换条件 I0.2 · I2.7 满足，即 I0.2 的常开触点和 I2.7 的常闭触点组成的电路接通。

在梯形图中，可用 M0.4、M0.7 和 I0.2 的常开触点与 I2.7 的常闭触点组成的串联电路接通表示上述两个条件同时满足。这种串联电路实际上就是使用启保停电路的编程方法中的启动电路。根据上一节的分析，该电路接通的时间只有一个扫描周期。因此需要用有记忆功能的电路来保持它引起的变化，本节用置位、复位指令来实现记忆功能。

该电路接通时，应执行两个操作：

（1）应将该转换所有的后续步变为活动步，即将代表后续步的存储器位变为 1 状态，并使它保持状态，这一要求刚好可以用有保持功能的置位指令（S 指令）来完成。

（2）应将该转换所有的前级步变为不活动步，即使代表前级步的存储器位变为 0 状态，并使它们保持状态，这一要求刚好可以用复位指令（R 指令）来完成。

这种编程方法与转换实现的基本规则之间有着严格的对应关系，在任何情况下，代表步的存储器位的控制电路都可以用这一个统一的规则来设计，每一个转换对应一个图 3-28 所示的控制置位和复位的电路块，有多少个转换就有多少个这样的电路块。这种编程方法特别有规律，在设计复杂的顺序功能图的梯形图时既容易掌握，又不容易出错。用它编制复杂的顺序功能图的梯形图时，更能显示出它的优越性。

相对而言，使用启保停电路的编程方法的规则较为复杂，选择序列的分支与合并、并行序列的分支与合并都有单独的规则需要记忆。

某工作台旋转运动的示意图如图 3-29 所示。工作台在初始状态时停在限位开关 I0.1 处，I0.1 为 1 状态。按下启动按钮 I0.0，工作台正转，旋转到限位开关 I0.2 处改为反转，返回限位开关 I0.1 处时又改为正转，旋转到限位开关 I0.3 处又改为反转，回到起始点时停止运动。图 3-29 同时给出了系统的顺序功能图和用以转换为中心的编程方法设计的梯形图。

以转换条件 I0.2 对应的电路为例，该转换的前级步为 M0.1，后续步为 M0.2，所以用 M0.1 和 I0.2 的常开触点组成的串联电路来控制后续步 M0.2 的置位和对前级步 M0.1 的复位。每一个转换对应一个这样的标准电路，有多少个转换就有多少这样的电路，设计时应注意不要遗漏掉某一个转换对应的电路。

使用这种编程方法时，不能将输出位 Q 的线圈与置位指令和复位指令并联，这是因为前级步和转换条件对应的串联电路接通的时间只有一个扫描周期，转换条件满足后前级步马上被复位，下一个扫描周期该串联电路就会断开，而输出位的线圈至少应该在某一步对应的全部时间内被接通。所以应根据顺序功能图，用代表步的存储器位的常开触点或它们的并联电路来驱动输出位的线圈。

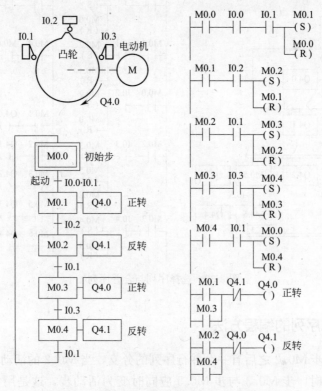

图 3-29　工作台旋转运动的顺序功能图与梯形图

3.4.2　选择序列的编程方法

使用启保停电路的编程方法时，用启保停电路来控制代表步的存储器位，实际上是站在步的立场上看问题，在选择序列的分支与合并处，某一步有多个后续步或多个前级步，所以需要使用不同的设计规则。

如果某一转换与并行序列的分支、合并无关，站在该转换的立场上看，它只有一个前级步和一个后续步（见图 3-30），需要复位、置位的存储器位也只有一个，因此选择序列的分支与合并的编程方法实际上与单序列的编程方法完全相同。

图 3-30 所示的顺序功能图中，除 I0.3 与 I0.6 对应的转换以外，其余的转换均与并行序列的分支、合并无关，I0.0～I0.2 对应的转换与选择序列的分支、合并无关，它们都只有一个前级步和一个后续步，与并行序列无关的转换对应的梯形图是非常标准的，每一个控制置位、复位的电路块都由前级步对应的存储器位和转换条件对应的触点组成的串联电路、对 1 个后续步的置位指令和对 1 个前级步的复位指

111

令组成。

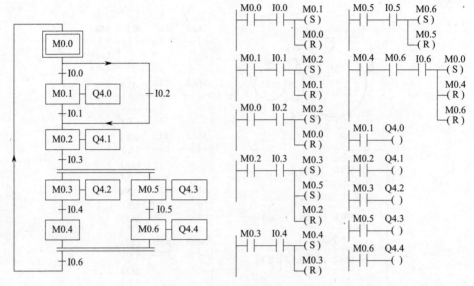

图 3-30　选择序列与合并序列

3.4.3　并行序列的编程方法

图 3-30 中步 M0.2 之后有一个并行序列的分支，当 M0.2 的活动步，并且转换条件 I0.3 满足时，步 M0.3 与步 M0.5 应同时变为活动步，这是用 M0.2 和 I0.3 的常开触点组成的串联电路使 M0.3 和 M0.5 同时置位来实现的；与此同时，步 M0.2 应变为不活动步，这是用复位指令来实现的。

I0.6 对应的转换之前有一个并行序列的合并，该转换实现的条件是所有的前级步（即步 M0.4 和 M0.6）都是活动步和转换条件 I0.6 满足。由此可知，应将 M0.4、M0.6 和 I0.6 的常开触点串联，作为使后续步 M0.0 置位和前级步 M0.4、M0.6 复位的条件。

3.4.4　应用举例

用图 3-31 重新给出了图 3-16 中的专用钻床控制系统的顺序功能图，图 3-32 是用以转换为中心的方法编制的梯形图。

图 3-31 中分别由 M0.2～M0.4 和 M0.5～M0.7 组成的两个单序列是并行工作的，设计梯形图时应保证这两个序列同时开始工作和同时结束，即两个序列的第一步 M0.2 和 M0.5 应同时变为活动步，两个序列的最后一步 M0.4 和 M0.7 应同时变为不活动步。

并行序列的分支的处理是很简单的，在图 3-31 中，当步 M0.1 是活动步，并

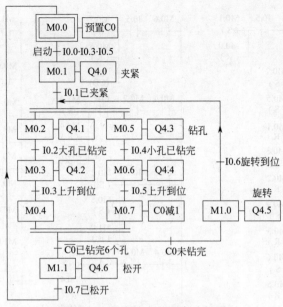

图 3-31　组合钻床的顺序功能图

且转换条件 I0.1 为 ON 时，步 M0.2 和 M0.5 同时变为活动步，两个序列开始同时工作。在梯形图中，用 M0.1 和 I0.1 的常开触点组成的串联电路来控制对 M0.2 和 M0.5 的同时置位，和对前级步 M0.1 的复位。

另一种情况是当步 M1.0 为活动步，并且转换条件 I0.6 为 0 时，步 M0.2 和 M0.5 也应同时一次为活动步，两个序列开始同时工作。在梯形图中，用 M1.0 和 I0.6 的常开触点组成串联电路来控制对 M0.2 和 M0.5 的同时置位，和对前级步 M1.0 的复位。

图 3-31 中并行序列合并处的转换有两个前级步 M0.4 和 M0.7，根据转换实现的基本规则，当它们均为活动步并且转换条件 C0 满足，将实现并行序列的合并。未钻完 3 对孔时，减计数器 C0 的当前值非 0，其常开触点闭合，转换条件 C0 满足，将转换到步 M1.0。在梯形图中，用 M0.4、M0.7 和 C0 的常开触点组成的串联电路使 M1.0 置位，后续步 M1.0 变为活动步；同时用 R 指令将 M0.4 和 M0.7 复位，使前级步 M0.4 和 M0.7 变为不活动步。

钻完 3 对孔时，C0 的当前值减至 0，其常闭触点闭合，转换条件 C0 满足，将转换到步 M1.1。在梯形图中，用 M0.4、M0.7 的常开触点和 C0 的常闭触点组成的串联电路使 M1.1 置位，后续步 M1.1 变为活动步；同时用 R 指令将 M0.4 和 M0.7 复位，前级步 M0.4 和 M0.7 变为不活动步。

值得注意的是：标有"CD"的 C0 的减计数线圈必须"紧跟"在图 3-32 中使 M0.7 置位的指令后面。这是因为如果 M0.4 先变为活动步，M0.7 的"生存周期"非常短，M0.7 变为活动步后，在本次循环扫描周期内的下一个网络就被复位了，如果将 C0 的减计数线圈放在使 M0.7 复位的指令的后面，C0 还没有计数 M0.7 就被复位了，将不能执行计数操作。

113

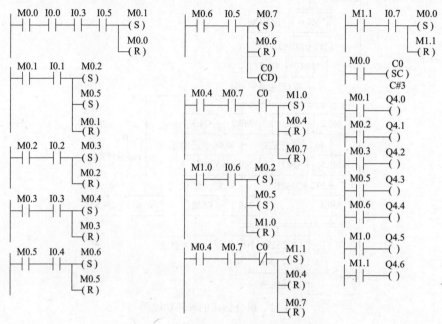

图 3-32　组合钻床的控制系统的梯形图

3.5　具有多种工作方式的系统的顺序控制梯形图编程方法

3.5.1　机械手控制系统简介

为了满足生产的需要，很多设备要求设置多种工作方式，如手动方式和自动方式，后者包括连续、单周期、单步、自动返回初始状态几种工作方式。手动程序比较简单，一般用经验法设计，复杂的自动程序一般根据系统的顺序功能图用顺序控制法设计。

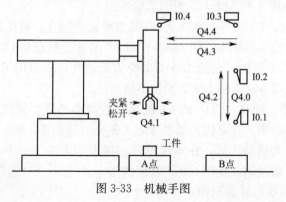

图 3-33　机械手图

如图 3-33 所示，某机械手用来将工件从 A 点搬运到 B 点，控制面板如图 3-34 所示，图 3-35 是 PLC 外部接线图。输出 Q4.1 为 1 时工件被夹紧，为 0 时被松开。

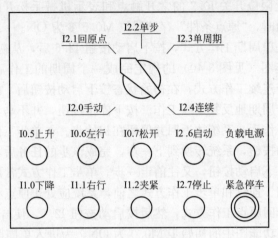

图 3-34　控制面板

工作方式选择开关的 5 个位置分别对应 5 种工作方式，操作面板左下部的 6 个按钮是手动按钮。为了保证在紧急情况下（包括 PLC 发生故障时）能可靠地切断 PLC 的负载电源，设置了交流接触器 KM（见图 3-35）。在 PLC 开始运行时按下"负载电源"按钮，使 KM 线圈得电并自锁，KM 的主触点接通，给外部负载提供交流电源，出现紧急情况时用"紧急停车"按钮断开负载电源。

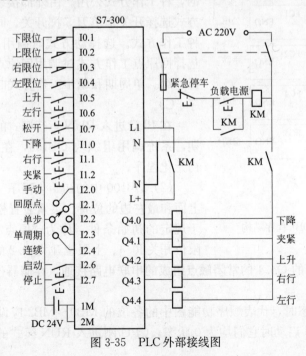

图 3-35　PLC 外部接线图

系统设有手动、单周期、单步、连续和回原点 5 种工作方式，机械手在最上面和最左边且松开时，称为系统处于原点状态（或称初始状态）。在公用程序中，左限位开关 I0.4、上限位开关 I0.2 的常开触点和表示机械手松开的 Q4.1 的常闭触点和串联电路接通时，"原点条件"存储器位 M0.5 变为 ON。

如果选择的是单周期工作方式，按下启动按钮 I2.6 后，从初始步 M0.0 开始，机械手按顺序功能图（见图 3-40）的规定完成一个周期的工作后，返回并停留在初始步，如果选择连续工作方式，在初始状态按下启动按钮后，机械手从初始步开始一个周期接一个周期地反复连续工作。按下停止按钮，并不马上停止工作，完成最后一个周期的工作后，系统才返回并停留在初始步。在单步工作方式，从初始步开始，按一下启动按钮，系统转换到下一步，完成该步的任务后，自动停止工作并停在该步，再按一下启动按钮，又往前走一步。单步工作方式常用于系统的调试。

在进入单周期、连续和单步工作方式之前，系统应处于原点状态；如果不满足这一条件，可选择回原点工作方式，然后按启动按钮 I2.6，使自动返回原点状态。在原点状态，顺序功能图中的初始步 M0.0 为 ON，为进入单周期、连续和单步工作方式作好了准备。

3.5.2 使用启保停电路和编程方法

（1）程序的总体结构　项目的名称为"机械手控制"，在主程序 OB1 中（图 3-36），用调用功能（FC）的方式来实现各种工作方式转换。公用 FC1 是无条件调用

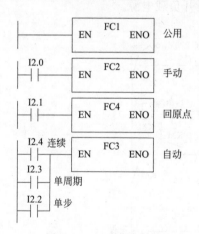

图 3-36　OB1 程序结构

的，种工作方式公用。由外部接线图可知，工作方式选择开关是单刀 5 掷开关，同时只能选择一种工作方式。选择动方式时调用手动程序 FC2，选择回原点工作方式时调用回原点程序 FC4，选择连续、单周期和单步工作方式时，调用自动程序 FC3。

在 PLC 进入 RUN 运行模式的第一个扫描周期，系统调用组织块 OB100，在 OB100 中执行初始化程序。

（2）OB100 中的初始化程序　机械手处于最上面和最左边的位置、夹紧装置松开时，系统处于规定的初始条件，称为"原点条件"，此时左限位开关 I0.4、上限位开关 I0.2 的常开触点和表示夹紧装置松开的 Q4.1 的常闭触点组成的串联电路接通，存储器位 M0.5 为 1 状态（见图 3-37）。

对 CPU 组态时，代表顺序功能图中的各位的 MB0～MB2 应设置为没有断电保持功能，CPU 启动时它们均为 0 状态，CPU 刚进入 RUN 模式的第一个扫描周

期执行图 3-37 中的组织块 OB100 时，如果原点条件满足，M0.5 为 1 状态，顺序
功能图中的初始步对应的 M0.0 被置位，为进入单步、单周期和连续工作方式作好
准备。如果此时 M0.5 为 0 状态，M0.0 将被复位，初始步为不活动步，禁止在单
步、单周期和连续工作方式工作。

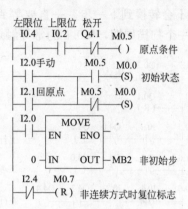

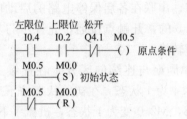

图 3-37　OB100 初始化程序　　　　　　图 3-38　公用程序

　　(3) 公用程序　图 3-38 中的公用程序用于自动程序和手动程序相互切换的处
理。当系统处于手动工作方式和回原点方式，I2.0 或 I2.1 为 1 状态，与 OB100 中
的处理相同，如果此时满足原点条件，顺序功能图的初始步对应的 M0.0 被置位，
反之则被复位。

　　当系统处于手动工作方式时，I2.0 的常开触点闭合，用 MOVE 指令将顺序功
能图中除初始步以外的各步对应的存储器位（M0.2～M2.7）复位，否则当系统从
自动工作方式切换到手动工作方式，然后又返回自动工作方式时，可能会出现同时
有两个活动步的异常情况，引起错误的动作，在非连续方式，将表示连续工作状态
的标志 M0.7 复位。

　　(4) 手动程序　图 3-39 是手动程序，手动操作时用 I0.5～I1.2 对应的 6 个按
钮控制机械手的升、降、左行、右行和夹紧、松开。为了保证系统的安全运行，在
手动程序中设置了一些必要的联锁，例如限位开关对运动的极限位置的限制；上升
与下降之间，左行与右行之间的互锁用来防止功能相反的两个输出同时为 ON。上
限位开关 I0.2 的常开触点与控制左、右行的 Q4.4 和 Q4.3 的线圈串联，机械手升
到最高位置才有左右移动，以防止机械手在较低位置运动时与别的物体碰撞。

　　(5) 单周期、连续和单步程序　图 3-40 是处理单周期、连续和单步工作方式
的功能 FC3 的顺序功能图和梯形图程序。M0 和 M20～M27 用典型的启保停电路
来控制。

　　单周期、连续和单步这 3 种工作方式主要是用"连续"标志 M0.7 和"转换允
许"标志 M0.6 来区分的。

　　① 单步与非单步的区分　M0.6 的常开触点接在每一个控制代表步的存储器位

的启动电路中，它们断开时禁止步的活动状态的转换。如果系统处于单步工作方式，I2.2 为 1 状态，它的常闭触点断开、"转换允许"存储器位 M0.6 在一般情况下为 0 状态，不允许步与步之间的转换。当某一步的工作结束后，转换条件满足，如果没有按启动按钮 I2.6，M0.6 处于 0 状态，启保停电路的启动电路处于断开状态，不会转换到下一步。一直要等到按下启动按钮 I2.6，M0.6 在 I2.6 的上升沿 ON 一个扫描周期，M0.6 的常开触点接通，系统才会转换到下一步。

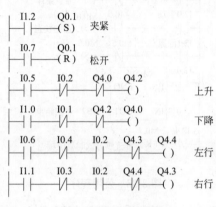

图 3-39　手动程序

系统工作在连续、单周期（非单步）工作方式时，I2.2 的常闭触点接通，使 M0.6 为 1 状态，串联在各启保停电路的启动电路中的 M0.6 的常开触点接通，允许步与步之间的正常转换。

② 单周期与连续的区分　在连续工作方式，I2.4 为 1 状态。在初始状态按下启动按钮 I2.6，M2.0 变为 1 状态，机械手下降。与此同时，控制连续工作的 M0.7 的线圈"通电"并自保持。

当机械手在步 M2.7 返回最左边时，I0.4 为 1 状态，因为"连续"标志位 M0.7 为 1 状态，转换条件 M0.7·I0.4 满足，系统将返回步 M2.0，反复连续地工作下去。

按下停止按钮 I2.7 后，M0.7 变为 0 状态，但是系统不会立即停止工作，在完成当前工作周期的全部操作后，在步 M2.7 返回最左边，左限位开关 I0.4 为 1 状态，转换条件 M0.7·I0.4 满足，系统才返回并停留在初始步。

在单周期工作方式，M0.7 一直处于 0 状态。当机械手在最后一步 M2.7 返回最左边时，左限位开关 I0.4 为 1 状态，转换条件 M0.7·I0.4 满足，系统返回并停留在初始步，按一次启动按钮，系统只工作一个周期。

③ 单周期工作过程　在单周期工作方式，I2.2（单步）的常闭触点闭合，M0.6 的线圈"通电"，允许转换。初始步时按下启动按钮 I2.6，在 M2.0 的启动电路中，M0.0、I2.6、M0.5（原点条件）和 M0.6 的常开触点均接通，使 M2.0 的线圈"通电"，系统进入下降步，Q4.0 的线圈"通电"，机械手下降，碰到下限位开关 I0.1 时，转换到夹紧步 M2.1，Q4.1 被置位，夹紧电磁阀的线圈通电并保持。同时接通延时定时器 T0 开始定时，定时时间到时，工作被夹紧，1s 后转换条件 T0 满足，转换到步 M2.2。以后系统将这样一步一步地工作下去，直到步 M2.7，机械手左行返回原点位置，左限位开关 I0.4 变为 1 状态，因为连续工作标志 M0.7 为 0 状态，将返回初始步 M0.0，机械手停止状态。

④ 单步工作过程　在单步工作时，I2.2 为 1 状态，它的常闭触点断开，"转换允许"辅助继电器 M0.6 在一般情况下为 0 状态，不允许步与步之间的转换。设系

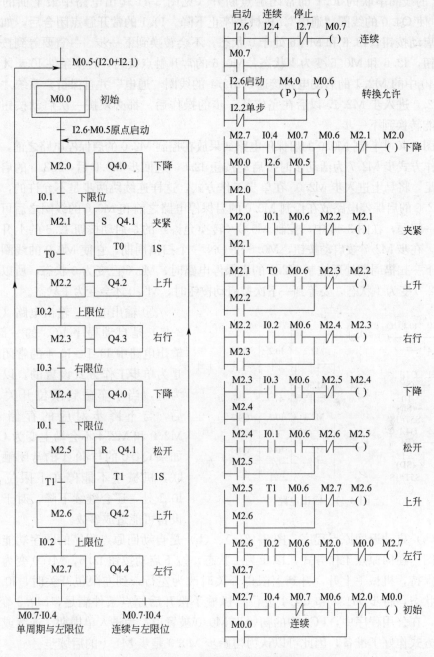

图 3-40　顺序功能图与梯形图

统处于原点状态，M0.5 和 M0.0 为 1 状态，按下启动按钮 I2.6，M0.6 变为 1 状态，使 M2.0 的启动电路接通，系统进入下降步。放开启动按钮后，M0.6 变为 0 状态，在下降步，Q4.0 的线圈"通电"，当下限位开关 I0.1 变为 1 状态时，与

119

Q4.0 的线圈串联的 I0.1 的常闭触点断开（见图 3-41 输出电路中最上面的梯形图），使 Q4.0 的线圈"通电"，机械手停止下降。I0.1 的常开触点闭合后，如果没有按启动按钮，I2.6 和 M0.6 处于 0 状态，不会转换到下一步。一直要等到按下启动按钮，I2.6 和 M0.6 变为 1 状态，M0.6 的常开触点接通，转换条件 I0.1 才能使图 3-40 中的 M2.1 的启动电路接通，M2.1 的线圈"通电"并自保持，系统才能由步 M2.0 进入步 M2.1. 以后在完成某一步的操作后，都必须按一次启动按钮，系统才能转换到下一步。

图 3-40 中控制 M0.0 的启保停电路如果放在控制 M2.0 的启保停电路之前，在单步工作方式步 M2.7 为活动步时按启动按钮 I2.6，返回步 M0.0 后，M2.0 的启动条件满足，将马上进入步 M2.0. 在单步工作方式，这样连续跳两步是不允许的，将控制 M2.0 的启保停电路放在控制 M0.0 的启保停电路之前和 M0.6 的线圈之后可以解决这一问题，在图 3-40 中，控制 M0.6（转换允许）的是启动按钮 I2.6 的上升检测信号，在步 M2.7 按启动按钮，M0.6 仅 ON 一个扫描周期，它使 M0.0 的线圈通电后，下一扫描周期处理控制 M2.0 的启保停电路时，M0.6 已变为 0 状态，所以不会使 M2.0 变为 1 状态，要等到一下次按启动按钮时，M2.0 才会变为 1 状态。

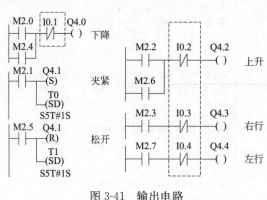

图 3-41 输出电路

⑤ 输出电路　输出电路（见图 3-41）是自动程序 FC3 的一部分，输出电路中 I0.1～I0.4 的常闭触点是为单步工作方式设置的。以下降为例，当小车碰到限位开关 I0.1 后，与下降步对应的存储器位 M2.0 和 M2.4 不会马上变为 OFF，如果 Q4.0 的与 I0.1 的常闭触点串联，机械手不能停在下限位开关 I0.1 处，还会继续下降，对于某些设备可能造成事故。

（6）自动返回原点程序　图 3-42(a)、(b) 是自动回原点程序的顺序功能图和梯形图。在回原点工作方式，I2.1 为 1 状态，按下启动按钮 I2.6，M1.0 变为 1 状态并保持，机械手上升，升到上限位开关时改为左行，到左限位开关时，I0.4 变为 1 状态，将步 M1.1 和 Q4.1 复位。机械手松开后原点条件满足，M0.5 变为 1 状态，在公用程序中，FC3 中的初始步 M0.0 被置位，为进入单周期、连续或单步工作方式作好了准备，因此可以认为初始步 M0.0 是步 M1.1 的后续步。

3.5.3　使用置位复位指令的编程方法

与使用启保停电路的编程方法相比，OB1、OB100、顺序功能图（见图 3-43）、公用程序、手动程序和自动程序中的输出电路完全相同。仍然用存储器位 M0.0 和

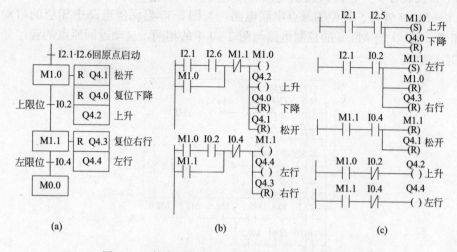

图 3-42　自动返回原点程序的顺序功能图与梯形图

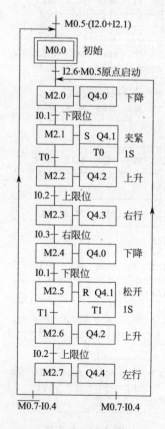

图 3-43　顺序功能图

M2.7 来代表各步，它们的控制电路梯形图如图 3-44 所示。该图中控制 M0.0 和 M2.0～M2.7 置位、复位的触点串联电路，与图 3-40 启保停电路中相应的启动电路相同。M0.7 与 M0.6 的控制电路与图 3-40 中的相同，自动返回原点的程序如图 3-42(c)所示。

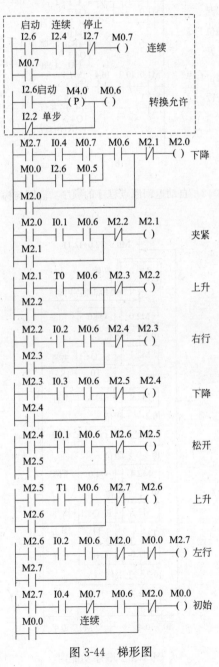

图 3-44 梯形图

3.6 顺序功能图语言 S7 Graph 的应用

3.6.1 S7 Graph 语言概述

S7 Graph 语言是 S7-300/400 用于控制程序编程的顺序功能图语言，遵从 IE C61131-3标准中的顺序控制语言"Sequential Function Chart"的规定。

在 S7 Graph 中，控制过程被划分为许多明确定义了功能范围的步（Step），用图形清楚地表明整个过程的执行情况。可以为每一步指定该步要完成的动作，由每一步转向下一步的进程通过转换条件进行控制，用梯形图和功能块图语言为转换、互锁和监控等编程。

（1）顺序控制程序的结构 用 S7 Graph 编写的顺序功能图程序以功能块（FB）的形式被主程序 OB1 调用。S7 Graph FB 包含许多系统永久的参数，通过参数设置来对整个顺序系统进行控制，从而实现系统的初始化和工作方式的转换等功能。

一个顺序控制项目至少需要 3 个块（见图 3-45）。

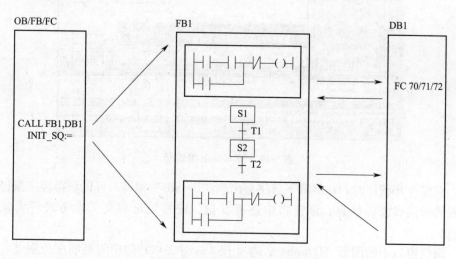

图 3-45 顺序控制系统中的块

① 一个调用 S7 Graph FB 的块，它可以是组织块（OB）、功能（FC）或功能块（FB）。

② 一个用来描述顺序控制系统各子任务（步）和相互关系（转换）的 S7 Graph FB，它由一个或多个顺序控制器（Sequencer）组成。

③ 一个指定给 S7 Graph FB 的背景数据块（DB），它包含了顺序控制系统的参数。

123

一个 S7 Graph FB 最多可以包含 250 步和 250 个转换。

调用 S7 Graph FB 时，顺序控制器从第 1 步或从初始步开始启动。

一个顺序控制器最多包含 256 条分支、249 条并行序列的分支和 125 条选择序列的分支。实际上这与 CPU 的型号有关，一般只能用 20～40 条分支，否则执行的时间将会特别长。

可以在路径结束时，在转换之后添加一个跳步（Jump）或一个支路的结束点（Stop）。结束点将正在执行的路径变为不活动的路径。

（2）S7 Graph 编辑器 图 3-46 是 S7 Graph 的编辑器屏幕，右边的窗口是生成和编辑程序的工作区，左边的窗口是浏览窗口（Overview Window），图中显示的是浏览窗口中的变量（Variables）选项卡，其中的变量是编程时可能用到的各种基本元素。在该选项卡可以编辑和修改现有的变量，也可以定义新的变量。可以删除，但是不能编辑系统变量。

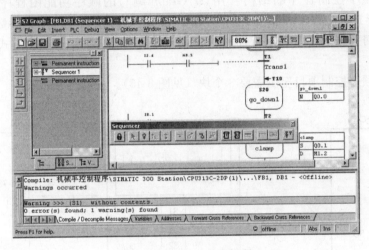

图 3-46 S7 Graph 编辑器

在保存和编译时，在屏幕下部将会出现"Details"窗口，可以获得程序编译时发现的错误和警告信息。该窗口中还有变量、符号地址和交叉参考表等大量的信息。

浏览窗口中的图形（Graphic）选项卡（见图 3-47）的中间是顺序控制器，它的上面和下面是永久性指令（Permanent instructions）。如果顺序控制器的步很多，用顺序控制器（Sequencer）选项卡（见图 3-48）来浏览顺序控制器的总体结构，或显示顺序控制器不同的功能是很方便的。

可以用图 3-46 右边窗口中浮动的工具条（见图 3-49）上的按钮来放置步、转换、选择序列和跳步等。该工具条可以任意"拖放"到工作区窗口中的其他位置，也可以放到窗口上部的工具条区内，或与有触点图标的工具条垂直地放在屏幕的左边。

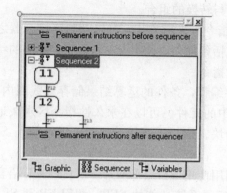

图 3-47　Graphic 选项卡

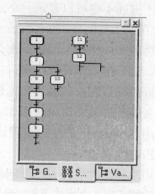

图 3-48　Sequencer 选项卡

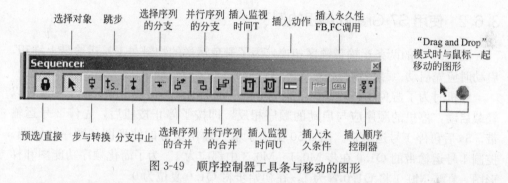

图 3-49　顺序控制器工具条与移动的图形

（3）S7 Graph 的显示模式　S7 Graph 有多种显示模式和设置，某些设置可以与编辑的块一起保存。

在 View 菜单中，可以选择显示顺序控制器（Sequencer）、单步和永久性指令。

① 在顺序控制器显示方式中，如果 FB 中有多个顺序控制器，用浏览窗口中的"Graphic"选项卡来选择显示哪一个顺序控制器。

执行菜单命令"View"—"Display with"，可以选择是否显示下述内容：

Symbols：显示符号表中的符号地址；

Comments：显示块和步的注释；

Conditions and Actions：显示转换条件和动作；

Symbol List：在输入地址时显示下拉式符号地址表。

② 单步显示模式。在单步显示模式，只显示一个步和转换的组合（见图 3-52），除了可以在 Sequencer 显示方式显示的内容外，还可以显示和编辑下述内容：

Supervision：监控被显示的步的条件；

Interlock：对被显示的步互锁的条件；

Step comments：执行菜单命令"View"—"Display with"—"Comments"将显示和编辑步的注释。

用↑键或↓键可以显示一个或下一个步与转换的组合。

③ 在 Permanent Instructions（永久性指令）显示方式，可以对顺序控制器之前或之后的永久性指令编程。永久性指令包括条件和块调用。不管顺序控制器的状态如何，每个扫描循环都要执行一次永久性指令。

可以用梯形图中的触点和比较器对条件编程，条件的运算结果储存在线圈内。每个永久性条件最多可以使用 32 个梯形图中的元件。可以在永久性指令区永久地调用使用 S7 Graph 之外的编程语言编写的块。执行了调用的块后，继续执行 S7 Graph FB。

使用块调用时应注意以下问题：可以调用使用 STL、LAD、FBD 或 SCL 语言编写的功能 FC、功能块 FB、系统功能 SFC 和系统功能块 SFB。调用 FB 和 SFB 时应指定背景数据块。在调用块之前，被调用的块应已经存在。

3.6.2 使用 S7 Graph 编程的例子

图 3-50 中的两条运输带顺序相连，为了避免运送的物料在 1 号运输带上堆积，启动时应先启动 1 号运输带，延时 6s 后自动启动 2 号运输带。

停机时为了避免物料的堆积，应尽量将皮带上的余料清理干净，使下一次可以轻载启动，停机的顺序应与启动的顺序相反，即按了停止按钮后，先停 2 号运输带，5s 后再停 1 号运输带。图 3-50 给出了输入输出信号的波形图和顺序功能图。控制 1 号运输带的 Q1.0 在步 M0.1～M0.3 中都应为 1。为了简化顺序功能图和梯形图。在步 M0.1 将 Q1.0 置为 1，在初始步将 Q1.0 复位为 0。

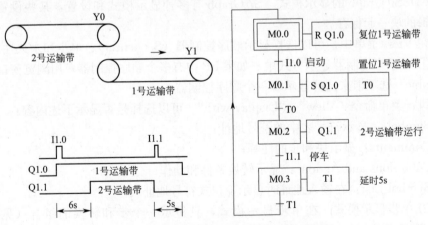

图 3-50　运输带控制系统示意图与顺序功能图

（1）创建使用 S7 Graph 语言的功能块 FB

① 打开 SIMATIC 管理器中的 "Blocks" 文件夹。

② 用右键点击屏幕右边的窗口，在弹出的菜单中执行命令 "Insert New Object - Function Block"。

③ 在"Properties-Function Block"对话框中选择编程语言 Graph，功能块的编号为 FB1. 单击"OK"按钮确认后，自动打开刚生成的 FB1，FB1 中有自动生成的第 1 步 Step1 和第 1 个转换 Transl。

（2）S7 Graph 的两种编辑模式

① "Direct"（直接）编辑模式：执行菜单命令"Insert"—"Direct"将进入"Direct"编辑模式。

如果希望在某一元件的后面插入新的元件，首先用鼠标选择该元件，点击工具条上希望插入的元件对应的按钮，或从"Insert"菜单中选择要插入的元件。

为了在同一位置增加同类型的元件，可以连续点击工具条上同一个按钮或执行"Insert"菜单中相同的命令。

② "Drag and Drop"编辑模式：执行菜单命令"Insert"—"Drag and Drop"，将进入"Drag and Drop"（拖放）编辑模式。也可点击工具条上最左边的"Preselected/Direct"（预选、直接）按钮，在"拖放"模式和"直接"模式之间切换。

在"拖放"模式点击工具条上的按钮，或从"Insert"菜单中选择要插入的元件后，鼠标将会带着图 3-49 右边被点击的图标移动。

如果鼠标附带的图形有"prohibited"（禁止）信号，则表示该元件不能插在鼠标当前的位置。在允许插入该元件的区域"禁止"标志消失，点击鼠标便可以插入一个拖动的元件。

插入完同类元件后，在禁止插入的区域点击鼠标的左键，跟着鼠标移动的图形将会消失。

（3）生成顺序控制器的基本框架

① 在 Direct 编辑模式，用鼠标选中刚打开的 FB1 窗口中工作区内初始步下面的转换，该转换变为浅紫色。点击 3 次工具条的步与转换按钮，将自上而下增加 3 个步和 3 个转换（见图 3-51）。

② 用鼠标选中最下面的转换，点击工具条中的跳步按钮，输入跳步的目标步 S1。在步 S1 上面的有向连线上，自动出现一个水平的箭头，它的右边标有转换 T4，相当于生成了一条起于 T4 止于步 S1 的有向连线（见图 3-51），至此步 S1～S4 形成了一个闭环。

（4）步与动作的编程 表示步的方框内有步的编号（例如 S2）和步的名称（例如 Delay1），点击后可以修改它们，不能用汉字作步和转换的名称。

执行菜单命令"View"—"Display with"—"Conditions and Actions"，可以显示或关闭各步的动作和转换条件。在"直接"模式，用鼠标右键点击步右边的动作框，在弹出的菜单中执行命令"Insert New Object"—"Action"，底上插入一个空的动作行。

一个动作行由命令和地址组成，它右边的方框用来写入命令，下面是一些常见的命令：

① 命令 S：当步为活动步时，使输出置位为 1 状态并保持。

127

② 命令 R：当步为活动步时，使输出复位为 0 状态并保持。

③ 命令 N：当步为活动步时，输出为 1；该步变为不活动步时，输出被复位为 0。

④ 命令 L：用来产生宽度受限的脉冲，当该步为活动步时，该输出被置 1 并保持一段时间，该时间由 L 命令下面一行中的时间常数决定，格式为"T♯n"，n 为延时时间，例如 T♯5S。

⑤ 命令 CALL：用来调用块，当该步为活动步时，调用命令中指定的块。

⑥ 命令 D：使某一动作的执行延时，延时时间在该命令右下方的方框中设置。例如 T♯5S 表示延时 5s。延时时间到时，如果步仍然保持为活动步，则使该动作输出为 1；如果该步已变为不活动步，使该动作输出为 0。

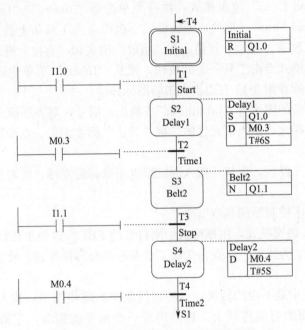

图 3-51 运输带控制系统的顺序功能图

在"直接"模式用鼠标右键点击图 3-51 中第 2 步（S2）的动作框，在弹出的菜单中选择输入动作，在新的动作行中输入 S，地址为 Q1.0，却在第 2 步将控制 1 号运输带的 Q1.0 置位。

第 2 步需要延时 6s，用右键点击第 2 步的动作框，生成新的动作行，输入命令 D（延时），地址为 M0.3，在地址下面的空格中输入时间常数"T♯6S"（6s）。

M0.3 是步 S2 和 S3 之间的转换条件，启动延时时间到时，M0.3 的常开触点闭合，使系统从步 S2 转换到步 S3。

（5）对转换条件编程 转换条件可以用梯形图或功能块图来表示，在"View"菜单中用"LAD"或"FBD"命令来切转两种表示方法，下面介绍用梯形图来生成转换条件的方法。

点击用虚线与转换相连接的转换条件中要放置元件的位置，在图 3-46 的窗口最左边的工具条中点击常开触点，常闭触点或方框形的比较器（相当于一个触点）用它们组成的串并联电路来对转换条件编程。生成触点后，点击触点上方的"??·?"输入绝对地址或符号地址。用左键选某一地址，再用右键点击它，在弹出的菜单中执行命令"insert symbols"，将会出现符号表，使符号地址的输入更加方便。

在用比较器编程时，可以将步的系统信息作为地址来使用。下面是这些地址的意义：

Step-name. T：步当前或最后一次被激活的时间。

Step-name. U：步当前或最后一次被激活的时间，不包括有干扰（disturbance）的时间。

如果监控条件的逻辑运算满足，表示有干扰事件发生。

（6）对监控功能编程 双击 S3 后，切换到单步视图（见图 3-52），选中 Supervision（监控）线圈左边的水平线的缺口处，点击图 3-46 最左边的工具条中用方框表示的比较器图标，在比较器左边第一个引脚 Belt2. T，Belt2 是第 3 步的名称（2 号运输带），在比较器左边下面的引脚输入"T♯2H"，设置的监视时间为2h。如果该步的执行时间超过 2h，该步被认为出错，出错步被显示为红色。

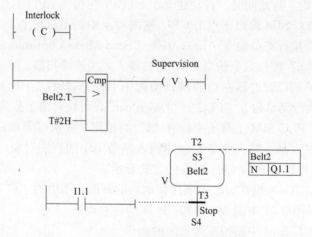

图 3-52 单步显示模式中的监控与互锁条件

（7）保存和关闭顺序控制器编辑窗口 用菜单命令"File"—"Save"保存顺序控制器时，它将被自动编译。如检查过程有错误，在"Details"窗口给出错误提示和警告，改正错误后才能保存，选择菜单命令"File"—"Close"关闭顺序控制器编辑窗口。

（8）在主程序中调用 S7 Graph FB 完成对 S7 Graph 程序 FB1 的编程后，需要在主程序 OB1 中调用 FB1，同时应指定 FB1 对应的前景数据块，为此应在 SI-

MATIC 管理器中首先生成 FB1 的背景数据块 OB1.

在管理器中打开"Block"文件夹，双击 OB1 图标，打开梯形图编辑器。选中网络 1 中用来放置元件的水平"导线"。

在 S7 Graph 编辑器中将 FB1 的参数设为 Minimum（最小），调用它时 FB1 只有一个参数 INIT_SQ，指用 M0.0 作 INIT_SQ 的实参。在线模式时可以用这个参数来对初始步 S1 置位。

打开编辑器左侧浏览窗口中的"FB Blocks"文件夹，双击其中的 FB1 图标，在 OB1 的网络中调用顺序功能图程序 FB1，在模块的上方 FB1 的背景功能块 OB1 的名称。

最后用菜单命令"File"—"Save"保存 OB1，用菜单命令"File"—"Close"关闭梯形图编辑器。

（9）用 S7-PLC SIM 仿真软件调试 S7 Graph 程序　使用 S7-PLC SIM 仿真软件调试 S7 Graph 程序的步骤如下：

① 在 STEP7 编程软件中生成前述的名为"运输带控制"的项目，用 S7 Graph 语言编写控制程序 FB1，其背景数据块为 DB1，在组织块 OB1 中编写调用 FB1 的程序并保存。

② 点击 STMATIC 管理器工具条中的"Simulation on/off"按钮，或执行菜单命令"Options"—"Simulate Modlules"，打开 S7-PLC SIM 窗口，窗口中自动出现 CPU 视图对象。与此同时，自动建立了 STEP7 与仿真 CPU 的连接。

③ 在 S7-PLC SIM 窗口中点击 CPU 视图对象中的 STOP 框，令仿真 PLC 处于 STOP 模式，执行菜单命令"Execute"—"Scan Mode Continuous Scan"或点击"Continuous Scan"按钮，令仿真 PLC 的扫描方式为连续扫描。

④ 在 SIMATIC 管理器左边的窗口中选中 Block 对象，点击工具条中的"下载"按钮，或执行菜单命令"PLC"—"Download"，将块对象下载到仿真 PLC 中。

⑤ 点击 S7-PLC SIM 工具条中标有"I"的按钮，或执行菜单命令"Insert"—"Input Variable"（插入输入变量）创建输入字节 IB1 的视图对象。用类似的方法生成输出字节 OB1，IB1 和 OB1 以位的方式显示。

图 3-53 是在 RUN 模式时监控顺序控制器的画面，图中的"启动延时"和"停止延时"分别见图 3-51 中的 M0.3 和 M0.4 的符号地址。

⑥ 在 S7-PLC SIM 中模拟实际系统的操作

点击 CPU 视图对象中标有 RUN 或 RUNP 的小框，将仿真 PLC 的 CPU 置于运行模式。在 S7 Graph 编辑器中执行菜单命令"Debug"—"Monitor"，或点击工具条内标有眼镜符号的"监控"图标，对顺序控制器的工作进程进行监控。刚开始监控时只有初始步为绿色，表示它为活动步。点击 PLC SIM 中 I1.0 对应的方框（按下启动按钮），接着再点击 1 次，使方框内的"√"消失，模拟放开启动按钮。可以看到步 S1 变为白色，步 S2 变为绿色，表示由步 S1 转换到了步 S2。

进入步 S2 后，它的动作方框上方的两个监控定时器开始定时，它们用来计算

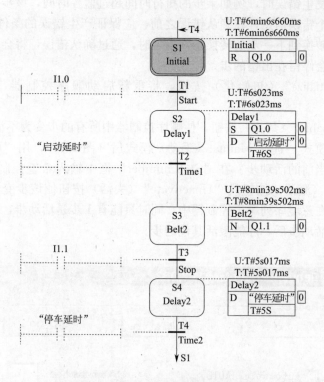

图 3-53　RUN 模式下的顺序控制图

当前步被激活的时间，其中定时时间 U 不包括干扰出现的时间。定时时间达到设定值 6s 时，步 S2 下面的转换条件满足，将自动转换到步 S3。在 PLC SIM 中用 I1.1 模拟停止按钮的操作，将会观察到由步 3 转换到步 4 的过程，延时 5s 后自动返回初始步。

各个动作右边的小方框内是该动作的 0.1 状态，用梯形图表示的转换条件中的触点接通时，触点和它右边有"能流"流过的"导线"将变为"绿"。

3.6.3　顺序控制器的运行模式与监控操作

计算机与 CPU 建立起通信联系后，将 S7 Graph FB 和它的背景数据块下载到 CPU，在 S7 Graph 编辑器中执行菜单命令"Debug"—"Control Sequencer"，在出现的对话框中（见图 3-54），可以对顺序控制器进行各种监控操作。有 4 种运行模式：自动（Automatic）、手动（Manual）、单步（Inching）、自动或切换到下一步（Automatic or switch to next）。

PLC 在 RUN 模式时，不能切换工作方式，在 RUN-P 模式时，可以在前 3 种模式之间切换，切换到新模式后，原来的模式用加粗的字体显示。

（1）自动模式　在自动模式点击"Acknowledge"按钮，将确认被挂起的错误

131

信息。当监控发生错误时，例如某步的执行时间超过监控时间，该步变为红色，功能块会产生一个错误信息，在确认错误之前，应保证产生错误的条件已不再满足。当顺序控制器转换到下一步的转换条件满足时，通过确认错误，将会强制性地转换到下一步，不会停留在出错的步。

点击"Initialize"（初始化）按钮，将重新启动顺序控制器，使之返回初始步。

点击"Disable"（禁止）按钮，使顺序控制器中所有的步变为不活动步。

（2）手动模式 选择 Manual（手动）模式后（图 3-54），用"Disable"（禁止）按钮关闭当前的活动步。在"Step number"框中输入希望控制的步的编号，用"Activate"（激活）按钮或"Unactivate"（去活）按钮使该步变为活动步或不活动步。因为在意境序列顺序控制器中，同时只能有 1 步是活动步，需要把当前的活动步变为不活动步后，才能激活其他的步。

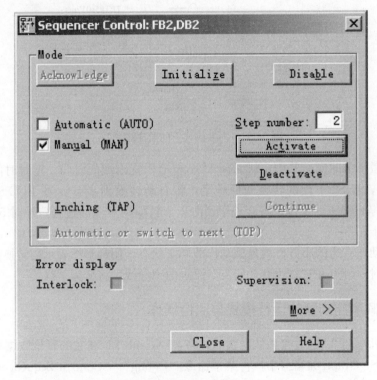

图 3-54 顺序控制器顺序对话框

（3）单步（Inching）模式 在单步模式，某一步之后的转换条件满足时，不会转换到下一步，需要点击"Continue"继续按钮，才能使顺序控制器转换到下一步。

使用此模式应满足下述条件。

使用至少是 S7 Graph V5.0 以上的版本，S7 Graph FB 应能使用 FC72/FC73 在自动模式下运行，设置块的功能的选项卡"Compile/Save"中设有选择"Lock operating mode"。

（4）Automatic or switch to next 模式 在该模式，即使转换条件未满足，用 Continue 按钮也能从当前步转换到后续步。如果转换步满足，将自动转换到下一步。

（5）错误显示 没有互锁 Interlock 错误或监控 Supervision 错误时，应的检查框为绿色，反之为红色。点击图 3-54 中的"More"按钮，可以显示对话框中能设置的其他附加参数，详细的信息可以按"F1"键，在出现的在线帮助中得到。

3.6.4 顺序控制器中的动作

可以将动作分为标准动作和事件有关的动作，动作中可以有定时器、计数器和算术运算。

（1）标准动作 对标准动作可以设置互锁（在命令的后面加"C"），仅在步处于活动状态和互锁条件满足时，有互锁的动作才被执行。没有互锁的动作在步处于活动状态时就会被执行。标准动作中的命令见表 3-1。

表 3-1 标准动作中的命令

命令	地址类型	
N（或 NC）	Q、I、M、D	只要步为活动步（且互锁条件满足），动作对应的地址为 1 状态，无锁存功能
S（或 SC）	Q、I、M、D	置位：只要步为活动步（且互锁条件满足），该地址被置为 1 并保持为 1 状态
R（或 RC）	Q、I、M、D	复位：只要步为活动步（且互锁条件满足），该地址被置为 0 并保持为 0 状态
D（或 DC）	Q、I、M、D	延迟：（如果互锁条件满足），步变为活动步 n 秒后，如果步仍然是活动的，该地址被置为 1 状态，无锁存功能
	T#＜常数＞	有延迟的动作的下一行为时间常数
L（或 LC）	Q、I、M、D	脉冲限制：步为活动步（且互锁条件满足），该地址在 n 秒内为二状态，无锁存功能
	T#＜常数＞	有脉冲限制的动作的下一行为时间常数
CALL（或 CALC）	FC、FB、SFC、SFB	块调用：只要步为活动步（且互锁条件满足），指定的块被调用

表中的 Q、I、M、D 均为位地址，括号中的内容用于有互锁的动作。

（2）与事件有关的动作 动作可以与事件结合，事件是指步、监控信号、互锁信号的状态变化，信息（message）的确认（acknowledgment）或记录（regstration）信号被置位。命令只能在事件发生的那个循环周期执行。见图 3-55。

除了命令 D（延迟）和 L（脉冲限制）外，其命令都可以与事件进行逻辑组合。

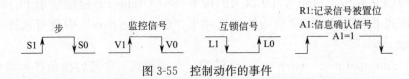

图 3-55　控制动作的事件

在检测到事件，并且互锁条件被激活（对于有互锁的命令 NC、RC、SC 和 CALLC），在下一个循环内，使用 N（NC）命令的动作为 1 状态，使用 R（RC）命令的动作被置位 1 次，使用 S（SC）命令的动作被复位 1 次，使用 CALLC 命令的动作的块被调用 1 次。

（3）ON 命令与 OFF 命令　用 ON 命令或 OFF 命令可以使命令所在的步之外的其他步变为活动步或不活动步。

ON 和 OFF 命令取决于"步"事件，即该事件决定了该步变为活动步或变为不活动步的时间，这两条指令可以与互锁条件组合，即可以使用命令 ONC 和 OFFC。

指定的事件发生时，可以将指定的步变为活动步或不活动步。如果命令 OFF 的地址标识符为 S_ALL，将除了命令"S1（V1，L1）OFF"所在的步之外其他的步变为不活动步。

图 3-56 中的步 3 变为活动步后，各动作按下述方式执行。

控制动作的事件见表 3-2。

表 3-2　控制动作的事件

名称	事件意义
S1	步变为活动步
S0	步变为不活动步
V1	发生监控错误(有干扰)
V0	监控错误消失(无干扰)
L1	互锁条件解除
L0	互锁条件变为 1
A1	报文被确认
R1	注册信号被置位,在输入信号 REG_EF/REG_S 的上升沿

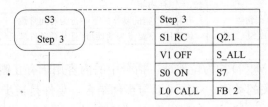

图 3-56　步与动作

① 一旦 S3 变为活动步和互锁条件满足，命令 S1 RS 使输出 Q2.1 复位为 1 并保持为 0。

② 一旦监控错误发生（出现 V1 事件），除了动作中的命令"V1 OFF"所在的步 S3，其他的活动步变为不活动步。

③ S3 变为不活动步时（出现事件 S0），将步 S7 变为活动步。

④ 只要互锁条件满足（出现 L0 事件），就调用指定的功能块 FB2。

（4）动作中的计数器和定时器

① 计数器 动作中的计数器的执行与指定的事件有关。互锁功能可以用于计数器，对于有互锁功能的计数器，只在互锁条件满足和指定的事件出现时，动作中的计数器才会计数。计数值为 0 时计数器位为 0，计数值非 0 时计数器位为 1。

事件发生时，计数器命令 CS 将初值装入计数器，CS 指令下面一行是要装入的计数器的初值，它可以由 IW、QW、MW、LW、DBW、BIW 来提供，或用常数 C♯0～C♯999 的形式输出。

事件发生时，CU、CD、CR 指令使计数值分别加 1、减 1 或计数值复位为 0。计数器命令与互锁组合时，命令后面要加上"C"。

② TL 命令 动作中的定时器与计数器的使用方法类似，事件出现时定时器执行，互锁功能也可以用于定时器。

TL 为扩展的脉冲定时器命令，该命令的下面一行是定时器的定时时间"time"，定时器位没有闭锁功能。定时器的定时时间可以由 IW、QW、MW、LW、DBW、BIW 来提供，或用 S5T♯time_constant 的形式给出。♯后面是时间常数值。

一旦事件发生，定时器被启动。启动后将继续定时，而与互锁条件和步是否是活动步无关。在 time 指定的时间内，定时器位为 1，此后变为 0。正在定时的定时器可以被新发生的事件重新启动，理新启动后，在 time 指定的时间内，定时器位为 1。

③ TD 命令 TD 命令用来实现定时器位有闭锁功能的延迟。一旦事件发生，定时器被启动。互锁条件 C 仅仅在定时器被启动的那一时刻起作用。定时器被启动后将继续定时，而与互锁条件和步的活动性无关。在 time 指定地时间内，定时器为 0。正在定时的定时顺序可以被新发生的事件重新启动，重新启动后，在 time 指定的时间内，定时器位为 0，定时时间到时，定时器位变为 1。

④ TR 命令 TR 是复位定时器命令，一旦事件发生，定时器停止定时，定时器位与定时值被位为 0。

当图 3-57 中的步 S4 变为活动步，事件 S1 使计数器 C4 的值加 1。C4 可以用来计步 S4 变为活动步的次数。只要步 S4 变为活动步，事件 S1 使 A 的值加 1。

S4 变为活动步后，T3 开始定时，T3 的定时器位为 0 状态。4s 后 T3 的定时器位变为 1 状态。

（5）动作中的算术运算 在动作中可以使用下列的简单的算术表达式语句：

A：＝B

A：＝函数（B）

135

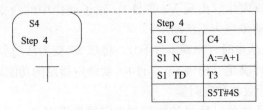

图 3-57   步与动作

A：=B＜运处行号＞C

注意必须使用英文的符号。包含算术表达式的动作应使用"N"命令。动作要以用事件来决定，可以设置为事件出现时执行一次，或步处活动状态时每循环周期都得执行。动作可以与互锁组合（命令后再加"C"）。

① 直接指定（Direct Assignments）   可以使用下面的数据类型，用表达式 A：=B直接指定：

8bits：BYTE，CHAR；

16bits：WORD，INT，DATE，S5TIME；

32bits：DWORD，DINT，REAL，TIME，TIME-OF-DAY。

② 使用内置的函数   通过式 A＝函数（B）可以使用 S7 Graph 内置的函数，例如数据类型的转换，常用的浮点数函数，求补码、反码和循环移位等。

③ 使用运算符号指定数学运算   格式为 A：=B＜运算符号＞C，例如 A：=B＋C 和 A：=B AND C 等。

3.6.5   顺序控制器中的条件

条件由梯形图或功能块图中的元件根据布尔逻辑组合而成。逻辑运算的结果（RLO）或能影响某步个别的动作、整个步、到下一步的转换或整个顺序控制器。

条件可以是事件（例如退出活动步），也可以是状态（例如输入量 I2.1 等）。条件可以在转换（Transition）、互锁（Interlock）、监控（Supervision）和永久性指令（Permanent Instructions）中出现。

（1）转换条件   转换中的条件使顺序控制器从一步转换到下一步。

没有对条件编程的转换称为空转换，空转换相当于不需要转换条件的转换。

如果某一步前后的转换同时满足，该步不会变为活动步。

为此必须在 S7 Graph 编辑器中进行下面的设置；执行菜单命令"Options"—"Block Settings"，在打开的对话框的"Compile/Save"选项卡（见图 3-58）的"Sequencer Properties"栏中，选择选项"Skip Steps"（跳过步）。

（2）互锁条件   互锁是可以编程的条件，用于步的联锁，能影响某个动作的执行。

如果互锁条件的逻辑满足，受互锁控制的动作被执行，例如在互锁条件满足时，执行动作中的命令"LO CALL FC10"，调用功能 FC10。

如果互锁条件的逻辑不满足，不执行受互锁控制的动作，发出互锁错误的信号（事件 L1）在单步显示模式对互锁编程。

（3）监控条件　监控条件（Supervision）是可编程的条件，用于监视步，可能影响顺序控制器从一步转换到下一步的方式。

在单步显示模式对监控编程，在所有的显示模式，用步的左下角外的字母"V"来表示该步已对监控编程。

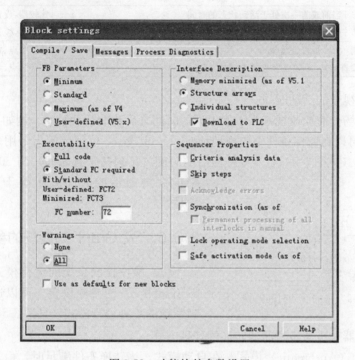

图 3-58　功能块的参数设置

如果监控条件的逻辑运算满足，表示有干扰事件 1 发生。顺序控制器不会转换到下一步，保持当前步为活动步。监控条件满足时立即停止对步的活动时间值 SI、U 的定时。

如果监控条件的逻辑运算不满足，表示没有干扰，如果后续步的转换条件满足，顺序控制器转换到下一步。

每一步都可以设置监控条件，但是只有活动步被监控。

发出和确认监控信号之前，必须在 S7 Graph 编辑器中先执行菜单命令"Options"—"Block Settings"，在"Block Settings"对话框的"Compile/Save"选项卡中作下面的设置：

在"FB Parameters"区中选择"Standard"、"Maximum"或"User-Definable"，这样 S7 Graph 可以用功能块的输出参数 REE_FLT 发出监控错误信号。

在"Sequencer Properties"区中选择" Acknowledge errors"。在运行时发生监控错误,必须用功能块的输入参数 ACK_EF 确认。必须确认的错误只影响有关的顺序控制器,只有在错误被确认后,受影响的序列才能重新被处理。

(4) S7 Graph 地址在条件中的应用 可以在转换、监控、互锁、动作和永久性的指令中,以地址的方式使用关于步的系统信息,见表 3-3。

表 3-3 S7 Graph 地址

地址	意　　义	应用于
Si. T	步 i 当前或前一次处于活动状态的时间	比较器,设置
Si. U	步 i 处于活动状态的总时间,不包括干扰时间	比较器,设置
Si. X	指示步 i 是否是活动的	常开触点、常闭触点
Transi. TT	检查转换 i 所有的条件是否满足	常开触点、常闭触点

例:监视步的活动时间。

在很多场合需要监视减去干扰出现的时间之后步的活动时间。例如某产品需要搅拌 50s,可以在监控条件中监视地址 SI. U。比较 32 位整数的指令用来比较地址 SI. U 和 50s (见图 3-59),步 3 被激活的时间(不包括干扰时间)与 50s 比较,如果步 3 被激活的时间大于等于 50s,条件满足。

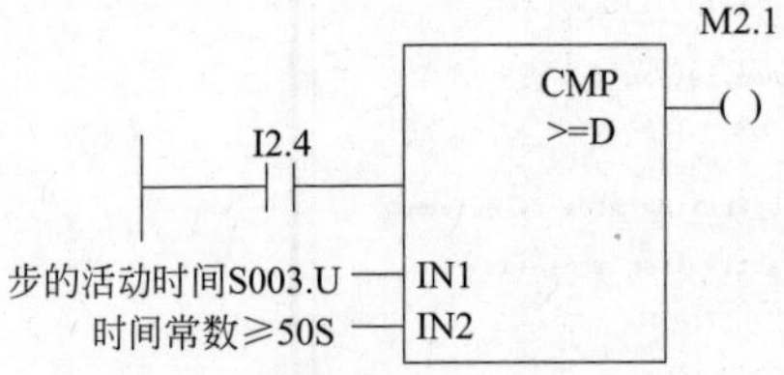

图 3-59 步的活动时间监控

3.6.6 S7 Graph 功能块的参数设置

(1) 顺序控制系统的运行模式 通过对 S7 Graph FB 的参数设置,可以选择顺序控制系统的 4 种运行模式(见图 3-54),从而决定顺序控制器对步与步之间的转换的处理方式。

① 自动(Automatic)模式 在自动模式,当转换条件满足时,由当前步转换到下一步。

② 手动(Manual)模式 与自动模式相反,在手动模式时,转换条件满足并不能转换到后续步,步的活动或不活动状态的控制是用手动完成的。

③ 单步(Inching)模式 单步模式与自动模式的区别在于它对步与步之间的转换有附加的条件,即只能在转换条件满足和输入参数 T_PUSH 的上升沿,才能转换到下一步。

④ 自动或切换到下一步(Automatic or step-by-step)模式 在该模式,只要转换条件满足或在功能块的输入信号 T_PUSH 的上升沿,都能转换到下一步。

在 RUN 模式下可以用功能块的输入参数来选择 4 种工作模式,在下列参数的上升沿激活相应的工作模式:

SW_AUTO:自动模式;

SW_MAN:手动模式;

SW_TAP：单步（Inching）模式；

SW_TOP：自动或切换到下一步（Automatic or Switch to next）模式。

（2）S7 Graph FB 的参数集　S7 Graph FB 等有 4 种不同的参数集（见表 3-4），图 3-60 是梯形图中最小参数集的 S7 Graph FB 符号，V5 版的"Definable/Maximum"（可定义/最大）。

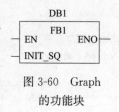

图 3-60　Graph 的功能块

表 3-4　FB 的参数集

名　　称	任　　务
Minimum	最小参数集，只用于自动模式，不需要其他控制和监视功能
Standard	标准参数集，有多种操作方式，需要反馈信息，可选择确认报文
Definable/Maximum（V5）	可定义最大参数集，需要更多的操作员控制和用于服务和调试的监视功能，它们由 V5 的块提供

3.6.7　用 S7 Graph FB 编写具有多种工作方式的控制程序

下面介绍的机械手动控制系统的程序中，自动程序是用 S7 Graph 语言编写的，系统的功能、工作方式、操作面板和硬件接线图均与 3.5 节中的相同。

（1）符号表　表 3-5 是系统的符号主要的符号。

表 3-5　符号表

符　　号	地址	符　　号	地址	符　　号	地址	符　　号	地址	符　　号	地址
自动数据块	DB1	松开按钮	I0.7	单步	I2.2	自动方式	M0.3	下降阀	Q4.0
下限位	I0.1	下降按钮	I1.0	单周期	I2.3	原点条件	M0.5	夹紧阀	Q4.1
上限位	I0.2	右行按钮	I1.1	连续	I2.4	转换允许	M0.6	上升阀	Q4.2
右限位	I0.3	夹紧按钮	I1.2	启动按钮	I2.6	连续标志	M0.7	右行阀	Q4.3
左限位	I0.4	确认故障	I1.3	停止按钮	I2.7	回原点上升	M1.0	左行阀	Q4.4
上升按钮	I0.5	手动	I2.0	自动允许	M0.0	回原点左行	M1.1	错误报警	Q4.5
左行按钮	I0.6	回原点	I2.1	单周连续	M0.2				

（2）初始化程序、手动程序与自动回原点程序　在 PLC 进入 RUN 模式的第一个扫描周期，系统调用组织块 OB100。OB100 中的初始化程序与 3.5 节中的图 3-37 完全相同。手动程序 FC2 与 3.5 节中的图 3-39 完全相同。自动返回原点的梯形图程序 FC3 与 3.5 节图 3-42（b）的相同。

（3）主程序 OB1　与 3.5 节一样，在 OB1 中，用块调用的方式来实现各种工作方式的切换。公用程序（功能 FC1）是无条件调用的，供各种工作方式公用。手动工作方式时调用功能 FC2（见图 3-61），回原点工作方式时调用功能 FC3，连续、单周期和单步工作方式（总称为"自动方式"）时，调用 S7 Graph 语言编写的功能块 FB1，它的背景数据块 DB1 的符号名为"自动数据块"。

139

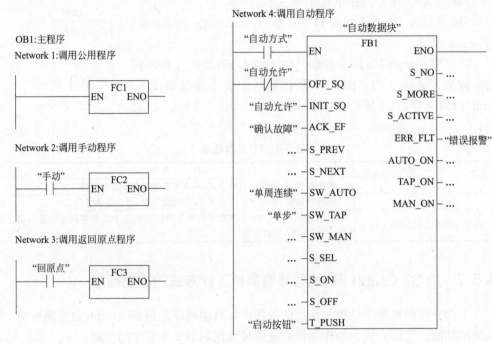

图 3-61 主程序 OB1

（4）公用程序　图 3-62 是公用程序 FC1，在手动方式或自动回原点方式，如果原点条件满足，图中的"自动允许"（M0.0）被置位为 1，M0.0 的常开触点闭合，使 FB1 的输入参数 INIT_SQ（激活初始步行）为 1，它使初始步变为活动步，为自动程序执行做好准备。原点条件不满足时，M0.0

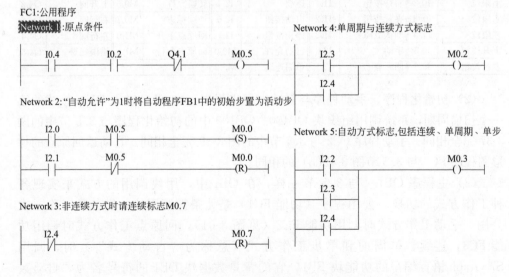

图 3-62　公用程序

被复位为 0，M0.0 的常闭触点使 FB1 的输入信号 OFF_SQ（关闭顺序控制器）为 1 状态，将顺序控制器中所有的活动步变为不活动步，禁止自动程序的执行。

在公用程序中将控制单步、单周期和连续这 3 种自动方式的 I2.2、I2.3 和 I2.4 的常开触点并联，以控制符号名为"自动方式"的 M0.3，用 M0.3 作为 FB1 的使能输入（EN）信号，即只在这 3 种工作方式调用 FB1。

在公用程序中将控制单周期和连续这两种自动方式的 I2.3 和 I2.4 的常开触点并联，来控制符号名为"单周期连续"的 M0.2，它用来为 FB1 提供输入信号 SW_AUTO（自动工作方式）。

在单步工作方式，符号名为"单步"的 I2.2 为 1，它的常开触点给 FB1 提供输入信号 SQ_TAP（单步工作方式），启动按钮（I2.6）为 FB1 提供输入信号 T_PUSH。在单步方式，即使转换条件满足，也必须按一下启动按钮 I2.6，才能转换到下一步去。

"确认故障"按钮（I1.3）给 FB1 提供输入信号 ACK_EF，某步出现了监控事件，例如该步处于活动状态的时间超过了设定值，该步变为红色。如果转换条件满足，需要按一下确认故障按钮，才能转换到下一步去。

（5）自动程序　自动程序 FB1 是用 S7 Graph 语言编写的，前面已经介绍了用 FB1 的输入方式参数来区分单步方式和非单步（单周期和连续）方式。与 3.5 节一样，单周期和连续方式是用 M0.7（连续标志）和顺序控制器中的选择序列来区分的，M0.7 的控制电路放在 FB1 的顺序控制器之前的永久性指令中（见图 3-63），每次扫描都要执行永久性指令。

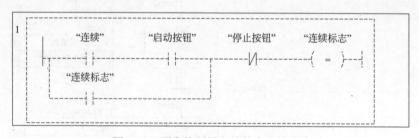

图 3-63　顺序控制器之前的永久性指令

图 3-64 是 FB1 中的顺序控制器，在步 S27 之后生成选择序列的分支时，首先用鼠标选中步 S27，然后点击"Sequencer"工具条上的"Opening an Alternative Branch"（打开选择序列的分支）按钮，生成选择序列的分支后，分别对两条支路上的转换条件编程。最后在两个转换上生成跳步（Jump），分别跳到步 S1 和步 S20。S1 和步 S20 之前标有 T9 和 T10 的箭头是自动生成的，它用来表示选择序列合并。

在单周期工作方式，连续标志 M0.7 处于 0 状态，当机械手在最后一步 S27 返回最左边时，左限位开关 I0.4 为 1 状态，因为连续标志的常闭触点闭合，转换条件 T9 满足，使系统返回并停留在初始步 S1。按一次启动按钮，系统只工作一个从步 S0 到步 S27 的工作周期。

连续工作方式时 I2.4 为 1 状态，在初始状态按下启动按钮 I2.6，"连续标志" M0.7 的线圈通电，并自保持，步 S20 变为 1 状态，机械手下降，以后的工作过程与单周期工作方式相同。机械手在步 S27 返回最左边时，左限位开关 I0.4 为 1 状态，因为这时连续标志 M0.7 也为 1 状态，它们的常开触点闭合，转换条件 T10 满足，系统返回步 S20，以后将这样反复工作下去。

按下"停止"按钮 I2.7 以后，连续标志 M0.7 变为 0 状态，但是系统不会立即停止工作。在完成当前工作周期的全部操作后，小车在步 S27 返回最左边，左限位开关 I0.4 为 1 状态，此时连续标志 M0.7 的常闭触点闭合，转换条件 T9 满足，

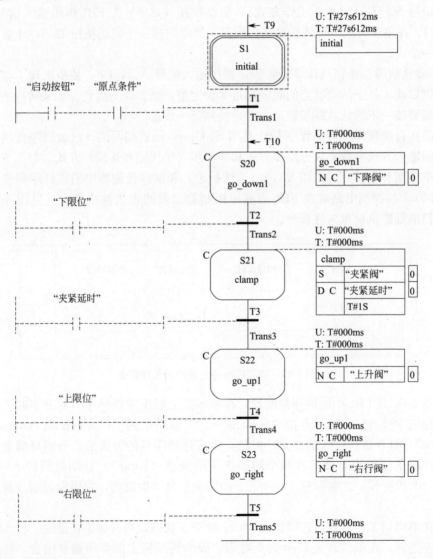

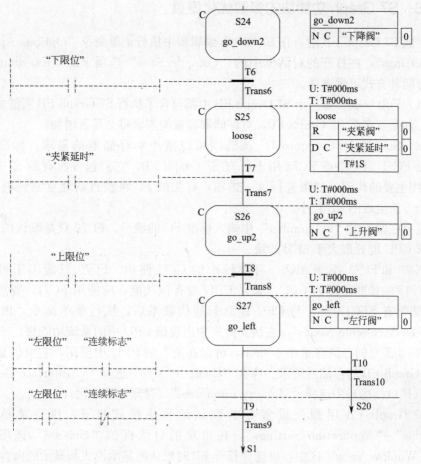

图 3-64 自动控制程序中的顺序控制器

系统才会返回并停留在初始步 S1。

　　在单步工作方式，转换条件满足时，操作人员必须按一下"启动"按钮 I2.6，才会转换到下一步。以下行步 S20 为例，下限位开关 I0.1 为 1 时，不会马上转换到下一步，但是控制下降的电梯阀 Q4.0 应变为 0 状态，为此在编程时用鼠标双击步 S20，进入单步显示模式，用 I0.1 的常闭点控制步 S20 的中间标有大写字母"C"的互锁线圈。同时还应将控制该步的动作 Q4.0 的 N 改为 NC，即步 S20 为活动步和互锁条件同时满足（I0.1＝0，I0.1 的常闭触点闭合）时，Q4.0 才为 1 状态。因此在下限位开关动作，I0.1＝1，互锁条件步不满足时，该步变为红色，Q4.0 变为 0 状态。对其余各步的动作，均应作相同的处理，并将延时命令 I 改为"DC"，才能保证在单步工作模式时，转换条件满足后及时停止该步的动作。图 3-64 中除初始步外，各步的左上角均标有 "C"，表示这些步均有互锁功能。

143

3.6.8　S7 Graph 功能块的参数优化设置

生成 S7 Graph FB 时，在 S7 Graph 编辑器中执行菜单命令"Options-Application Settings"，在打开的对话框中的"Compile/Save"选项卡的"Executability"中，有两种方式可供选择。

（1）Full code　每一个 S7 Graph FB 中都包含了执行 S7 Graph FB 所需的全部代码，如果有多个 S7 Graph FB，对存储器容量的需求将会显著增加。

（2）Standard FC required　该选项可以减小对存储器的需求，标准功能 FC70、FC71、FC72 或 FC73 用于所有 S7 Graph FB，它们包含所有的 S7 Graph FB 使用主要的代码，如果选择这一选项，有关的 FC 将被自动地复制到项目中，用这个方法生成的 FB 较小。

需要在输入框"FC number"中输入标准 FC 的编号。FC72 只是默认的设置，它要求 CPU 能处理大于 8KB 的块。

FC70 和 FC71 小于 8KB，可供较小的 CPU 使用。FC70 只能用于可执行 SFC17/18 的诊断功能的 CPU，如果 CPU 没有该功能，应使用 FC71。要想知道 CPU 是否有 SFC17/18，与 CPU 建立起通信联系后，执行菜单命令"PLC"—"Display/Accessible Nodes"，在块文件夹中出现该 CPU 中的系统功能块。

FC73 需要的存储容量小于 8KB，可以在所有的 CPU 中使用，它可以显著减少 S7 Graph FB 的存储器需求。应在"Compile/Save"选项卡"Interface Description"（接口描述）中选择"Memory minimized"（存储器最小化）。

S7 Graph FB 用预先设置好的默认的显示模式打开，执行菜单命令"Options"—"Application Settings"，在出现的对话框的"General"选项卡的"New Window View"区中，可选择打开 FB 时默认的显示模式和显示的内容。

第4章 ◀◀◀

PLC实际工程应用与实例设计

4.1 PLC 控制系统设计的原则和内容

4.1.1 设计原则

每一个成熟的 PLC 控制系统在设计时要达到的目的都是实现对被控对象的预定控制。为实现这一目的，在进行 PLC 控制系统的设计时，应遵循以下的基本原则。

（1）最大限度地满足被控对象的控制要求。系统设计前，除了了解被控对象的各种技术要求外，还应深入现场进行调查研究，搜集资料，并与工艺师和实际操作人员密切配合，共同拟定电气控制方案。

（2）系统结构力求简单。在满足控制要求的前提下，力求使控制系统简单、经济，操作及维护方便，对一些过去较为烦琐的控制可利用 PLC 的特点加以简化，通过内部程序简化外部接线及操作方式。

（3）保证控制系统的安全、可靠。控制系统的安全、可靠是提高生产效率和产品质量的必要保证，安全性、可靠性的高低是衡量控制系统优劣的因素之一。为确保系统的安全、可靠，可适当增加外部安全措施，如急停电源等，进一步保证系统的安全，同时采取"软硬兼施"的办法共同提高系统的可靠性。

（4）易于扩展和升级。考虑到系统的发展和设备的改进，在选择 PLC 容量及 I/O 点数时，应适当留有 20% 左右的余量。

（5）人机界面友好。对于具有人机界面的 PLC 控制系统，应充分体现以人为本的理念。设计人机操作界面要使用户感到方便、易懂。

4.1.2 设计内容

PLC 控制系统的设计内容主要包括硬件选型、设计和软件的编制两个方面，基本由以下几部分组成：

（1）拟定控制系统设计的技术条件。技术条件一般以设计任务书的形式来确定，它是整个控制系统设计的依据。

（2）选择外围设备。根据系统设计要求选择外围输入设备和输出设备。

（3）选定 PLC 的型号。PLC 是整个控制系统的核心部件，合理选择 PLC 对保证系统的技术指标和质量是至关重要的。

（4）分配 I/O 点。根据系统要求，编制 PLC 的 I/O 地址分配表，并绘制 I/O 端子接线图。

（5）设计操作台、电气柜及非标准电气元件。

（6）软件编写。控制系统的软件包括 PLC 控制软件和上位机控制软件。在编制 PLC 控制软件前要深入了解控制要求与主要控制的基本方法以及系统应完成的动作、自动工作循环的组成、必要的保护和联锁等方面的情况。对比较复杂的控制系统，可用状态图和顺序功能图方法全面地分析，必要时还可将控制任务分解成几个独立的部分，利用结构化或模块化方法进行编程，这样可化繁为简，有利于编程和调试。

对于有人机界面的 PLC 控制系统，上位机软件的编制也尤为重要。因为上位机软件是系统的操作人员与控系统之间交互的纽带。良好的人机界面可让操作人员的操作更为容易，利用上位机软件还能制作历史趋势图、打印报表、记录数据库和故障警报等，使工作效率得到提高。因此，上位机软件的编制十分重要。

（7）系统技术文件的编写。系统技术文件包括说明书、电气原理图、元件明细表、元件布置图、机柜接线图、系统维护手册、上位机软件操作手册、系统安装调试报告等。

4.1.3 设计步骤

（1）深入了解和分析被控对象的工艺条件和控制要求。被控对象就是受控的机械、电气设备、生产线或生产过程。控制要求主要是指控制的基本方式、控制指标、应完成的动作、自动工作循环的组成、必要的保护和联锁等。

（2）确定 I/O 设备。根据被控对象对 PLC 控制系统的功能要求，确定系统所需的输入输出设备。常用的输入设备有按钮、行程开关、选择开关、传感器等，常用的输出设备有继电器、接触器、指示灯、电磁阀、气缸等。

（3）选择合适的 PLC 类型。根据已经确定的 I/O 设备，统计所需要的 I/O 信号的点数，选择 PLC 类型，包括 PLC 机型的选择、容量的选择、I/O 模块的选择、电源模块的选择以及通信模块的选择等。

（4）分配 I/O 点地址。根据所选择的 I/O 模块和其组态的位置分配 PLC 的 I/O 点地址，编制 I/O 点地址分配表并设计输入输出端子接线图，同时可进行控制柜和操纵台的设计以及现场施工。

（5）设计 PLC 程序。按照系统的控制要求和控制流程要求进行 PLC 程序的设计，其中包括故障的报警和处理方式等。这是整个应用系统设计的核心工作。

（6）PLC 程序的下载与调试。程序设计好后需要通过编程电缆将程序下载到 PLC 的 CPU 中，然后进行软件测试工作。由于在程序的编写过程中难免会有疏漏之处，因此在将 PLC 连接到现场设备之前，一定要先进行软件测试。如果 PLC 程序比较大，最好编写测试程序，对程序进行各功能的分段测试。

（7）上位机软件的编程与调试。对于 PLC 控制系统，上位机监控软件的编程与调试也是整个应用系统设计的重点。编程人员根据 PLC 的 I/O 点地址分配表定义上位机软件的地址分配表，并按照系统的控制进程要求设计上位机软件，绘制操作界面。

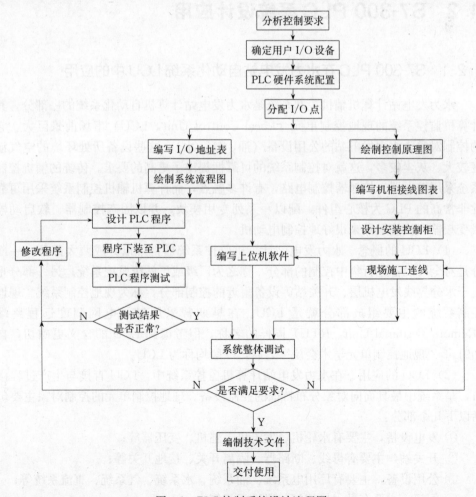

图 4-1　PLC 控制系统设计流程图

（8）整个应用系统联调。当现场施工完成，控制柜接线结束，PLC 程序调试通过，且上位机软件编程结束后，就可进行整个应用系统的联合调试。调试过程中应先将主回路断开，进行控制回路的调试。待控制回路调试一切正常后，再进行带主回路的调试，如果控制系统是由若干个部分组成的，则应先做各局部的调试，然后做整体调试。在系统联调时，不仅仅要做正常控制过程的调试，还应做故障情况的调试，应当尽量将可能的故障情况全部加以测试，确保控制系统的可靠性。

（9）编制技术文件。技术文件是用户将来使用、操作和维护的依据，也是这个控制系统档案保存的重要材料，因此应当给予重视。

以上是一个 PLC 控制系统设计的一般步骤。在具体的应用时，可以根据控制系统的规模、控制流程的繁简程度等情况适当作增减。PLC 控制系统设计流程图如图 4-1 所示。

4.2　S7-300 PLC 系统设计应用

4.2.1　S7-300 PLC 在水力发电站自动化系统 LCU 中的应用

水力发电站计算机辅机控制系统是水力发电站计算机自动化系统的一部分，其计算机监控系统的现地控制单元（Local Control Unit，LCU）市场前景巨大。它的控制对象为水力发电站的公用设备（油、气、水），这些设备所处环境的空气湿度较大、灰尘较多，这就对控制系统的可靠性提出了更高的要求。传统的辅机控制系统采用继电器、接触器控制电路，有许多触点，而计算机辅机控制系统采用可靠性非常高的 PLC 为核心组件，配以一系列专用模块，并以固态控制器、软启动器或变频器取代接触器来很好地控制电动机。

（1）LCU 的概念　水力发电站计算机监控系统通常可以分成两大部分：一部分是对全厂设备进行集中控制的部分，称之为厂级或厂站级监控系统；另一部分是位于水分界线发电机层、开关站等设备附近的控制部分，称为现地控制系统。现地控制系统的主要组成部分就是 LCU。在早期曾采用过与电网调度远程终端（Remote Terminal Unit，RTU）同样的名称，但考虑到 LCU 的含义更确切，自1991 年"现地控制单元学术会议"之后，一般均称为 LCU。

（2）LCU 的应用　在水力发电站计算机监控系统中，LCU 直接与生产过程接口，是系统中最具面向对象分布特征的控制设备。现地控制单元的控制对象主要包括以下几个部分：

① 发电设备，主要有水轮机、发电机、辅机、变压器等；

② 开关站，主要有母线、断路器、隔离开关、接地开关等；

③ 公用设备，主要有厂用电系统、油系统、水系统、气系统、直流系统等；

④ 闸门，主要有进水口闸门，泄洪闸门等。

　　LCU一般布置在电站生产设备附近，就地对被控对象的运行工况进行实时监视和控制，是电站计算机监控系统的较底层控制部分。原始数据在此进行采集和预处理，各种控制调节命令都通过它发出和完成闭环控制。它是整个监控系统中很重要、对可靠性要求很高的控制设备。用于水力发电站的LCU按监控对象和安装的位置可分为机组LCU、公用LCU、开关站LCU等。而按照LCU本身的结构和配置来分，则可以分为单板机——线性结构的LCU、以PLC为基础的PLC现地控制器、智能现地控制器等3种。第一种LCU多为水电站自动化初期的产品，目前已基本不再在新系统中采用。另外尚有极少数的小型水电站采用基于工业PC［又称工控机（IPC）］的控制系统。下面仅对讨论处于主流地位的PLC现地控制器和智能现地控制器［最近几年尚有称为可编程计算机控制器（Programmable Computer Controller，PCC）、可编程的自动控制器（Programmable Automation Controller，PAC）的产品，应该也可以归类其中］。

　　① PLC现地控制器　目前在我国水力发电站使用较广泛的PLC有：GE Fanuc公司的GE Fanuc90系列，德国西门子公司的S8、S7系列，法国Schneider公司的Modicon Premium、Atrium和Quantum系列，美国Rockwell公司的PLC5、ControlLogix，日本OMRON公司的SU-5、SU-6、SU-8，日本MITSUBISHI公司的FX2系列等。目前我国很大一部分电站的自动化系统都是采用PLC构成现地控制器，通过合理的配置和搭配，PLC现地控制器能在系统中担负起相应的责任，完成相应的功能。但PLC作为一种通用的自动化装置，并非是为水电厂自动化而专门设计的，在水电自动化这一有着特殊要求的行业应用中不可避免地也会有一些不适合的地方，现列出以下几点：

　　a. PLC以"扫描"的方式工作，不能满足事件分辨率和系统时钟同步的要求，水力发电站计算机监控系统都是多机系统，为了保证事件分辨率，除了PLC本身应具有一定的事件响应能力和高精度时钟外，还要求整个系统内各部分主要设备之间的时钟综合精度也必须保证在毫秒级以内。而以PLC为基础的现地控制装置如果不采取特殊措施，就无法保证水力发电站安全运行对事件分辨率和系统时钟同步的要求。

　　b. 通用型PLC的起源主要针对机械加工行业，以后逐步扩展到各行各业。现在的PLC虽然具有较强的自诊断功能，但对于输入、输出的部分，它只自诊断到模件级。这对于我国电力生产这样一个强调"安全第一"的行业来说，有一定的欠缺，往往需要另加特殊的安全措施。

　　c. 通用型PLC一般都具有一定的浪涌抑制能力，基本上可以适合大部分行业的应用，但对于水电站自动化系统来讲，由于设备工作环境的特殊性，通用型PLC的浪涌抑制能力与技术规范所要求的三级浪涌抑制能力还有一些差距。

　　② 智能现地控制器　在我国水电站自动化系统中应用较多的另一类现地控制单元应该就是智能现地控制器，如ABB公司的AC450，南瑞集团的SJ-600系列，Elin公司的SAT1703等。其中AC450是ABB公司生产的适用于工业环境的

Advant Controller 系统现地控制单元中的一种，主要应用于其他行业的 DCS 中。它包括了以 Motorola 68040 为主处理器的 CPU 模块和 I/O、MasterBus 等多种可选的模块，支持集中的 I/O 和分布式 I/O，可根据不同的应用需求采用不同的模块来构建适用的现地子系统。SAT1703 是奥地利 Elin 公司生产的多处理器系统，它包括 6 个装有不同接口处理器的子系统（AK1703、AME1703 和 AM1703），每个子系统由主处理器、接口模板（模块）、通信模块构成，能实现数据处理、控制和通信功能，在 LCU 内部采用（Serial Module Interconnector，SMI）进行通信。SAT1703 现地控制单元采用 OS/2 操作系统，运行的控制软件为 ToolBox。SJ-600 系列是国电自动化研究院于 20 世纪 90 年代末为在恶劣工作环境下运行而生产的国产智能分布式现地控制单元，由主控模块、智能 I/O 模块、电源模块以及连接各模块与主控模块的现场总线网组成。

SJ-600 已在全国数十个大中型水电厂可靠地运行。它具有以下主要特点：

a. 主控模块采用符合 IEEE 1996.1 的 PC104 嵌入式模块标准，具有可靠性高、现场环境适应性强等特点，使用低功率嵌入式 CPU，可选 CPU 型号从 486 至 Pentium 系列均可。

b. 32 位智能 I/O 模块，所有模块采用 32 位嵌入式 CPU，该 CPU 专门为嵌入式控制而设计，软件上采用板级实时操作系统和统一的程序代码，只是按模件的不同而运行相应的任务。采用了大规模电可擦可编程逻辑器件（EPLD）以及闪速（Flash）存储器，简化了系统设计，提高了可靠性，智能化的 I/O 模块除了可独立完成数据采集和预处理外，还具备很强的自诊断功能，提供了可靠的控制安全性和方便的故障定位能力。

c. 具有现场总线网络的体系结构。系统采用两层网络结构：第一层是厂级控制网，连接 LCU 和厂级计算机，构成分布式计算机监控系统；第二层是 I/O 总线网络，连接主控模块和智能 I/O 模块（现地或远程），构成分布式现地控制子系统。所有 I/O 模块均配备两个现场总线网络接口，这些模块都可以分散布置，形成高可靠性的分布式冗余系统。

d. LCU 直接连接高速网。网络已成为计算机监控系统中的重要部分，它涉及电站控制策略和运行方式。以前现地控制器多是使用专用网络与上位机系统进行连接，而不是使用符合开放性标准的网络。如 AC450 采用 MB300 网络与上位机系统连接，而与采用 TCP/IP 的系统连接只能通过专用模块以及 VIP 的方式进行受限制的数据传输。

e. 提供了直接的全球定位系统（GPS）同步时钟接口，无需编程和设置。GPS 对时可直达模块级，满足了对时钟有特殊要求的场合，如 SOE 等。

f. 提供基于 IEC 61131-3 标准的控制语言，在保留了梯形图、结构文本、指令表等编程语言的基础上，开发了采用"所见即所得"技术设计的可视化流程图编程语言，支持控制流程的在线调试和回放，非常适合复杂的控制流程的生成和维护。

g. 针对水电自动化专业应用开发的专用功能模块。

4.2.2　LCU 控制系统的构成举例

　　水力发电站计算机辅机控制系统包括：水电发电站油系统控制系统、气系统控制系统、排水系统控制系统和供水系统控制系统，如图 4-2 所示。

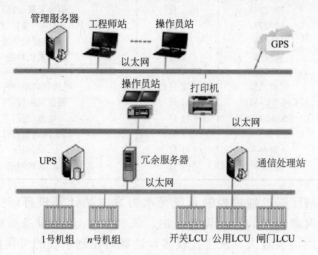

图 4-2　控制系统的构成

　　（1）本例控制系统配置表　控制系统配置见表 4-1。

表 4-1　现地控制单元（LCU）系统配置

系统名称	元件名称	数　量	备　注
油系统	CPU226	各1只	数据采集（西门子）
	EM231		模拟采集（西门子）
	EM223		信号采集（西门子）
	EM277		PROFIBUS通信（西门子）
	传感器		模拟量变送
	触摸屏		人机对话
气系统	软启动器	2只	电机软启动（西门子）
	CPU226	1只	数据采集（西门子）
	EM231	1只	模拟采集（西门子）
	EM223	2只	信号采集（西门子）
	EM277	1只	PROFIBUS通信（西门子）
	传感器	1只	模拟量变送
	触摸屏	1只	人机对话
排水系统	软启动器	2只	电机软启动（西门子）
	CPU226	1只	数据采集（西门子）
	EM231	1只	模拟采集（西门子）
	EM223	1只	信号采集（西门子）
	EM277	1只	PROFIBUS通信（西门子）
	传感器	1只	模拟量变送
	触摸屏	1只	人机对话

续表

系统名称	元件名称	数 量	备 注
供水系统	软启动器	2只	电机软启动（西门子）
	CPU226	1只	数据采集（西门子）
	EM231	1只	模拟采集（西门子）
	EM223	1只	信号采集（西门子）
	EM277	1只	PROFIBUS 通信（西门子）
	传感器	1只	模拟量变送
	触摸屏	1只	人机对话
公用 LCU	软启动器	2只	电机软启动（西门子）
	CPU313-2DP	1只	数据采集（西门子）
	PS307 10A	1只	电源（西门子）
	CP343-1	1只	以太网通信（西门子）
	附件	1只	西门子
	触摸屏	1只	人机对话

水力发电站计算机辅机控制系统是水力发电站计算机自动化系统的一部分，它的控制对象为站的公用设备（油、气、水）。这些设备所处的环境都比较恶劣；空气的湿度较大，灰尘比较多，这就对控制系统的可靠性提出了更高的要求。传统的辅机控制系统采用继电器、接触器控制电路，有接线复杂、改造困难、维护量大、触点易烧、灵敏度低、不易实现远动和通信等许多缺点。而计算机辅机控制系统使用可靠性非常高的 PLC 为核心组件，配以一系列专用模块，并可以固态的控制器、软启动器或变频器取代接触器，很好地克服了这些缺点。

（2）所用固态控制器和软启动器的特点　控制系统采用固态控制器和软启动器，具备以下特点：以无触点方式控制电流通断；对负载的工作状态提供完善的检测保护；控制电动机平滑启动，减少启动电流，避免冲击电网、减小配电容量；起始电压可调，保证电动机启动时的最小启动转矩；启动电流可根据负载情况调整，以最小的电流产生最佳的转矩；启动时间可调，在该时间范围内，电动机转速不断上升，避免转速冲击；系统的接线更为简单。

软启动器带有完整的电动机保护装置，并有多种启动方式可供选择，是目前较为理想的智能元件。系统采用了西门公司 PLC 进行控制，技术成熟，抗干扰能力强，适于工业环境，可靠性提高，易于扩展、维护、维修工作量小。PLC 使控制达到数字化要求，能与后台机通信，实现远程控制功能。

4.2.3　LCU 控制系统功能

可以把 LCU 分为 5 个系统：油系统控制系统、气系统控制系统、排水系统控制系统、供水系统控制系统、公用 LCU 控制系统。

（1）水力发电站油系统控制系统　PLC 将电源状况、油泵运行状态、补气阀状态、油位状况传送给公用设备 LCU，公用设备 LCU 将这些信号传送给控制中心，从而使控制中心完成对油系统的监控。

（2）水力发电站气系统控制系统

① 控制功能　如图 4-3 所示。当主干管的压力降至下限时，主用空压机冷却系统启动，主用空压机的电磁阀打开、示流信号器接通，主用空压机启动；当主干管的压力升至上限时，主用空压机停止；当主干管的压力降至下限时，备用空压机冷却系统启动，备用空压机的电磁阀打开，示流信号器接通，备用空压机启动；当主干管的压力升至上限时，备用空压机停止；当主干管的压力降至下限时，发出压力过低信号；当主干管的压力升至上限时，发出压力过高信号，停止空压机工作并报警。压力控制器是用来监视制动储气罐中气压的，罐中的气压过高过低都会发出信号。为了防止空压机的温度过高，专门在每个空压机的出口处分别设置了温度信号器，如果空压机过热，温度信号器就会发出信号，即停止空压机工作。气系统控制系统电动机启动回路也采用软启动回路。

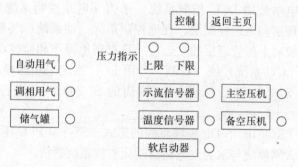

图 4-3　气系统控制系统

② 通信功能　PLC 将电源状况、空压机运行状态、气压状况、空压机启动状态传送给公用 LCU，公用 LCU 将这些信号传送给控制中心，从而使控制中心完成对气系统的监控。

注意： 采用这种系统不能连续监测贮气罐的压力。如果要提高控制性能，连续监测贮气罐的压力，可以将电接点压力表更换成压力变送器和压差变送器。

（3）水力发电站排水系统控制系统

① 控制功能　当水位上升至设定值时，工作泵启动，启动水泵前先打开相应的电磁阀，示流信号器动作，启动水泵；当水位上升至调定值时，备用泵启动，启动水泵前先打开相应的电磁阀，示流信号器动作，启动水泵；当水位上升至调定值时，发出报警信号；当水位下降至调定值时，备用泵停止，水泵停止后延时关闭电磁阀；当水位下降至调定值时，主用泵停止，泵停止后，延时关闭电磁阀。水泵运行后，如果出水管无水，示流器不动，延时关闭水泵。排水系统控制系统的电动机

启动回路也采用软启动回路。

② 通信功能　PLC将电源状况、水泵运行状况、水位状况、水泵启动状态传送给公用设备LCU，公用LCU将这些信号传送给控制中心，从而使控制中心完成对排水系统的监控。

（4）水力发电站供水系统控制系统

① 控制功能　供水泵、示流信号器动作时发信号给机组LCU，如果示流信号器中断就投入备用泵，向机组发故障信号；机组停机后，发信号给电磁阀使其关闭。在采用水泵供水后，机组开机前发命令给自流供水电磁阀，如果清水池水位过低，发出报警信号，机组中的热交换器差压计和滤水器差压计的压差过高也发出报警信号。供水系统控制系统的电动机启动回路要用软启动回路。

② 通信功能　PLC将电源状况、水泵运行状态、水位状况、水泵启动状态、电磁阀状态、差压计状态、示流器状态传送给机组设备LCU，机组设备LCU将这些信号传送给控制中心，从而使控制中心完成对供水系统的监控。

（5）水力发电站公用LCU控制系统　水力发电站控制系统可采用分布式结构，分为上位管理层和现地控制层。现地控制单元（油系统、气系统、排水系统、供水系统）既可脱离上位管理层独立运行（具有现地操作和监控功能），也可由上位管理层（公用LCU系统）统一控制，公用LCU系统采用触摸屏对各个现地单元进行控制，用S7-300 PLC与各个LCU内的S7-200 PLC进行通信，如图4-4所示。

通信方式用PROFIBUS-DP现场总线的形式。S7-300 PLC还可通过串行口通信模块和工业以太网模块与水力发电站自动化监控系统通信。

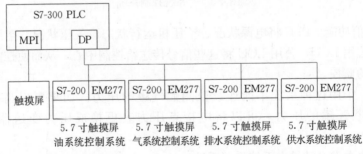

图4-4　水力发电站公用LCU控制系统

4.2.4　S7-300 PLC在变电站中的应用

随着电子技术和通信技术的飞速发展，变电站微机保护的成功改造，对直流系统的安全运行也提出了更高的要求。所以必须对直流系统进行改造和完善，向无人化监控管理发展，以达到减员增效和提高自动化管理水平的目的。

　　AEUD-WⅢ全自动智能免维护直流屏采用模块化设计、数字化控制，智能化程度高。该直流电源具有先进的系统监控功能，着重于电池在线管理、接线选线、"四遥"通信、报警显示和事故追忆等功能进行开发，使得系统的安全性、可靠性更高。

　　该系列全自动智能免维护直流屏采用西门子公司生产的 OP 170B 型人机界面，该监控模块具有结构紧凑、显示分辨率高、可靠性高、寿命长等优点。通过人机界面可以完成整流模块启用、充电状态显示、查看报警信息、手动电池巡检、绝缘监察、接地选线、报警试验、报警复位等直流屏的所有操作，并能显示直流屏的原理图及各个运行参数和各种故障信息。控制模块采用 S7-300 系列模块来进行数字和模拟信号的采集及输出。

　　（1）控制要求

　　① 整个系统实现了数字化控制，电压调节等都可由 PCC 通过软件实现，提高了系统运行的可靠性。

　　② 大屏幕液晶显示屏，汉字菜单驱动，在线帮助，操作简单方便。

　　③ 智能化的电池管理，主、浮充自动转换，手动和自动实时监控电池的状态。

　　④ 接地选线功能，实时监控母线和支路的绝缘状况。

　　⑤ 完善的报警处理及事故追忆功能，全面掌握系统的运行状态。

　　⑥ 完善的"四遥"功能，监控中心能够监控直流系统。

　　（2）硬件系统构成　　根据上述要求，有关单位研发了集中控制室直流控制系统。系统配置如下：

　　① PLC 的配置　　变电站直流监控系统的 PLC 采用西门子公司的 S7-300 系列模块，根据系统要求，PLC 总体配置如下：

　　a. 中央处理器（CPU）模块，选用 CPU314；

　　b. 数字量输入（DI）模块，选用 SM321，共 1 块（16 点/块），处理 4 点输入信号；

　　c. 数字量输出（DO）模块，选用 SM322，共 4 块（16 点/块），处理 56 点输出信号；

　　d. 模拟量输入（AI）模块，选用 SM331，共 1 块（8 点/块），处理 8 点输入信号；

　　e. 模拟量输入、输出（AI/AO）模块，选用 SM334，共 1 块（4 点入和 2 点出/块），处理 2 点输入和 2 点输出信号。

　　② 操作屏配置　　操作屏采用两个 OP 170B，一个安装在控制柜中，一个安装在监控中心中。

　　（3）监控系统软件　　变电站直流监控系统的软件主要有两部分：显示单元和软件单元。

　　① 显示单元　　操作屏采用工业级人机界面，主要完成下列任务：直流系统运

行监控、故障报警、记录和排除提示、参数设置、模拟键盘操作、数据记录处理、累计运行时间和控制。

显示单元包括主画面、电池巡检画面、电池线电压记录画面、绝缘监察、当前报警画面、历史报警画面、累计运行画面等。

② 控制软件单元 软件单元由系统时钟读取、整流器控制、电池巡检、绝缘监察、接地选线、限流电阻控制、累计运行时间、当前报警处理、历史报警信息处理、报警试验等程序构成。

a. 整流器控制。

给定延时。

```
A          "F1_k1"
AN         "F1_k2"
=          "DO_k1"
```

主充电机给定。

```
A          "DI_k1"
JNB        _001
CALL       FB21,DB21
_001:NOP   0
```

主充电机给定复位。

```
AN         "DI_k1"
AN         "DI_k2"
=          L0.0
A          L0.0
BLD        102
S          "float_charge"
A          L0.0
JNB        _004
L          0
T          "ug_hm0"
_004:NOP   0
A          L0.0
JNB        _005
L          0
T          "ug_hm1"
_005:NOP   0
JNB        _006
L          0
T          DB66.DBD 580
_006:NOP   0
```

主浮充转换。

```
A(
O              "DI_k1"
O              "DI_k2"
)
JNB            _003
CALL           FB20,DB20
_003:NOP       0
```

b. 巡检。

能够自动(每天定时)和手动进行电池巡检(部分程序)。

每天 10 点自动电池巡检。

```
A(
L              MW22
L              10
==I
)
FP             M15.2
AN             "scan_end"
S              "scan_start"
```

按下面板电池巡检键, 手动进行电池巡检。

```
A(
A              "F3_bat_scan"
FP             M15.3
O(
S              "F3_bat_scan"
FN             M15.4
)
)
AN             "scan_end"
S              "scan_start"
```

电池巡检开始。

```
A              "scan_start"
JNB            _001
CALL           FB23,DB23
_001:NOP       0
```

电池巡检开始, 画面转到电池巡检画面。

```
A              "scan_start"
FP             M17.4
JNB            _002
L              2
T              MW102
```

```
_002:NOP      0
```
电池巡检结束，复位电池组序号。
```
L             MW186
L             18
==1
=             L0.0
A             L0.0
JNB           _003
L             0
T             MW116
_003:NOP      0
A             L0.0
JNB           _004
L             DB65.DBW100
T             MW118
_004:NOP      0
A             L0.0
BLD           102
L             S5T#2S
SD            T51
```
电池巡检结束，置位电池巡检标志位。
```
A             T51
=             L0.0
A             L0.0
JNB           _005
L             0
T             MW186
_005:NOP      0
A             L0.0
BLD           102
S             "scan_end"
```
电池巡检结束后，进行过、欠电压判断。
```
A             "scan_end"
JNB           _006
CALL          FB24,DB24
_006:NOP      0
```
c. 绝缘监察及接地选线。

能够自动（每天定时）和手动进行绝缘监察及接地选线（部分程序）。

判断系统时钟是否为9点，若是，刚启动自动执行绝缘监察功能。

```
A (
L          MW22
L          9
==1
)
FP         M15.5
S          "auto_gnd_chk"
```

根据绝缘监察霍尔电压采样值与设定值的大小，判断是否出现不平衡接地，若出现，则启动。

```
AN         "gnd_chk"
=          L2.0
A          L2.0
A(
L          MW148
L          MW122
>1
)
FP         M15.6
S          "en_unbalance"
A          L2.0
A(
L          MW148
L          MW122
<=1
)
FP         M15.7
R          "en_unbalance"
```

使绝缘监察启动的3种条件中有任何一个满足要求，则开始绝缘监察。

```
A(
O          "auto_gnd_chk"
O(
A          "en_unbalance"
FP         M16.1
)
O(
A          "en_unbalance"
FN         M16.2
)
O(
A          "F4_gnd_chk"
```

```
FP              M16.3
)
O(
A               "F4_gnd_chk"
FN              M16.4
))
AN              "gnd_chk"
S               "en_chk"
```

进行绝缘监察时，进入绝缘监察画面。

```
A               "en_chk"
FP              M17.5
JNB             _001
L               4
T               MW102
_001:NOP        0
```

监察完毕，进行监察使能复位。

```
A               M17.0
R               "en_chk"
R               "gnd_chk"
```

监察完毕，进行对地电阻值、电压值记录及进行报警。

```
A               M17.0
JNB             _009
CALL            FB24,DB24
_009:NOP        0
```

d. 当前报警及历史报警信息处理（程序略）。

故障分类为两级：一般故障和致命故障。

一般故障包括：当发生此类故障时，仅声光预警，不中断当前操作。根据系统中产生的各种故障实施相关的故障声光报警和记录，此刻显示屏进入故障报警画面，显示故障内容、性质、时刻，按 ACK 解除声音报警，但故障显示仍然存在，直至解除故障。

致命故障包括：当发生此类故障时，将禁止所有控制输出，声光报警，在显示屏上显示故障类型、内容、时刻。只有在排除故障，按人工复位键后，系统才能恢复正常工作。

普通故障指示（K8）。

```
L               MW84
L               1
==1
=               M8.4
```

致命故障指示（K9）。

```
L        MW84
L        2
==1
=        M8.7
```

e. 显示画面及 LED 灯指示。

主充电机运行指示灯（F1）。

```
A        "DI_k1"
=        M6.0
=        M6.1
```

主充电机直流输出故障闪烁报警控制（故障）。

```
A(
O(
L        DB65.DBW202
L        1
==1
)
O(
L        DB65.DBW204
L        1
==1
)
)
JNB      _00f
L        1
T        MW52
_00f:NOP
```

蓄电池充电状态显示控制（主充）。

```
A        "DI_bat"
AN       "float_charge"
JNB      _019
L        1
T        MW68
_019:MOP 0
```

蓄电池充电状态显示控制（浮充）。

```
A        ""DI_bat"
AN       "float_charge"
JNB      _01a
L        2
T        MW68
```

_01a:NOP 0

4.2.5　S7-300在断路器极限电流测试系统中的应用

断路器极限电流测试系统通过工业 PC 的串行口实现与 S7-300 的 CP 340（RS-232C）模块通信，从而实现对系统的实时监控。

断路器是一种不仅可以接通和分断正常的负载电流和过负载电流，还可以接通和分断短路电流的开关电器。低压断路器在电路中除起控制作用外，还具有一定的保护功能，如过负载、短路、欠电压和漏电保护等。为了标定断路器极限电流这一指标使其满足出厂要求，每个产品必须经过极限电流测试系统的测定。基于这样的情况，某电气设备制造企业应用 IPC（工业 PC）结合 S7-300 PLC 来实现该测试系统。

（1）极限电流测试系统介绍

① 测试系统的框架　断路器极限电流测试系统的框架如图 4-5 所示。

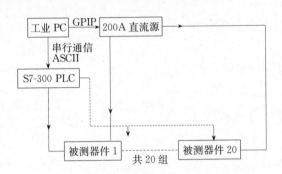

图 4-5　断路器极限电流测试系统的框架

系统的主控由 IPC 承担，其负责测试参数设定、产品型号的选择、测试信息的记录分析，S7-300 通过与 IPC 进行 ASCII 方式的通信，接收 IPC 的指令，操控系统的接触器、固态继电器等执行设备，同时将测试的信息返回给 IPC。为了给断路器测试提供工作环境，系统中采用电流源供电的方式。考虑到提高测试的效率，系统设计时为提供 20 路测试环境，20 组被测试设备可以串联同时进行测试，一旦其中的某一组或某几组在测试时跳闸，其旁路接触器和旁路固态继电器将立即接通，以保证串联电路中其他测试单元能正常供电。此处选择固态继电器和接触器并联，主要考虑回路在某组跳闸断开时能及时保护电流源，防止电流源开路使用。20 个单元也可通过 IPC 设定其中的前几线进行测试，在未设定范围工位处的接触器与固态继电器在测试开始时接通旁路，以便前面工位的测试，在串联回路中的接触器的旁路常开点并联使用考虑的是增加回路的电流容量。

② 系统自动化器件配置　断路器极限电流测试系统的自动化器件有：CPU315-

2DP 一台，AISM321（32 入）一块、DO SM 322（32 出 24V）两块、DO SM 322（16 出 230V）两块，CP 340 一块。

选型中考虑了以下因素：

a. 考虑与 IPC 进行 ASCII 通信，选用性价比较高的 CP 340（RS-232C）；

b. 考虑驱动接触器和固态继电器，所以输出模块选择两种方式，24V 晶体管输出驱动固态继电器，其工作速度比继电器要快得多，比较适合对固态的控制。

上位 IPC 采用 LabWindows 的开发环境，提供友好的信息交换画面和管理系统。

（2）串行通信的实现　断路器极限电流测试系统中，IPC 和 PLC 的信息交换至关重要，其好坏直接影响测试的性能和稳定性。此外 CP340 选用西门子提供的 RS-232C 模块，采用 ASCII 的协议，通信的设置为 9600、8、1、EVEN。PLC 与 PC 间采用异步串行方式进行通信，采用主从问答式。上位 PC 始终具有初始传送优先权，所有的通信均由 IPC 来启动。PLC 调用 FB2、FB3 功能块，实现接收和发送功能，协议的格式主要分为以下四类：

① 写命令（共 9 个字节）。

PC："#"（Head 1 字节）＋"W"（类型 1 字节）＋起始地址（2 字节）＋数据（4 字节）＋校验和（累加和）。

PLC：收到命令且校验和正确，原封不动返回接收的全部 9 个字节。

命令 1：PC："#W" 0x1fff0xffff＋0x000f＋Check_sum；表示 0～19 号接触器全存在。

命令 2：PC："#W" 0x10ff 0xffff＋0xffff＋Check_sum；开始测试。

命令 3：PC："#W" 0x10f5 0xffff＋0xffff＋Check_sum；停止测试。

……

② 读命令（共 9 个字节）。

PC："#"（Head1 字节）＋"R"（类型 1 字节）＋起始地址（2 字节）＋0x00000000（4 字节）校验和（累加和）。

PLC：收到命令且校验和正确，返回 0～19 号接触器的状态。"1"：闭；"0"：开。

命令 1：PC："#R" 0x2fff 0x0000＋0x0000＋Check_sum；表示读取 0～19 号接触器的状态。

PLC 返回："#R" 0x1fff 0xffff＋0x000f＋Check_sum；表示 0～19 号接触器全部闭合。

PLC 返回："#R" 0xffff 0x0000＋0x1000＋Check_sum；表示 PC 命令错误。

在协议中作了以下规定：

a. 以 "#" 作为起始字符，占用一个字符；

b. 通信类型由 "W" 和 "R" 区分；

c. 整个命令采用和校验的方式，每次将校验和放在最后一个字节；

d. 在测试时，不一定要 20 个测试断路器全部存在，如不存在，必须将旁路接触器（固态继电器）接通，否则不能正常工作，在命令 1 中可以设定 0~19 号接触器的存在情况，"0xffff＋0x000f"表示 0~19 号被测断路器全部存在，这样的表示方法给 PLC 处理带来了较大的方便。在程序中，将 4 个字节存入 MW 中，命令中的 5 个十六进制"f"（对应二进制 20 个"1"）可以分配到每一位，"1"表示被测断路器存在，"0"表示不存在。

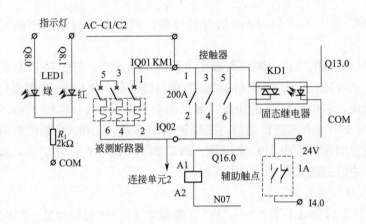

图 4-6   测试系统的每路测试单元的结构

（3）控制系统完成的功能   测试系统的每路测试单元的结构相同，如图 4-6 所示，左边为每路的指示灯，正常工作时为绿色，跳闸则为红色，Q8.0~Q12.7 未选中则都不显示。右边分别为被测断路器、旁路接触器（Q16.0~Q18.3）、旁路固态继电器（Q13.0~Q15.3）。辅助触点被测断路器用来检测当前断路器的闭合还是断开（I4.0~I6.3）。灯、接触器、继电器、辅助输入的地址依次逐渐增加，在程序中我们考虑用循环加上间接寻址的方法来实现，如下所示：

```
L    ＋20
T    MB0    //循环次数
L    2#0000_0000_005_0000（I4.0）     //辅助输入起始地址
T    MD2
L    2#0000_0000_005_0000（Q8.0）     //输出绿灯起始地址
T    MD6
L    2#0000_0000_005_0001（Q8.1）     //输出红灯起始地址
T    MD10
L    2#0000_0000_005_0000（Q13.0）    //输出接触器起始地址
T    MD14
L    2#0000_0000_005_0000（Q16.0）    //输出固态继电器起始地址
T    MD18
```

① 根据 IPC 设定的断路器辅助常闭/辅助常开及当前的输入 I4.0（MD2）判断断路器的通断情况，并处理相应的旁路接触器 Q13.0（MD14）、固态继电器 Q13.0（MD18）、红灯 Q8.1（MD10）、绿灯 Q8.0（MD6）等。

② 相应的指针增加。

```
L      MD2
INC    1
T      MD2      //辅助输入地址加 1
L      MD6
INC    2
T      MD6      //绿灯输出地址加 2
L      MD10
INC    2
T      MD10     //红灯输出地址加 2
L      MD14
INC    1
T      MD14     //控制接触器输出地址加 1
L      MD18
INC    1
T      MD18     //控制固态继电器输出地址加 1
L      MB0
LOOP   NEXT     //20 组做完吗？
…………
```

应用了此结构后各程序变得非常简洁，调试非常方便，一旦某一功能改变，修改非常方便，如果用实际地址的话，每组的相应的地方都得改。

4.2.6　S7-300 PLC 与 DCS 串行通信在 DH 电站中的应用

随着 PLC 和 DCS 生产厂家在通信软件上的日趋完善以及电力工程在设备招投标力度上的加强，设备成套厂家大力推荐使用串口通信作为 PLC 和 DCS 之间的信号连接。本节以 DH 电站一期 2×600MW 机组项目中锅炉等离子点火系统使用的西门子 S7-300 PLC（CP341 通信卡件）与西门子 DCS 控制系统 TELEPERM XP（CM104 通信模块）间的通信为例，介绍实施 MODBUS RS-232C/RS-485 通信的具体步骤，并对系统的硬件配置、连接、软件组态进行描述。

（1）系统连接　TELEPERM XP 配置的模块通信处理器 CM104 作为"主站"（MASTER），MODBUS 协议，并提供 6 个 9 针 RS-232C 串行接口（Serial3-Serial8），由于通信距离超过 15m，在 S7-300 PLC 的配置中与 DCS 的通信卡选用 CP341-RS-422/485 卡件作为"从站"（SLAVE），该卡件提供一个 15 针串行接口，同样 MODBUS 协议。设计中使用了 PHOENIX 公司的 PSM-EG-RS-

232C/RS-485-P/ZD 模块作为 RS-232C 转为 RS-485 接口的适配器，如图 4-7 所示。

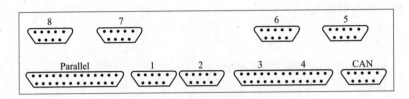

图 4-7　CM104 结构及各端口定义

适配器内部跳线设置：RS-485 BUS_END 为 ON，DIE/DCE 选择为 DCE，即数据电路始终接设备方。CM 104 与适配器间使用标准 9 针串口线连接，CP341 与适配器之间进行 RS-485 通信时，选用 2 芯屏蔽电缆，接线如图 4-8 所示。

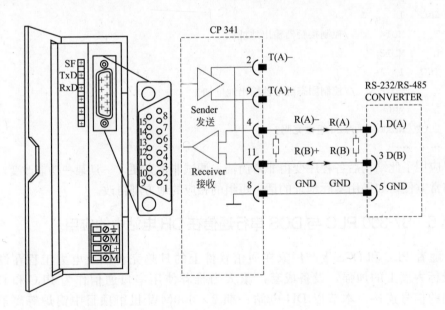

图 4-8　CP341 通过接口适配器进行 RS-485 通信的接线图

（2）CP341 模块应用简述　CP341 是西门子 S7-300 系列点到点的通信模块，共硬件接口可以采用 RS-232、TTY、RS-422/RS-485（X27）方式；软件协议有 MODBUS、3964（R）、R512K 和 ASCII。本工程中应用了 MODBUS SLAVE 协议。

MODBUS 通信协议是一种工业现场总线通信协议，遵从主/从模式，由主站发出请求后，从站应答请求数据，数据应答的内容依据功能码进行响应。表 4-2 是 CP341 应用的功能码所对应的数据类型。

表 4-2　CP341 应用的功能码所对应的数据类型

功能码	数据	数据类型		存取	地址
01,05,15	线圈(输出)状态	位	输出	读/写	0xxxx
02	输出状态	位	输入	只读	1xxxx
03,06,16	保持寄存器	16 位寄存器	输出寄存器	读/写	3xxxx

CP341 MODBUS 协议通信是通过 SIMATIC Manager STEP7 编程软件利用库函数 FB7（P-RCV-RK）和 FB8（P-SND-RK）功能块进行发送/读取数据操作，它们均通过组态数据库的方法进行发送源信息和接收目的数据的组态，请求信息时，从源数据库读取相应字段然后发送。接收信息是根据发送的内容进行对应字段数据的存储。对 P-RCV-RK 功能块，主要参数为 BD-No（数据库号）、Dbb-No（目标数据起始地址），对 P-SND-RK 功能块，主要参数为 BD-No（源数据库号）、Dbb-No（源数据起始地址）、LEN（发送数据字节长）。值得注意的是，在 P-RCV-RK 出现的数据字段中并未包含从站地址、功能码字节，而仅仅是数据内容，因此程序中不能依据从站地址、功能码值去判定响应数据的种类。然而，CP341 却规定了在给定的时间内仅允许一个 P-SND-RK 和一个 P-RCV-RK 能在用户程序里被访问，这就意味着它们在程序中已经形成一一对应的关系。

（3）软件组态

① PLC 软件编程

a. CP341 的编程。首先应保证 STEP7 编程工具运行正常，在 STEP7 的 SIMATIC 管理器下，通过 "File"—"Open"—"Project" 进入 "Project"，再双击 "CP341 Protocol3964" 以打开 S7 编程器，在编程器中双击 "Blocks" 库，然后把所有的 "Blocks" 拷贝到 SIMATIC300 → STATION → CPU300/400 → S7 PROGRAM→BLOCKS 中。各 "Blocks" 定义如下：

```
FC21          FC with SEND
FC22          FC WITH RECEIVE
DB21,DB22     Instance DBs for the standard FBs
DB40,DB41     Work DBs for the standard FBs
DB42          The source DB for send
DB43          The destination DB for received data
OB1           Cuclie OB
OB100         Restart(warm start)OB
VAT1          Variables table
FB7,FB8       Standard FBs for RECEIVE,SEND
SFC 58,59     SFCs for the standard FBs
```

对 "Blocks" 编程后，将 CPU 置于 "RUN" 位置，CP341 即可进行串口的通信。

b. 通信参数的编程。

Modbus Slave Address：1

Port：RS485

Baud rate：19200

Date Bits：8

Parity：None

② CM104 软件组态　对 CM104 的控制组态包括硬件组态及各类输入输出组态，在此不做介绍。而通信参数的组态主要是通过其编程接口 Serial 1 写入 CM．INI 文件，共涉及 14 个组态项目，有些是常规的组态项目，可以是系统的缺省值。以下是必须要完成的组态项目：

```
:Modbus Master on(Serial5)
[Modbus Master-3]
PortAdr=0x380
Irq=5
Baudrate=19200
Parity=NONE
StopBits=1
Data Bits=8
RCS-Offse1=-1: Modifier for addresses related to function code 1(read coil
               status)
RIS-Offse1=-1: Modifier for addresses related to function code 1(read
               input status)
RHR-Offse1=-1: Modifier for addresses related to function code 3(read
               holding register)
RIR-Offse1=-1: Modifier for addresses related to function code 4(read
               input register)
FSC-Offse1=-1: Modifier for addresses related to function code 5(force
               single coil)
PSR-Offse1=-1: Modifier for addresses related to function code 6(preset
               single register)
RtsCts=1
Delay=200
Timeout=1000
Dummys=5
```

（4）实施过程中的注意事项　当连接和组态工作正确无误后，PLC 和 DCS 会进入正常的数据通信状态，这可以从卡件的状态灯上反映出来。

CP341 上有 3 个状态指示灯，分别是：SF（RED）表示错误状态；TxD（GREEN）表示数据在传送；RxD（GREEN）表示数据在接收。通信正常时为 TxD 和 RxD 状态灯交替闪烁。

SM104 上的状态指示灯分别为：POWER（ORANGE）表示 CM104 已经供电；RESETR（RED）表示复位；HDD（GREEN）表示启动时对内部存储器的读写；SCSI（GERRN）表示外接 SCSI 设备后的状态；LAN（GREEN）表示与 TXP 总线的连接状态，正常时为绿色冷淡闪烁；LAN100（GREEN）表示连接速率；USER1（GREEN）表示与 TXP 通信的状态，正常时为无显示；USER2（GREEN）表示与第三方设备通信的状态，正常时为无显示。

PHOENIX 接口适配器上有两个灯，分别是：CTS（ORANGE）表示数据在传送；RTS（GREEN）表示数据在接收。通信正常时为 CTS 和 RTS 状态灯交替闪烁。

当通信不正常时，卡件的状态指示灯立即显示错误状态。此时应先检查硬件错误再检查软件错误，如通过软件组态功能块的诊断信息来查找故障原因。在软件编程方面，要注意以下两点：要确保 PLC 和 DCS 的通信速率一致，建议使用 9600 或 19200 的速率，而且最好不要增加奇偶校验；要保证通信数据地址的有效性，地址的偏置可以在 CM104 中设置。

在硬件方面，要注意以下方面：要确保使用屏蔽的 ITP 电缆；同时要注意在接线时一定要正端连接正端，不要接反。

4.2.7　基于 PCS7 的水箱液位控制系统实例

本例是采用 PCS7 高级过程控制系统来控制水箱液位系统。要求建立一个 CFC 对象，并根据硬件系统要求读入模拟量（水箱液位值），通过压力变送器来检测液位值，以电动调节阀作为执行机构，经过 PID 控制，给出控制量使水箱液位达到给定值。

（1）系统组成与功能　水箱液位系统由电动调节阀、水箱和压力变送器模块组成。电动调节阀用于调节水箱的进水量大小。压力变送器用于检测水箱中的水量，控制器的输出量用于控制电动调节阀的开度。水箱液位系统的结构如图 4-9 所示。

液位变送器采用工业用的扩散硅变送器，含不锈钢隔离膜片，同时采用信号隔离技术，对传感器温度漂移跟随补偿。压力传感器用来对水箱的液位进行检测，变送器为二线制，故工作时需串接 24V DC 电源。

采用 Honeywell 智能电动调节阀，用来进行控制回路流量的调节。电动调节阀型号为 ML7420A3055-E，具有精度高、技术先进、体积小、重量轻、推动力大、功能强、控制单元与电动执行机构一体化、可靠性高、操作方便等优点。控制信号为 4～20mA DC，输出 4～20mA DC 的阀位信号，使用和校正非常方便。

（2）程序设计　有两种方法可以实现水箱液位的定值控制，主要是对 PID 算法的编写和 P、I、D 三个参数值的调节，采用 SCL 语言编写增量式 PID 模块。

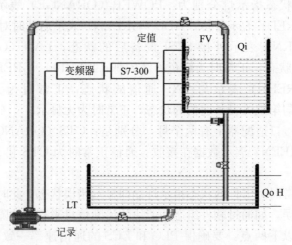

图 4-9　水箱液位系统结构图

(3) 采用 SCL 编写 PID 模块　采用 SCL 编写的增量式 PID 程序如下：

```
FUNSTION_BLOCK FB605              //FB605 位模块的名字
VAR_TEMP                         //临时变量定义区
//Temporary Variables
xp:REAL;
xi:REAL;
xd:REAL;
outtemp1:REAL;
END_VAR                          //静态变量定义区
VAR
  //Static Variebles
  error:REAL;                    //当前的误差值
  error_1:REAL:＝0;              //上一时刻的误差值
  error_2:REAL:＝0;              //上上时刻的误差值
  outtemp2:REAL:＝0;
END-VAR
VAR_INFUT                        //模块的输入量
water_level_actual:REAL;
 End_VAR
 VAR_OUTPUT                      //模块的输出量
output:REAL;
END-VAR
error:＝setval_watrer_level_actual; //设定值减去实际值为误差值
xp:＝error_error_1;
xi:＝error;
```

```
xd:=error_2*error_1+error_2;
outtemp1:=kp*xp+ki*xi+kd*xd;
outtemp2:=outtemp2+outtemp1;
IF outtemp2<0 TREN
  outtemp2:=0
END-IF;
IF outtemp2>100 TREN
outtemp2=100;
END=IF;
output:=outtemp2;
error_1:=error;
error_2:=error_1;
END-FUNCTION-BLOCK
```

将新建的 FB605 块创建到自己建立的目录 NEW-PID，便于查找，在 CFC 中的 NEW-PID 中即可找到 FB605，调用 FB605 模块，并调用 CH-AI、CH-AO 模块，调试方法与采用库中现有的 PID 模块调试方法类似，只是 P、I、D 参数调节有所差异，不再赘述。

第5章 ‹‹‹

S7-300 PLC故障诊断及处理方法

5.1 PLC 硬件故障与维修方法

（1）PLC 硬件故障　PLC 工作的现场工作环境恶劣，干扰源众多，如大功率用电设备的启动或停止引起电网电压的波动形成低频干扰，电焊机、电火花加工机床、电机的电刷等通过电磁耦合产生的工频干扰等，都会影响 PLC 的正常工作。为了确保整个系统稳定可靠，应当尽量使 PLC 有良好的工作环境条件，并采取必要的抗干扰措施。

在 PLC 硬件故障的检修过程中，要在大量的组件和线路中迅速、准确地找出故障是不容易的。一般故障诊断过程是从故障现象出发，通过反复测试，在综合分析的基础上做出判断，逐步找出故障。

对于使用一段时间后的 PLC 控制系统出现的故障，故障原因可能是元器件损坏，外部接线发生短路或断路或使用条件发生变化（如电网电压波动，过冷或过热的工作环境等）而影响 PLC 的正常运行。对于新购买第一次使用的 PLC 来说，故障原因就是：PLC 在运输过程中，因振动等因素引起 PLC 内的插件松动或脱落，连线发生短路或断路等。在 PLC 仓储过程中，由于 PLC 内元器件或电路板受潮等因素引起的元器件失效，或因使用人员未按 PLC 的使用操作步骤操作而导致的故障，也有因 PLC 在出厂前装配和调试时，部分存在质量问题的元器件未能检出，而影响 PLC 的正常运行。PLC 控制系统的故障无论是发生在外部线路或外部器件上，还是发生在 PLC 模块内，一般都是由短路或断路的原因引起，其现象与产生的原因有：

① 短路故障。当电路局部短路时负载因短路而失效，这条负载线路的电阻小，而产生极大的短路电流，导致电源过载，导线绝缘烧坏，严重时还会引起火灾，如电源"＋"、"－"极的两根导线直接接通；电源未经过负载直接接通；绝缘导线被

破坏，并相互接触造成短路；接线螺钉松脱造成与线头相碰；接线时不慎，使两线头相碰；导线头碰触金属部分等。

② 断路故障。对于断路的电路，在电路断点处没有电源，所以在电源到负载的电路中某一点中断时，电流不通。故障原因有线路折断、导线连接端松脱、接触不良等。

（2）PLC故障的诊断总的法则　对于PLC系统的故障检测法：一摸、二看、三闻、四听、五按迹寻踪法、六替换法。一摸，查CPU的温度高不高，CPU正常运行温度不超过60℃，因手能接受的温度为人体温度（37～38℃），手感为宜；二看，看各板上的各模块指示灯是否正常；三闻，闻有没有异味，电子元件或线缆有无烧毁；四听，听有无异动，螺钉松动，继电器正常工作与否，听现场工作人员反映情况；五出现故障根据图纸和工艺流程来寻找故障所在地；六对不确定的部位进行部件替换来确定故障。具体步骤是：当PLC的软件不正常时，主要看CPU的RUN状态是否正常，不正常则进行CPU清除后重新下载控制程序。当PLC硬件不正常时则要按以下顺序进行检查工作。

① 查看PLC电源是否有电。

② 了解过CPU工作模式及优先级。

③ 进行各个主板和扩展板上的通信电缆检查和各模块各LED灯的检查，看是否有坏模块出现fault灯亮，若有则该模块不正常。对于数字量输出模块上各点，其实与现实生活上的电灯开关是一样的功能且为常开点，所以在线检修该模块的任一点时，只要在无接线时且该地址在控制程序不给输出信号时来检测其通不通就可以了，若通，则该点不正常，不通则正常。不正常时要进行硬件连接线的另选点重接工作，另外也可以用新模块进行更换后，对替换下来的模块的点进行测量断状态，通，则该点坏，不通该点为好。对于数字量输入模块的点相当于导通的线圈，为常闭状态，它可以在线或下线检测，用表检测，若是坏点的话则是不通的状态，则换点重接线，若是好点则为通状态．只要对硬件接线重新换点重接后均要用相应编程软件对控制软件进行OX和1X地址替换工作。对于模拟量输入模块是与数字量输入模块相同，每个通道都相当于一根导线形式，也就是说相当于常闭点，所以检测通道好坏的方法为用表的测通断功能来检测，当通状态时为好，断状态时为坏通道；模拟量输出模块的检测方法与数字量输出模块相同，若坏通道则对硬件接线需要更换通道并同时替换控制程序中的相应3X或4X地址；另外对于模拟量模块则要进行量程块的选择的检查，保险丝是否断开的检查等工作，软件配置是否正常，一般为电压1～5V或电流4～20mA，这根据所用的传感器与智能转换器类型来选择。进行过硬件点或通道更换工作后条件允许的话均要STOP PLC的CPU，再重新下载程序，若条件不允许则直接用更新变化来下载变化的程序而不停CPU。对于不用的输入模块的好通道/好点与最后一个已用的好通道/好点进行串联或在软件中进行特别设置。

④ 对大量输出模块的板子上的电源模块在正常生产状态时是不能断电的，

因为此时断电的话，将使继电器柜中的常开继电器变为常开状态，容易发生错误，因此要对此类的输出模块进行检测时，要与现场操作人员进行联系，进行该部分相关设备进行手动操作后，再撤去数字量输出模块的供电线后对模块测点工作。

⑤ 各类开关类的检测工作，如继电器、接近开关空气开关等器件的检测工作，是根据开关的类型是常闭型还是常开型来区分，用表来检测其通与不通的状态，其状态与好器件状态相反，则该器件坏了，更换之，对于电路大部情况利用常开型，它们是用来人工控制或自动控制电流的接通与断开的；对于常闭型主要用在保护电路中。借此可以知道开关类和保护类器件的正常状态为如何而正常识别器件的好坏。

⑥ 通信模块的检测。利用好的、新的通信模块进行替换来识别板上的正在使用的模块是否正常。

⑦ 导线的测量方法。导线也是通过检测通断方法进行的。可以利用已知通的导线来检测好坏未知的导线，方法是将好的导线与未知导线连接起来后测通断状态。

⑧ 电阻检测。带电状态时检测电压，不带电时检测相应的电阻。

5.2 PLC 故障类型和故障诊断技术

5.2.1 PLC 故障类型及故障信息

(1) PLC 故障类型 PLC 是由众多半导体电子元件、集成电路、电力电子元件和电气元件组成的复杂装置，结构多采用单元化或模块化形式。由于 PLC 电路板多采用 SMT 表面贴装技术，在 PLC 故障诊断中，因检测仪器、技术资料及技术水平等因素，在工程上一般只限于根据故障情况找出故障的单元或模块，即只作单元级或板级检查维修。尽管 PLC 已采用多种新型部件和优化结构，但从目前的元器件技术水平和经济性考虑，仍不可避免采用寿命相对较短的零部件，与此同时，还不排除零部件受到安装环境的影响，其寿命可能比预期的设计寿命要短。

PLC 控制系统的硬件包括电源模块、CPU 模块、功能模块、I/O 模块、现场输入输出元件，以及一些导线、接线端子及接线盒组成，现场输入元件主要有行程开关、按钮开关及中间继电器输出触点等，现场输出元件主要有继电器、电磁阀、接触器和电动机等。硬件部分常见故障有元器件损伤和接线松动。

PLC 控制系统故障一般指整个生产控制系统失效的总和，它又可分为 PLC 故障和现场生产控制设备故障两部分。现场生产控制设备故障等引发 PLC 控制系统故障，可能会使整个系统停机，甚至烧坏 PLC。PLC 的结构形式与微机基本相同，由中央处理单元 CPU/存储器、输入输出 I/O 模块及编程器等组成。

一般 PLC 的故障主要有外部故障或是内部错误造成，外部故障是由外部传感器或执行机构的故障等引发 PLC 产生故障，可能会使整个系统停机，甚至烧坏 PLC，而内部错误是 PLC 内部的功能性错误或编程错误造成的，可以使系统停机。对于大多数错误，如果没有给组织块编程，出现错误时 CPU 将进入 STOP 模式。PLC 故障按应用分为硬件和软件部分，因此 PLC 故障也可分为软件故障和硬件故障两大类，其中硬件部分故障占到80％以上。

由于 PLC 本身可靠性较高，并且具有自诊断功能，通过自诊断程序可以非常方便地找出故障的部件，而大量的工程实践表明，现场生产控制设备故障发生率远高于 PLC 自身的故障率。据资料统计，在 PLC 的控制系统中的故障分布情况是：CPU 单元故障占 5％；单元故障占 15％；系统布线故障占 5％；输出设备故障占30％；输入设备故障占 45％。PLC 控制系统的 20％ 故障是由恶劣环境造成的，80％ 故障是用户使用不当造成的。

PLC 控制系统的故障类型可分为以下几种：

① 状态矛盾。如出现接近开关的常开和常闭信号同为"1"时，说明接近开关失电产生故障信息，类似的还有电机的正转和反转信号，行程开关的常开和常闭信号等均不能同时出现。

② 动作联锁条件故障。为保证特定设备的正常运行或执行机构的正确动作，一般需要提供动作的联锁条件，比如安全开关、设备就绪，其他动作到位等。一旦其中一项不满足且设备或执行机构的启动命令发出时，系统会显示联锁条件故障。

③ 动作不到位或命令发出后未动作。在设备运行和执行机构动作的命令发出后，为检测其动作的有效性和准确率，常需要设置一定的时间延迟来判断动作的执行情况。对于动作不到位的检测，需要在动作执行末端或执行的结果上加上检测开关（如行程开关、感应开关、流量开关、红外开关等）；对于未动作检测，则需要在执行前端或执行的结果上加上检测开关。

④ 分步控制出错。在实际的设备运行中经常需要分步控制以实现自动化的要求，因此发现分步控制中的错误并将该出错的分步显示出来，便于系统的安全运行，这就是分步控制出错诊断。

例如，某自动过程启动后，有 3 个分步动作，在启动命令信号发出后，先执行分步 1 动作，然后对该动作的结果进行判断，如正确继续进入分步 2 动作，不正确则退出该自动过程，同时显示故障信息（分步 1 动作不充分）。分步 2、3 动作的原理同分步 1，待全部正确结束后才输出完成信号。

⑤ 通信控制故障。在 PLC 控制系统的设计中常会涉及到与外围设备的通信，进行数据传递和交换。为确保该通信控制模块被正确调用和实时联系，需要在其中放置一计数器，每执行该通信模块就累加一次，并将该累加值存储在 PLC 的数据

块中，当诊断程序在特定的时间内（根据不同的程序块，时间设定也不同）检测不到累加值的变化，就发出故障信息（通信出错）。

（2）PLC的故障信息　将PLC控制系统的故障信息及时显示出来并报警，有利于检修时迅速找到故障点并展开故障处理工作；将故障信息存档则有利于系统的长期维护。PLC系统的故障信息一般存储在数据块（DATA BLOCK）中，通过增加外设来与此进行通信或数据交换，通常情况下可采用以下几种。

① 直接利用PLC的CPU上的RS-232C、RS-422A、RS-485标准接口，直接编程与普通工业PC的串行口（COM1、COM12）通信，并安装"组态王"等应用软件。组态王目前的版本具有双机热备功能、加快OPC通信速度、报警组从32个增加到512个等优点，其报警历史数据可与EXCEL通信，非常适合管控一体化。

② 直接利用PLC的编程口或在PLC系统中增加一块通信卡，与触摸屏或文本显示器连接。它的优点是具有报警列表功能，逐行实时显示当前报警信息。

③ 在PLC系统中直接加入一块PC兼容卡，它能通过总线直接读取数据块并存储在硬盘中。PC兼容卡不仅有工业PC机的各个特点，还能通过该卡上的鼠标、键盘和显示器VGA接口直接进行操作、显示。

根据故障信息进行归类，按故障的严重性分为严重出错（FAULT）、故障报警（ALARM）、一般信息（MESSAGE）三类，并用不同的颜色进行标注，如为红色、黄色、绿色；按故障的来源分为电气单元（E）、仪表单元（I）、机械单元（M）和工艺单元（T）。故障信息的存档按照时间序列先进先出（FIFO）原理放置于常用的数据库中，如EXCEL、ACCESS等。PLC故障信息分为以下几级。

① 一级故障。可能产生更严重后果的故障，要求系统立即停机，并发出声光报警信息。当故障检测软件检测到一级故障时，由故障处理模块直接控制PLC输出端口的状态。

② 二级故障。可能对控制过程产生影响，软件无法进行自纠正的故障，控制程序将转入暂停，各输出端口置为初始状态，并发出声光报警信息，故障处理后，再继续执行程序。

③ 三级故障。对控制过程不立即产生影响，由故障处理程序进行自纠正处理，并通过信号输出模块屏蔽错误信号，同时发出声光报警信息。经过一段时间后，如故障仍然存在，则故障升级。

（3）PLC控制系统易发生故障部分　PLC控制系统易发生故障的部分有以下几个：

① 电源系统和通信网络系统　PLC控制系统最容易发生故障的地方一般在电源系统和通信网络系统。电源模块在连续工作中，电压和电流的波动冲击是不可避免的，通信及网络受外部干扰的可能性大，外部环境是造成通信外部设备故障的最大因素之一。系统总线的损坏主要是由于现在的PLC多为插件结构，长期使用插

拔模块会导致局部印刷板或底板、接插件接口等处的损坏，在空气温度变化，湿度变化的影响下，总线的塑料老化、印刷线路的老化、接触点的氧化等都是系统总线损坏的原因。所以在系统设计和处理系统故障的时候要考虑到空气、尘埃、紫外线等因素对 PLC 的损坏。

目前 PLC 的主存储器大多采用可擦写 ROM，其使用寿命除了主要与制作工艺相关外，还和底板的供电、CPU 模块工艺水平有关。而 PLC 的中央处理器目前都采用高性能的处理芯片，故障率已经大大下降。对于 PLC 主机系统故障的预防及处理主要是提高集中的控制室的管理水平，加装降温措施，定期除尘，使 PLC 的外部环境符合其安装运行要求；同时在系统维修时，严格按照操作规程进行操作，谨防人为的对主机系统造成损害。

② PLC 的 I/O 端口　PLC 的技术优势在于其 I/O 端口，在主机系统的技术水平相差无几的情况下，I/O 模块是体现 PLC 性能的关键部件，因此它也是 PLC 损坏中的突出环节。要减少 I/O 模块的故障就要减少外部各种干扰对其影响，首先要按照其使用的要求进行使用，不可随意减少其外部保护设备，其次分析主要的干扰因素，对主要干扰源要进行隔离或处理。

③ 现场控制设备　在整个 PLC 控制系统中最容易发生故障的器件是处于现场的检测、执行器件，对处于现场的检测、执行器件按其发生故障的概率可分为以下几类：

a. 继电器、接触器故障。因在 PLC 控制系统的日常维护中，电气备件消耗量最大的为各类继电器或接触器。主要原因除产品本身质量外，就是现场环境比较恶劣、继电器、接触器触点易打火或氧化，然后发热变形直至不能使用。所以减少此类故障应尽量选用高性能继电器、接触器，改善元器件使用环境以减少其更换的频率，而减少其对系统运行的影响。

b. 电动或电磁阀门或电动闸板故障，因为这类设备为关键执行部件，相对的位移一般较大，或要经过电气转换等几个步骤才能完成阀门或闸板的位置转换，或利用电动执行机构推拉阀门或闸板的位置转换，机械、电气、液压等各环节稍有不到位就会产生误差或故障，长期使用缺乏维护而使机械、电气失灵是故障产生的主要原因，因此在系统运行时要加强对此类设备的巡检，发现问题及时处理。对此类设备建立了严格的检查制度，经常检查阀门是否变形，执行机械是否灵活可用，控制器是否有效等，是保证整个 PLC 控制系统有效性的基础。

c. 限位器件、安全保护装置故障。其原因是因为长期磨损，或长期不用而锈蚀老化。若现场粉尘较大，导致接近开关触点出现变形、氧化、粉尘堵塞等，从而导致触点接触不好或机构动作不灵敏。对于这类设备故障的处理主要体现在定期维护，使设备时刻处于完好状态。对于限位开关尤其是重型设备上的限位开关除了定期检修外，还要在设计的过程中加入多重的保护措施。

d. PLC 系统中的子设备故障（如接线盒、线端子、螺栓螺母）。这类故障产生的原因除了设备本身的制作工艺原因外还和安装工艺有关，根据工程经验，这类故障一般是很难发现和维修的，所以在设备的安装和维修中一定要按照安装要求的安装工艺进行，不留设备隐患。

e. 传感器和仪表故障。这类故障在控制系统中一般反映为信号不正常，这类设备安装时信号线的屏蔽层应单端可靠接地，并尽量与动力电缆分开敷设，特别是高干扰的输入信号要在 PLC 内部进行软件滤波。这类故障的发现及处理也和日常点巡检有关，发现问题应及时处理。

f. 电源、地线和信号线的噪声（干扰）。其主要取决于工程设地和工程施工，在运行后改造投入较大但效果很难获得最佳。

5.2.2 PLC 故障的自动检测及自检程序

（1）PLC 故障的自动检测　为了提高 PLC 控制系统的可靠性，在硬件设计的基础上，通过故障自动检测和故障处理软件的设计，实现 PLC 控制系统对故障的自检测和自处理，其工作流程包括 3 个步骤：

① PLC 的功能自检，通过运行系统功能自检程序，由操作人员进行配合和观察，对 PLC 的功能进行全面检查。

② 对故障的动态检测，在程序的运行过程中，同时支行故障自动检测程序，对可能发生的各类故障进行实时检测和动态跟踪。

③ 对故障的处理，软件对检测到的各类故障信息进行分类处理，尽可能避免和减少故障带来的影响。

（2）PLC 自检程序　PLC 控制系统联机工作前，对 PLC 进行全面的功能自检可以及时发现和排除故障，消除事故隐患。为了能够方便、准确和全面地实现PLC 功能自检，设计的自检程序应包括：

① 指示灯测试：进入 PLC 自检状态后，首先调用指示灯测试子程序，通过此项测试，可以检查 PLC 软件的启动、运行是否正常，同时判断各指示灯及其回路是否存在故障。

② 控制开关测试：指示灯测试通过后，自检程序转入控制开关测试子程序。此时，操作人员依次按下或接通控制面板上各按钮开关，测试子程序对各按钮开关及输入回路是否正常进行判断。

③ 反馈信号回路测试：完成控制面板功能测试后，通过输入输出等效器，由自检程序进行反馈信号回路测试。

④ 控制信号回路测试：进入控制信号回路测试子程序后，PLC 为各输出端口输出相应的信号，对控制信号输出回路进行测试。

⑤ 控制程序测试：在各输入输出组件和回路测试完成后，自检程序调用实际的控制程序，在不进行实际输出的情况下，验证控制程序的正确性。

（3）故障检测程序　大量的工程实践说明，PLC 外部的输入、输出元件的故障率远远超过 PLC 本身的故障率，且这些元件出现故障时，PLC 不会自动停机。因此，要提高整个系统的可靠性，除在硬件上采取措施外，还需要在软件中增加故障检测程序的设计。常用的设计方法有以下几种：

① 直接检测法　通过检测被控制设备或元器件的逻辑状态（工作状态），直接通过某种方式显示出来的方法。例如多功能行车上总电源、行车行走电源、主小车电源、副小车电源通断等的检测及显示，热继电器、熔断器工作状态的检测与显示等，此方法比较简单，可以通过元器件上多余的辅助触点和简单的编程来实现。

② 逻辑错误故障检测诊断法　在 PLC 控制系统正常的情况下，各输入、输出信号和中间记忆装置之间存在着确定的逻辑关系，一旦出现异常逻辑关系，必定是 PLC 控制系统出了故障。因此，可以事先编制好一些常见故障的异常逻辑程序加进用户程序中。一旦这些常见的逻辑关系的运算结果为 1（ON）状态时，就应按故障处理，例如 A、B 两地的限位开关的逻辑状态正常工作时不能同时为 ON，若在工作中出现同时为 ON 的状态，说明至少有一个限位开关卡死，另外正反转启动按钮也不能同时为 ON，否则说明至少有一个启动按钮出现了故障；再比如控制电动机正反转的两个交流接触器的常开触点也不能同时为 ON 状态，否则说明至少有一个交流接触器有问题，当这些常见故障的逻辑关系为 ON 时，都应触发故障信号进行报警，点亮故障指示灯，并立即停止系统的运行，维修人员可以根据指示灯的闪烁读出对应故障代码，通过使用说明书迅速找出故障的部位，及时排除故障，使系统尽快恢复工作。

③ 时间故障检测法　机械设备各工步动作的时间基本上是固定不变的，即使变化也不会太大，利用这一时间范围来检测故障就是时间限值判别法。在控制系统工作中，各工步的运行有严格的时间规定，以这些时间为参数，当外部执行元件开始一个动作时，在要检测的工步动作开始的同时，可同时触发一个定时器，此时定时器械相当于虚拟的传感器，定时器的设定时间比正常情况下该动作的进行时间长 20% 左右。当某工步动作时间超过规定时间，达到对应的定时器预置时间还未转入下一个工步动作时，定时器发出故障信号，停止正常工作程序，启动报警及显示程序，这就是所谓的"超节拍保护"。

如锅炉点火过程，机床的加工过程，电动推杆的推出过程，活塞杆的伸出及回缩过程等，均可设置时间上限来对其进行故障检测。例如，小车从 A 地到 B 地大概需要 20s，小车到达目的地时会触动限位开关发出前进结束信号。编程时可以小车开始由 A 向 B 或由 B 向 A 运动时触发 PLC 的定时器，对运动过程进行监视，监视定时器的设定时间为 24s，若在小车运行过程中出现电机或限位开关及电机主回路等出现故障，则会出现监视定时器时间到，而限位开关没有发出动作结束信号，编程时可以利用监视定时器的常开触点去触发故障报警信号，由该信号停止程序的运行，执行故障报警显示程序，操作维修人员可以迅速读出故障的代码，通过使用说明书迅速找出该故障码对应的故障部位，及时排除设备的故障，使设备能在最短时间恢复工作。

（4）PLC故障显示回路　PLC故障显示回路有如下三种方案。

① 在PLC控制系统设计时可使每一个故障点均有信号表示，其优点是直观便于检查，缺点是程序复杂且输出单元占用较多，投资较多。

② 在PLC控制系统设计时也可将所有故障点均用一个信号表示，其优点是节约成本，减少了对输出单元的占有，缺点是具体故障回路不能直接判断出。

③ 在PLC控制系统中将性质类似的一组故障点设成一个输出信号表示，其优点是整个PLC内部程序、外部输出点及接线增加不多，性能价格比较高。

以上三种方案各有利弊，在条件允许并且每个回路均很重要，要求必须快速准确判断出故障点时采用第一种方案较好；一般情况下采用第三种方案比较好，由于故障分类报警显示，就可直接判断出故障性质，知道会对生产过程控制造成何种影响，可立即采取相应措施加以处理，同时再结合其他现象、因素，另一组或几组报警条件将具体故障点从此类中划分出来。

5.2.3　PLC故障的动态检测及首发故障信号

（1）PLC故障的动态检测　在PLC工作过程中，敏感元件、控制元件及PLC本身随时都可能出现故障和错误，为了能及时检测到故障的存在，系统通过软件的设计实现系统运行过程中对故障的实时动态检测。

动态检测的实质是一个系统状态的顺序控制过程，基于PLC特殊的周期扫描运行机制，控制程序的设计通过3个功能模块的设计来完成。

a. 输入信号检测模块完成对外部各开关量和模拟量反馈信号的检测及转换。

b. 系统状态转换模块根据检测信号、历史状态和实际要求，确定系统的当前状态。

c. 输出信号转换模块根据系统当前状态，确定各控制信号的状态。

PLC在一个扫描周期内依次执行上述3个功能，在扫描周期的最后，实现对输出端口的刷新，完成系统的控制功能，实现故障的动态检测功能就是在上述3个功能模块后，加入故障检测模块，以判断整个控制过程是否正常，故障动态检测和处理过程如图5-1所示。

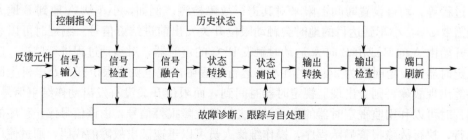

图 5-1　故障动态检测和处理过程

① 输入信号兼容性检查　PLC 的外部开关量和模拟量输入信号，因受噪声、干扰、开关的误动作、模拟量信号误差等因素的影响，不可避免会形成输入信号的错误，引起程序判断的失误，造成事故。因此在 PLC 完成对输入信号的检测后，要对其正确性进行检查，主要是进行输入信号的兼容性检查，包括：开关信号之间的状态是否矛盾，模拟量值的变化范围是否正常，开关量信号与模拟量信号之间是否一致，以及各信号的时序关系是否正确。

若两个状态相反的开关信号在 PLC 的一个扫描周期内，两个信号不可能同时为"1"，也不可能同时为"0"。根据此类开关信号相互间的逻辑关系，通过梯形图的编制来判断敏感组件或电路是否存在故障。在图 5-2 中，X00010 和 X00011 为故障标志位，当两个输入信号同时为"0"或同时为"1"时，此信号锁存，以便故障处理程序进行查询。

② 系统状态正确性检查　PLC 控制系统是一个状态的顺序控制系统，输入信号用于 PLC 控制系统状态的转换，状态转换的正确性是实现系统控制过程的关键。对系统状态正确性进行检查，主要是测试系统状态的序列是否正确，当前状态与外部输入信号的状态是否矛盾，以及内部的同时间标志是否正确，此处还可以检查系统是否存在"多一"故障，所谓"多一"，是指在同一时刻系统同时有两个状态执行标志位被开放，从而造成输出控制信号的逻辑混乱，产生不可预测的后果。

通过软件完成对系统状态是否"多一"的检查，实现状态"多一"检查的梯形逻辑图如图 5-3 所示，在图 5-4 中 07000 信道各位为系统状态标志位，当系统处于某一状态时，相应的标志位为"1"，其他位为"0"，通过检查各标志位中为"1"的个数，即可判断系统状态是否"多一"，当检测到"多一"故障时，过程控制系统急停，同时置"多一"标块值为"1"，以给故障处理模块提供故障检测信息。

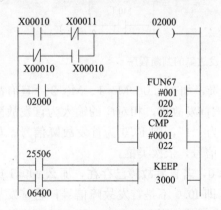

图 5-2　对开关信号逻辑关系的检查　　图 5-3　实现状态"多一"检查的梯形图

③ 输出信号正确性检查　PLC 控制程序的执行，最终是要产生控制信号，在程序执行的最后，在对 PLC 输出端口进行刷新之前，对产生的控制信号的正确性进行检查，是防止错误信号输出、避免故障发生的重要环节。

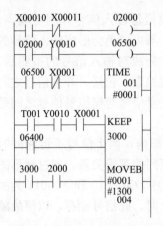

图 5-4 控制过程的跟踪检查

如同对输入信号的正确性检查一样，对输出信号的正确性检查，首先也是检查各信号之间的逻辑关系及时序关系是否正确。此外，还可根据输出信号的状态与控制过程之间的逻辑关系，判断设备的运行状况是否正常。如某一控制信号发出后，在一定时间内执行机构动作并到位；如果时间已到，但 PLC 并未接收到位信号则说明系统中存在故障。此类故障利用图 5-4 所示的梯形图检测。在图 5-4 中 Y00100 为输出的控制信号，TIME001 为计时器，当计时器记到时间设定值时，若机构到位信号仍未发出，则置故障标志位为 "1" 并锁存。

（2）PLC 的首发故障信号   PLC 控制系统一旦有一个故障发生，随之会有很多的故障发生，如果能找出第一个故障信号，将会给排除故障带来很大的方便。一个控制系统充有 3 个故障信号，分别是 I0.0、I0.1、I0.2，状态为 "1" 时是故障。PLC 控制系统首发故障的判断程序如图 5-5 所示。

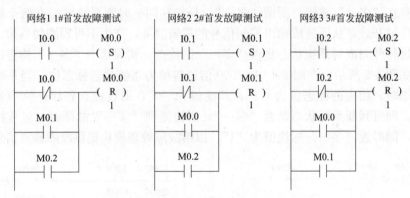

图 5-5   PLC 控制系统首发故障的判断程序

先要规定一个和故障信号等量的中间变量，如 M0.0、M0.1、M0.2 一旦有故障发生，就在 M0.0、M0.1、M0.2 中记录该首发故障，相对应的输入为首发故障信号，则该位为 "1"。即如果 M0.0 的状态为 "1"，则 I0.0 为首发故障信号；如果 M0.1 的状成为 "1"，则 I0.1 为首发故障信号，依次类推。

在第一支路，当 I0.0 为 "1"，置位 M0.0，若首发故障已存在，那么 M0.1 或 M0.2 中已有一个值为 "1"，则复位 M0.0，即 I0.0 不是首发故障信号；若首发故障不存在，那么 M0.1 或 M0.2 没有一个值为 "1"，则 M0.0 为 "1"，I0.0 为首发故障信号，依次类推。一旦有故障发生，就是 M0.0、M0.1、M0.2 中记录了最先发生的故障。

从程序中看到，复位端的并联支路太多，本例有 3 个故障点，若系统较大，可能会有几十个故障点，这时需要引进中间变量，使并联支路变少。

通过此 PLC 程序的控制，就能从同时发生的众多故障里准确地判断出初始故障。这种方法是排除由某一个故障引起的联锁故障的有效方法。在一些复杂系统（如自动化生产线），当几个故障同时显示时，该方法能准确地判断出首发故障，极大地提高了系统维修的准确性和快速性。

5.3　PLC 控制系统故障诊断及处理

5.3.1　PLC 故障特点及诊断方法

（1）PLC 故障特点　PLC 是运行在工业环境中的控制器，一般而言可靠性比较高，出现故障的概率较低，但是，出现故障也是难以避免的。一般引发故障的原因有很多，故障的后果也有很多种。

引发故障的原因虽然不能完全控制，但是可以通过日常的检查和定期的维护来消除多种隐患，把故障率降到最低。故障的后果轻的可能造成设备的停机，影响生产的数量；重的可能造成财产损失和人员伤亡，如果是一些特殊的控制对象，一旦出现故障可能会引发更严重的后果。

故障发生后，对于维护人员来说最重要的是找到故障的原因，迅速排除故障，尽快恢复系统的运行。对于系统设计人员在设计时要考虑到系统出现故障后的系统的自我保护措施力争使故障的停机时间最短，故障产生的损失最小。

PLC 控制系统故障是指其失去了规定的功能，一般指整个生产控制系统失效的总和，它又可分为 PLC 故障和现场控制设备的故障两部分，PLC 系统包括中央处理器、主机箱、扩展机箱、I/O 模块及相关的网络和外部设备。现场控制设备包括端口和现场控制检测设备，如继电器、接触器、阀门、电动机等。

大多数有关 PLC 的故障是外围接口信号故障，所以在维修时，只要 PLC 有些部分控制的动作正常，都不应该怀疑 PLC 应用程序，如果通过诊断确认应用程序有输出，而 PLC 的物理接口没有输出，则为硬件接口电路故障。另外硬件故障多于软件故障，大多是由外部信号不满足或执行元件故障引起，而不是 PLC 本身的问题。

（2）PLC 故障分析方法　PLC 硬件故障的检查、分析与诊断的过程也就是故障的排除过程，一旦查明了原因，故障也就几乎等于排除了，因此故障分析诊断的方法也就变得十分重要了。为了便于故障的及时解决，首先要区分故障是全局性还是局部性的，如上位机显示多处控制元件工作不正常，提示很多报警信息，这就需要检查 CPU 模块、存储器模块、通信模块及电源等公共部分。如果是局部性故障可从以下几方面进行分析。

① 根据上位机的报警信息查找故障。PLC 控制系统都具有丰富的自诊断功能。当系统发生故障时立即给出报警信息，可以迅速、准确地查明原因并确定故障部位，具有事半功倍的效果，是维修人员排除故障的基本手段和方法。

② 根据动作顺序诊断故障。对于自动控制，其动作都是按照一定的顺序来完成的，通过观察 PLC 控制系统的运行过程，比较故障和正常时的情况，即可发现疑点，诊断出故障原因。如某水泵需要前后阀门都要打开才能开启，如果管路不通水泵是不能启动的。

③ 通过 PLC 程序诊断故障。PLC 控制系统出现的绝大部分故障都是通过 PLC 程序检查出来的，有些故障可在屏幕上直接显示报警原因；有些虽然在屏幕上有报警信息，但并没有直接反映出报警的原因；还有些故障不产生报警信息，只是有些动作不执行。遇到后两种情况，跟踪 PLC 程序的运行是确诊故障的有效方法。对于简单故障可以根据程序通过 PLC 的状态显示信息，监视相关输入、输出及标志位的状态，跟踪程序的运行，而复杂的故障必须使用编程器来跟踪程序的运行。如某水泵不工作，检查发现对应的 PLC 输出端口为 0，对此可通过查看程序发现热水泵还受到水温的控制，水温不够 PLC 就没有输出，把水温升高后故障排除。

当然，以上只是给出了故障解决的切入点，产生故障的原因很多，所以单纯依靠某种方法是不能实现故障检测的，需要多种方法结合，配合电路、机械等部分进行综合分析。

(3) PLC 故障检查及诊断方法

① PLC 总体检查流程　PLC 有很强的自诊断能力，PLC 自身故障或外围设备故障都可用 PLC 上具有的诊断指示功能的发光二极管的亮灭来诊断，根据总体检查流程图找出故障点的大方向，逐渐细化，以找出具体故障，总体检查的流程图如图 5-6 所示。

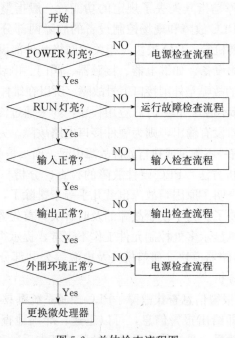

图 5-6　总体检查流程图

　　PLC发生故障时，为了迅速查出故障原因并予以及时处理，在切断电源和复位之前，必须识别下述两点。

　　a. 机械动作状态。向运行人员了解机械部件的运行情况。

　　b. 观察 PLC 显示内容。观察电源、RUN、输入、输出指示灯，检查 PLC 自诊断结果的显示内容。

　　为了识别异常状态如何变化，可以将开关从"RUN"位置切换至"STOP"位置，经短暂复位再切换至"RUN"位置或保持在"RUN"位置不变，切除 PLC 电源后再投入运行。经过上述操作后，如果 PLC 返回初始状态并能正常运转，就可判定并不是 PLC 硬件故障或软件异常，而是外部原因所致，如噪声干扰、电源异常等。

　　② PLC 故障诊断　PLC 故障诊断主要从硬件故障与软件故障两方面进行，硬件故障与所选用机种及工作环境关系很大，当系统发生故障时，正确区分是硬件故障还是软件故障非常重要。硬件故障的主要部位与故障现象如下。

　　a. CPU 单元，运算错误，运算滞后；存储器单元，程序消失，部分程序变化。

　　b. 电源单元，过电流造成熔丝熔断或产生过电压。

　　c. 输入单元，输入的 ON 或 OFF 状态保持不变、输入信号全部不能读入、输入信号不稳定。

　　d. 输出单元，特定的输出部分无输出、特定输出一直保持 ON 状态、全部无输出。

　　e. 机架部分，全部输出都不动作或特定的扩展机架、单元不动作等。

　　PLC 故障现象的分类及故障原因如下。

　　a. 判断是不是硬件故障。PLC 硬件故障具有持续性和重复性，其判断方法是切断后再接通 PLC 电源或复位操作，通过几次重复试验都发生了相同的故障，则可判定是 PLC 本身的硬件故障。经过上述操作后，如果故障不能再现，就说明是外部环境干扰或是瞬时停电所致。

　　b. 判断是否程序错误。PLC 程序错误引起的故障具有再现性。

　　c. 判断是否外部原因。PLC 控制系统发生异常时，一般容易引起怀疑的可能是 PLC 本身出了问题，主要检查的项目如下。

　　● 检查输入、输出设备。安装不当、调整不良、行程开关等的触点接触不良，在运行初期很难发现，运行一段时间后才能暴露出问题。

　　● 检查配线，输入、输出配线有可能断路、短路、接地，也可能与其他导线相碰等。

　　以上两种情况的故障是断续性的，容易查找。

　　● 噪声、浪涌，在特定机械运转或与其他设备同步运转过程中出现的故障，应在 PLC 外部或 PLC 侧采取抗干扰措施。

　　● 电源异常。电源电压过高或过低、临时停电、瞬时停电、供电系统上的噪声干扰等。

● 故障的产生与外部工作是否同步，判断噪声、瞬时停电等外部原因最有效的方法是了解 PLC 之外生产设备的工作状态，分析故障现象是否与外部工作状态同步。若故障现象与被控对象的特定状态同步发生，说明该故障与被控对象有关。另外，故障现象也会与其他生产设备和特定状态同步发生。

5.3.2 PLC电源及运行故障检查及分析诊断方法

（1）电源故障检查及分析诊断方法

① 电源故障检查 PLC 的电源有：主机电源、扩展机电源、模块中电源，任何电源显示不正常时都要进行电源故障检查流程，如果各部分功能正常，只能是 LED 显示有故障，否则应首先检查外部电源，如果外部电源无故障，再检查系统内部电源。电源灯不亮需对供电系统进行检查，电源故障检查流程图如图 5-7 所示。

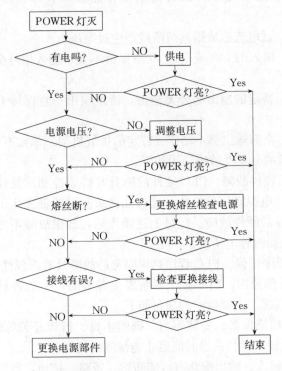

图 5-7 电源故障检查流程图

查看 PLC 电源是否有电，有电则测量电压是否在＋24V 的±5％范围之内，有电且正常，则进行下一步，有电不正常则对电源模块的输出端与输入端进行检测，若输出端不正常而输入端正常，则更换模块。若输入端不正常，则对输入端的进行相应检查，如检查 24V 交流变压器输入电压端的交流电压（220V±10％）正常，则更换 24V 变压器，无电压则借助原理图＋现场布置总图＋接线图纸，检查给电源模块供电的各种器件的输出端的接线是否正确，不正确则重新接线，正确则用万用表检查空气开关的进线端与出线端有无正常供电，无正常供电，查明是外界还是自身原因，若为外界，则检查电压是否过低或是根本无电压，或负载过重，或严重过流等，一直到将故障排除正常供电为止，若为本身器件坏则更换之。

② 电源故障分析诊断方法　主机、I/O 扩充机座、I/O 扩充模组、特殊模组的正面均有一个"POWRE"指示灯，当主机通上电源时，绿色 LED 灯亮，若主机通上电源后，此指示灯不亮，此时应将"24＋"端子的配线拔出，若指示灯正常亮起，表示 DC 负载过大，此种情况下，不要使用"24＋"端子的 DC 电源，应另行配备 DC 24V 电源。若将"24＋"端子的配线拔出后，指示灯仍然不亮，可能是PLC 内部熔断器熔体已经烧断。

假若 POWER 灯呈闪烁状态，很有可能是"24＋"端子与"COM"端子短路，应将"24＋"端子的配线拔出，若是指示灯恢复正常，应检查线路部分，若指示灯依然闪烁，可能是 PLC 内的 POWER 板出现故障。

当 PLC 面板上"BATT"红色 LED 灯亮时，表 PLC 内的锂电池的寿命快结束了（约剩一个月），此时应尽快更换新的锂电池以免 PLC 内的程序（当使用 RAM 时）自动消失，假若更换新的锂电池之后，此 LED 灯仍然亮着，那很可能是 PLC 的 CPU 板有故障。

③ 电源故障处理方法　电源故障处理方法见表 5-1。

表 5-1　电源故障处理方法

故 障 现 象	故 障 原 因	解 决 办 法
电源指示灯灭	指示灯坏或保险丝断	更换
	无供电电压	加入电源电压；检查电源接线和插座使之正常
	供电电压超限	调整电源电压在规定范围
	电源坏	更换

（2）PLC 运行故障检查及分析诊断方法

① PLC 运行故障检查　PLC 控制系统最常见的故障是停止运行（运行指示灯灭）、不能启动、工作无法进行，但是电源指示灯亮。这时，需要进行异常故障检查，检查顺序和内容见表 5-2。

表 5-2　检查顺序和内容

故 障 现 象	故 障 原 因	解 决 办 法
不能启动	供电电压超过上极限	降压
	供电电压低于下极限	升压
	内存自检系统出错	清内存、初始化
	CPU、内存板故障	更换
工作不稳定频繁停机	供电电压接近上、下极限	调整电压
	主机系统模块接触不良	清理、重插
	CPU、内存板内元器件松动	清理、戴手套按压元器件
	CPU、内存板故障	更换

续表

故障现象	故障原因	解决办法
与编程器（微机）不通信	通信电缆插接松动	按紧后重新联机
	通信电缆故障	更换
	内存自检出错	内存清零，拔去停电记忆电池几分钟后再联机
	通信口参数不对	检查参数和开关，重新设定
	主机通信故障	更换
	编程器通信口故障	更换
程序不能装入	内存没有初始化	清内存，重写
	CPU、内存故障	更换

电源正常，运行指示灯不亮，说明系统已因某种异常而终止了正常运行，运行故障检查流程图如图 5-8 所示。

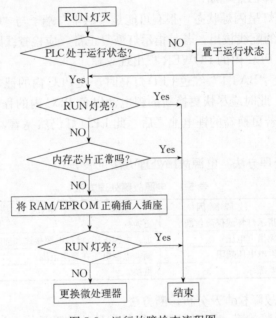

图 5-8　运行故障检查流程图

② PLC 运行故障分析诊断方法

a. 根据 PLC 运行模式判断故障　PLC 的 CPU 工作模式及优先级是：高优先级有 STOP、HOLDUP、STARTUP（WARMRESTART、COLDRESTART），低优先级有 RUN、RUN-P（PG/PC 的在线读写程序）。查看 PLC 的 CPU 是在 RUN 模式，或是在 STOP 模式，还是在 RUN 模式的闪烁状态和 STOP 模式兼有的保持模式（或叫调试模式）。如果仅是 RUN 模式则 CPU 和各板为正常，如果是在保持模式，则可能是运行过程中用户程序出现断点而处于调试程序状态，或在启动模式下断点出现，对此情况应重新调试好程序，再次将控制程序下载到 CPU 中即可。如果是在 STOP 模式，引起 STOP 的原因有：

● 无电，无电的原因是因为供电部分问题或是异常掉电（因有 1K3AH 的 UPS 保证，很少发生异常掉电情况），若为供电部分问题，则应对供电回路进行检查，若为异常掉电，上电后利用 PLC 的在线功能将 CPU 的工作模式从 STOP 转换为 RUN。

● CPU 损坏，更换新的同种类型同版本的 CPU。

● 有板子损坏，对此有序进行板子的更换。对于硬件更换时要注意使用与原来的器件相同的产品同型号、同版本来进行，否则会造成实际的 PLC 配置与相应编程软件中硬件配置数据库中硬件配置不同而无法进行用户控制程序的正常循环执行。

b. PLC 的响应时间延迟问题　PLC 的输入、输出响应时间除了与输入滤波器的同时常数及输出继电器的动作特性有关外，还受到工作周期的影响，如梯形图设计的不合理，会造成响应时间的额外延迟。如图 5-9(a) 所示，其设计意图是当输入端子接通时 3、4 同时输出，但由于没有考虑到工作周期的影响，结果造成 3、4 两个输出有不同的响应时间。PLC 的每一个工作周期分为输入采样、程序执行和输出处理三个阶段，若在第一周期的采样阶段结束后，输入端子 1 接通，在第一周期内 2、3、4 必为断开，第二周

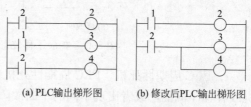

(a) PLC输出梯形图　(b) 修改后PLC输出梯形图

图 5-9　PLC 输出梯形图

期由输入采样阶段开始，输入映像寄存器的 1 接通，但 PLC 的实际输出要等输出处理阶段开始后 4 才真正接通，所以 4 在响应上有一个周期的延迟。而对线圈 3 来说，由于 2 的触点被编排在 2 的线圈前面，只能在第三周期内才被接通，因此 3 的响应延迟将有两个周期，为保证 3、4 同时输出，编制的正确的梯形图如图 5-9(b) 所示。

c. 解决 PLC 定时计数器漏计数问题　用定时器 T 配合计数器 C 以实现长时间定时的 PLC 梯形图如图 5-10(a) 所示，由于定时器开始工作后就独立计时，与程序的执行无关，其执行的结果有可能漏计数，在图 5-10(b) 中的 a、b、c、d、e、f、g 均为执行的时间点，如果定时器 T 在 b、d、e、f 中任意一时间点减至零，计数器 C 能正常计数，但如果 T 在 a、g 点动作，则 C 将不计数，为了防止漏计数应在图 5-10(a) 中增设一个继电器 2 可避免计数器的漏计数，增加继电器 2 的梯形图如图 5-10(b) 所示。

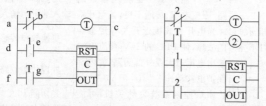

(a) 实现长时间定时的PLC梯形图 (b) 修改后的实现长时间定时的PLC梯形图

图 5-10　实现长时间定时的 PLC 梯形图

d. PLC 级联位移溢出问题　在 PLC 编程中采用两个移位寄存器串级应用，即前级的最后一个输出作为后级的输入，以扩展了移位寄存器的位数，但如果按图 5-11(a) 所示的梯形图编程，则移入后级的内容不是 107，而是 106，因为原来 107

的内容已经溢出，故不能正确移位，解决的方法是将两个移位寄存器的位置上下对调，如图 5-11(b) 所示。因 PLC 程序的运行是按编程的顺序一步一步执行的，两个移位寄存器的位置上下对调后，使得前级寄存器运行在等待后级寄存器的移位信号，这时确保了移入前级寄存器的内容是 107，避免了串级移位的溢出。

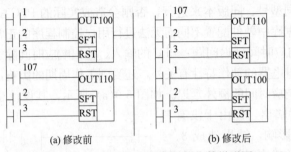

(a) 修改前　　　　　　　　　(b) 修改后

图 5-11　扩展了移位寄存器的位数梯形图

e. PLC 周期性死机　PLC 周期性死机的特征是 PLC 每运行若干时间就出现死机或者程序混乱，或者出现不同的中断故障显示，重新启动后又一切正常。根据实践经验认为，该现象最常见原因是由于 PLC 机架长时间的积灰造成，所以应定期对 PLC 机架插槽接口处进行吹扫，吹扫时可先用压缩空气或软毛刷将控制板上、各插槽中的灰尘吹扫净，再用 95% 酒精擦净插槽及控制板插头。

f. PLC 无故程序丢失　PLC 程序丢失通常是由于接地不良或接线有误，操作失误和干扰等几个方面的原因造成的。PLC 主机及模块必须有良好的接地，主机电源线的相线与中性线必须接线正确，预先准备好程序包，用作备份。在使用手持编程器查找故障时，应将锁定开关置于垂直位置，拔出就可起到保护内存的功能。

（3）PLC 运行故障处理方法　PLC 运行中常见故障及排除方法见表 5-3。

表 5-3　PLC 运行中常见故障及排除方法

故 障 现 象	故 障 原 因	故 障 排 除 方 法
PLC 不能启动运行	PLC 指示灯不亮，RUN 指示灯也不亮 → PLC 内部熔断器熔断	更换熔断器熔体
	PLC 内部组件损坏	送专门维修点处理
	PLC 电源指示灯亮，RUN 指示灯不亮 → RUN 输入端子至相应输入回路、限流电阻、导通不良，甚至开路	用截面积符合要求的导线将 RUN 输入端子与输入回路限流电阻相连
	光电开关或接近开关等传感器的故障，使 PLC 的 24V 直流电源输出电流过大或外部短路，使内部保护电路动作	更换故障传感器
		处理故障电路
	CPU 出错指示灯亮 → PLC 控制系统突然关机，可能造成 CPU 出错	先切断 PLC 电源，再接通，若还不正常送专门维修点修理
	PLC 内部组件损坏	送专门维修点修理
	程序出错指示灯闪烁 → 输入的程序有错误（或修改后出错）	检查全部程序，修改错误
	因干扰（如 PLC 控制系统或其他情况）造成程序错误，锂电池电压偏低引起程序内部发生变化	更换锂电池，并检查全部程序，修改错误

续表

故　障　现　象		故　障　原　因	故　障　排　除　方　法
联机运行输入指示异常		PLC联机控制信号输入端子与输入回路限流电阻之间因腐蚀造成导通不良,甚至开路	用截面积符合要求的导线,将故障的输入端子与输入回路限流电阻相连
输入指示正常,而输出指示异常		PLC内部元器件或内部电路故障干扰信号造成PLC的定时器数据丢失	送专门维修点修理,利用编程器或控制柜面板上的置数开关送入定时器数据
PLC输出指示正常,负载不能正常工作	负载不能正常接通无论输出指示灯是否亮负载始终接通	因外部负载或电路短路,使PLC的输出继电器触点、熔焊或表面粗糙不平	排除外部故障,更换输出继电器
		因外部负载或电路短路,使PLC的输出继电器触点至相应输出端子之间的印制电路烧断	排除外部故障,用截面积符合要求的导线将输出继电器触点与相应的输出端子相连
		因外部负载或电路短路,使PLC的输出继电器触点粘连在一起	排除外部故障,更换输出继电器
PLC运行时不能停转		PLC停止运行信号输入端子与输入回路限流电阻之间因腐蚀造成导通不良,甚至开路	用截面积符合要求的绝缘导线将该信号输入端子与输入回路限流电阻相连

PLC运行中常见CPU、I/O扩展单元故障及排除方法见表5-4。

表5-4　PLC运行中常见CPU、I/O扩展单元故障及排除方法

序号	异　常　现　象	可　能　原　因	处　　　理
1	[POWER]LED灯不亮	①电压切换端子设定不良②保险丝熔断	正确设定切换端子更换保险丝
2	保险丝多次熔断	①电压切换端子设定不良②线路短路或烧坏	正确设定切换端子更换电源单元
3	[RUN]LED灯不亮	①程序错误②电源线路不良③I/O单元号重复④远程I/O电源关,无终端	修改程序更换CPU单元修改I/O单元号接通电源
4	运行中输出端没闭合([POWER]灯亮)	电源回路不良	更换CPU单元
5	编号以后的继电器不动作	I/O总线不良	更换基板单元
6	特定的继电器编号的输出(入)接通	I/O总线不良	更换基板单元
7	特定单元的所有继电器不接通	I/O总线不良	更换基板单元

5.3.3　PLC输入输出故障检查及诊断方法

（1）PLC输入输出故障检查　输入输出是PLC与外部设备进行信息交流的信道,其是否正常工作,除了和输入输出单元有关外,还与连接配线、接线端子、熔断器等组件状态有关。输入输出故障检查流程图如图5-12所示。

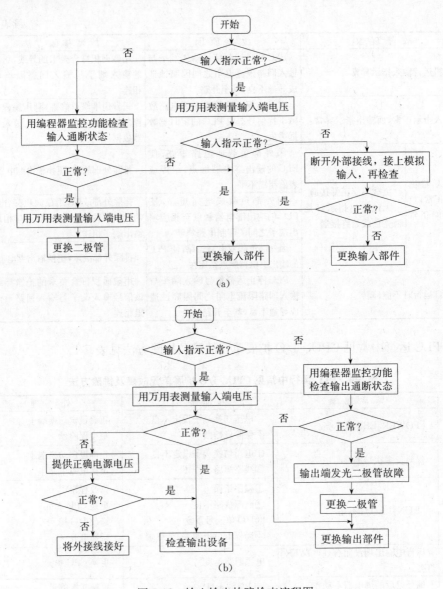

图 5-12　输入输出故障检查流程图

　　输入输出模块直接与外部设备相连，是容易出故障的部位，虽然输入输出模块故障容易判断，更换快，但是必须查明原因，而且往往都是由于外部原因造成损坏的，如果不及时查明故障原因，及时消除故障，对 PLC 系统危害很大。

　　一般 PLC 均有 LED 指示灯可以帮助检查故障是否由外部设备引起，不论在模拟调试还是实际应用中，若系统某回路不能按照要求动作，首先应检查 PLC 输入开关接点是否可靠（一般可通过查看输入 LED 指示灯或直接测量输入端），若输入信号未能传输到 PLC，则应检查输入对应的外部回路；若输入信号已经采集到，则再看 PLC 是否有相应输出指示，若没有，则是内部程序问题或输出 LED 指示灯问题；若输出信号已确信发出，则应去检查外部输出回路（从 PLC 输出往后检查）。

在对各个主板和扩展板上的通信电缆及各模块上的 LED 灯进行检查时，应看是否有模块的 fault 灯亮，若有则该模块不正常。对于数字量输出模块上各点，其实与现实生活中的电灯开关是一样的功能且为常开点，所以在线检修该模块的任一点时，只要在无接线时且该地址在控制程序不给输出信号时来检测其通不通就可以，若通，则该点不正常，不通则正常。不正常时要进行硬件连接线的重接工作，也可以用新模块进行更换后，对替换下来的模块的点进行测量通断状态，通则该点坏，不通该点为好。

数字量输入模块的点一般为常闭状态，它可以在线或下线检测，用万用表检测若是坏点的话则是不通的状态，则换点重接线，好点则为通状态。只要对硬件接线重接后，均要用相应编程软件对控制软件进行 0X 或 1X 地址替换工作。

模拟量输入模块的每个通道都相当于一根导线形式，也就是说相当于常闭点，所以检测通道好需的方法为用万用表的测通断功能来检测，当通状态时为好，断状态时为坏。通道模拟量输出模块的检测方法与数字量输出模块相同。若通道损坏需要更换通道并对硬件重新接线，同时替换控制程序中的相应 3X 或 4X 地址；另外对于模拟量模块，则要进行量程块的选择检查、熔断器熔体是否断开的检查等工作。

在进行过硬件点或通道更换工作后，如条件允许的话均要停止 PLC 的 CPU，重新下载程序，若条件不允许则直接用更新变化来下载变化的程序而不停 CPU。对于不用的输入模块的好通道/好点与最后一个已用的好通道/好点进行串联或在软件中进行特别设置。

输出模块的板上电源在正常运行状态是不能断电的，因为此时断电的话，将使继电器柜中的常开继电器变为常开状态，容易发生错误，因此要对此类输出模块进行检测时，要与现场操作人员进行联系，应对该部分相关设备手动操作后，再撤去数字量输出模块的供电线后对模块进行测点工作。

（2）处理 PLC 输出触点抖动问题　PLC 控制系统中的行程开关和压力继电器的触点在接通和断开的瞬间，常有抖动现象，某些传感器在输出信号的过程中，也会受到外界的干扰，这些抖动和干扰在继电器-接触器系统中，因电磁惯性一般不会造成误动，但对于 PLC 系统，由于 PLC 不断地高速循环扫描，会引起输出触点的抖动，在设计梯形图时如不加以注意，就会产生误动作。为了消除输出触点的抖动，在编程时可采用定时器和保持指令来解决，即在开关稳定接通 0.5s 后才能使继电器吸合，而先于它的短时抖动不会使继电器有输出，而在开关断开时的最后一次抖动过后 0.5s 才使继电器关断，中间干扰信号也不会引起输出触点的抖动，定时器的延时时间可根据实际调试来设定。

（3）解决 PLC 输出线圈重复问题　在图 5-13(a) 所示的 PLC 梯形图中，同一个线圈 3 被排列在两个位置上，设在输入采样阶段 1 闭合，2 断开；则在执行阶段由于 1 已经闭合，第一个线圈 3 的元件映像寄存器将接通，于是 4 也被接通，但对于第二线圈 3，由于 2 已断开，元件映像寄存器也被断开。所以输出处理阶段实际输出是 4 接通，3 断开，当在编程过程中出现这种重复，输出工作时后面的输出将优先执行，故应对程序作以修改，如图 5-13(b) 所示。

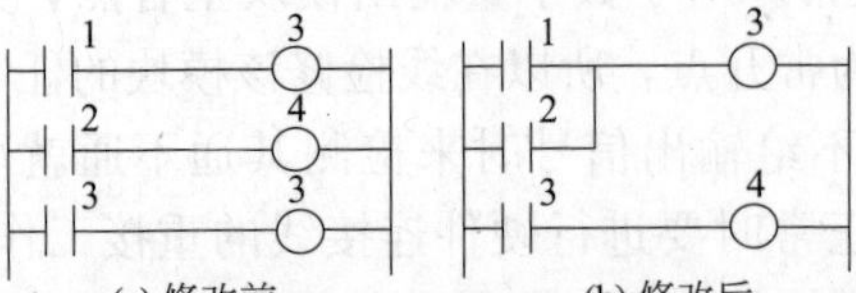

（4）输入与输出端子的保护 当输入信号源为感性元件，输出驱动负载为感性负载时，对于直流电路应在其两端并联续流二极管；对于交流电路，应在其两端并联阻容吸收电路。采用以上措施，可以减小在电感性输入或输出电路断开时产生很高的感应电势或浪涌电流对 PLC 输入、输出端点及内部电源造成的冲击，输入输出点的保护电路如图 5-14 所示。

图 5-13 PLC 输出线圈重复梯形图

（a）修改前 （b）修改后

在图 5-14(a) 中，二极管的额定电流应选为 1A，额定电压要大于电源电压的 3 倍；在图 5-14(b) 中，取电容 C 为 $0.1\mu F/600V$，电阻 R 为 100Ω、0.5W，或者取电容 C 为 $0.047\mu F/600V$，电阻 R 为 22Ω、0.5W。

当 PLC 的输出驱动负载为电磁阀或交流接触器之类的元件时，在输出端与驱动元件之间增加固态继电器（AC-SSR）进行隔离，其电路图如图 5-15 所示。

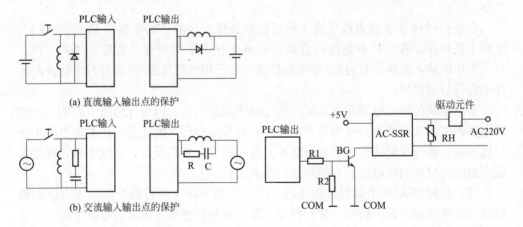

（a）直流输入输出点的保护

（b）交流输入输出点的保护

图 5-14 输入输出点的保护电路 图 5-15 电磁阀及交流接触器的驱动电路

从图 5-15 可以看出，从 PLC 输出的控制信号经晶闸管放大后驱动 AC-SSR、AC-SSR 的输出经驱动元件连接 AC 220V 电压。图 5-15 中的 RH 为金属氧化物压敏电阻，用于保护 AC-SSR，其电压在标称值以下时，RH 阻值很大，当超过标称值时，阻值很小，在电压断开的瞬间，正好可以吸收线圈存储的能量。实践证明这种抗干扰措施非常有效。

（5）输入输出故障及排除方法 PLC 运行中常见输入单元故障排除方法见表 5-5。

表 5-5　PLC 运行中常见输入单元故障及排除方法

序号	异常现象	可能原因	处理
1	输入全部不接通（动作指示灯也灭）	①未加外部输入电压	供电
		②外部输入电压低	加额定电源电压
		③端子螺钉松动	拧紧
		④端子板连接器接触不良	把端子板补充插入、锁紧。更换端子板连接器
2	输入全部断开（输入指示灯也灭）	输入回路不良	更换单元
3	输入全部不关断	输入回路不良	更换单元
4	16 特定继电器编号的输入不接通	①输入器件不良	更换输入器件
		②输入配线断线	检查输入配线
		③端子螺钉松弛	拧紧
		④端子板连接器接触不良	把端子板补充插入、锁紧。更换端子板连接器
		⑤外部输入接触时间短	调整输入组件
		⑥输入回路不良	更换单元
		⑦程序的 OUT 指令中用了输入继电器编号	修改程序
5	特定继电器编号的输入不关断	①输入回路不良	更换组件
		②程序的 OUT 指令中用了输入继电器编号	修改程序
6	输入不规则 ON/OFF 动作	①外部输入电压低	使外部输入电压在额定值范围
		②噪声引起的误动作	抗干扰措施：安装绝缘变压器、安装尖峰抑制器、用屏蔽线配线等
		③端子螺钉松动	拧紧
		④端子板连接器接触不良	把端子板补充插入、锁紧。更换端子板连接器
7	异常动作的继电器编号为 8 点单位	①COM 端螺钉松动	拧紧
		②端子板连接器接触不良	把端子板补充插入、锁紧。更换端子板连接器
		③CPU 不良	更换 CPU 单元
8	输入动作指示灯不亮（动作正常）	LED 灯坏	更换单元

（6）PLC 运行中常见输出单元故障及排除方法　见表 5-6。

表 5-6　PLC 运行中常见输出单元故障及排除方法

序号	异常现象	可能原因	处理
1	输出全部不接通	①未加负载电源	加电源
		②负载电源电压低	使电源电压为额定值
		③端子螺钉松动	拧紧
		④端子板连接器接触不良	把端子板补充插入、锁紧。更换端子板连接器
		⑤保险丝熔断	更换保险丝
		⑥I/O 总线接触不良	更换单元
		⑦输出回路不良	更换单元

续表

序号	异常现象	可能原因	处理
2	输出全部不关断	输出回路不良	更换单元
3	特定继电器编号的输出不接通(动作指示灯灭)	①输出接通时间短	更换单元
		②程序中指令的继电器编号重复	修改程序
		③输出回路不良	更换单元
4	特定继电器编号的输出不接通(动作指示灯亮)	①输出器件不良	更换输出器件
		②输出配线断线	检查输出线
		③端子螺钉松动	拧紧
		④端子连接接触不良	端子充分插入、拧紧
		⑤继电器输出不良	更换继电器
		⑥输出回路不良	更换单元
5	特定继电器编号的输出不关断(动作指示灯灭)	①输出继电器不良	更换继电器
		②由于漏电流或残余电压而不能关断	更换负载或加负载电阻
6	特定继电器编号的输出不关断(动作指示灯亮)	①程序 OUT 指令的继电器编号重复	修改程序
		②输出回路不良	更换单元
7	输出出现不规则的 ON/OFF 现象	①电源电压低	调整电压
		②程序 OUT 指令的继电器编号重复	修改程序
		③噪声引起的误动作	抗噪声措施:装抑制器、装绝缘变压器、用屏蔽线配线等
		④端子螺钉松动	拧紧
		⑤端子连接接触不良	端子充分插入、拧紧
8	异常动作的继电器编号为 8 点单位	①COM 端子螺钉松动	拧紧
		②端子连接接触不良	端子充分插入、拧紧
		③保险丝熔断	更换保险丝
		④CPU 不良	更换 CPU 单元
9	输出指示灯不亮(动作正常)	LED 灯坏	更换单元

5.3.4 PLC 通信故障检查及诊断方法

(1) PLC 通信故障检查 当通信不正常时，需要进行通信故障检查，检查顺序和内容及解决办法见表 5-7，通信模块的检测则是利用新的通信模块来替换和识别板上的正在使用的模块是否正常。

表 5-7 检查顺序和内容及解决办法

故障现象	故障原因	解决办法
单一模块不通信	接插不好	按紧
	模块故障	更换
	组态不对	重新组态
从站不通信	分支通信电缆故障	拧紧插接件或更换
	通信处理器松动	拧紧
	通信处理器地址开关错	重新设置
	通信处理器故障	更换

续表

故　障　现　象	故　障　原　因	解　决　办　法
主站不通信	通信电缆故障	排除故障、更换
	调制解调器故障	断电后再启动无效更换
	通信处理器故障	清理后再启动无效更换
通信正常,但通信故障灯亮	某模块插入或接触不良	插入并按紧

（2）PLC通信抗干扰　通信是PLC网络工作的基础,PLC网终的主站,各从站的通信处理器、通信模块都有工作正常指示。因为RS-485的远距离、多节点（32个）以及传输线成本低的特性,使得RS-485成为工业应用中数据传输的首选标准。基于此,RS-485在自动化领域的应用非常广泛,但是在实际工程应用中RS-485总线仍然存在着很多问题,影响了工程的质量,为工程应用带来了很多不便。

RS-485采用差分信号负逻辑,＋2～＋6表示“0”,－6～－2V表示“1”。RS-485有两线制和四线制两种接线,四线制只能实现点对点的通信方式,现很少采用,现在多采用的是两线制接线方式,这种接线方式为总线式拓扑结构,在同一总线上最多可以挂接32个接点。

在RS-485通信网络中一般采用的是主从通信方式,即一个主机带多个从机。在很多情况下,连接RS-485通信链路时只是简单地用一对双绞线将各个接口的“A”、“B”端连接起来,而忽略接线方式,这种连接方法在许多场合是能正常工作的,却存在很大的隐患,其原因如下。

① 共模干扰问题。RS-485接口采用差分方式传输信号,并不需要相对于某个参照点来检测信号,系统只需检测两线之间的电位差就可以了,但人们往往忽视了收发器有一定的共模电压范围,RS-485收发器共模电压范围为－7～＋12V,只有满足上述条件,整个网络才能正常工作。当网络线路中的共模电压超出此范围时就会影响通信的稳定可靠,甚至损坏接口。例如当发送器A向接收器B发送数据时,发送器A的输出共模电压为U_{OS},由于两个系统具有各自独立的接地系统,存在着地电位差U_{GPD},那么接收器输入端的共模电压就会达到$U_{CM}＝U_{OS}＋U_{GPD}$。RS-485标准规定$U_{OS}＝3V$,但U_{GPD}可能会有很大幅度（十几伏甚至数十伏）,并可能伴有强干扰（快速波动）,致使接收器共模输入超出正常范围,在信号线上产生干扰电流,轻则影响正常通信,重则损坏设备。

② EMI问题。在发送驱动器输出信号中的共模部分需要一个返回通路,如没有一个低阻的返回通道（信号地）,就会以辐射的形式返回源端,整个总线就会像一个巨大的天线向外辐射电磁波。

由于PC机默认RS-232接口,有两种方法可在PC上位机上得到RS-485电路:

① 通过RS-232/RS-485转换电路将PC机串口RS-232信号转换成RS-485信号,对于情况比较复杂的工业环境应选用防浪涌带隔离栅的产品。

② 通过PCI多串口卡,可以直接选用输出信号为RS-485类型的扩展卡。

信号在传输过程中如果遇到阻抗突变，信号在这个地方就会引起反射，这种信号反射的原理与光从一种媒质进入另一种媒质引起反射是相似的。消除这种反射的方法是尽量保持传输线阻抗连续，在实际工程中是在传输线的末端跨接一个与传输线的特性阻抗同样大小的终端电阻，以减小信号反射。

从理论上分析，在传输线的末端只要跨接了传输线特性阻抗相匹配的终端电阻，就能有效地减少信号反射，但是，在实际工程应用中，由于传输线的特性阻抗与通信波特率等应用环境有关，特性阻抗不可能与终端电阻完全相等，因此或多或少的信号反射还会存在，信号反射对数据传输的影响归根结底是因为反射信号触发了接收器输入端的比较器，使接收器收到了错误的信号，导致 CRC 校验错误或整个数据帧错误，这种情况是无法改变的，只有尽量去避免它。

PLC 的基本单元与扩展单元之间电缆传送的信号小，频率高，很容易受干扰，不能与其他连线敷设在同一线槽内，应单独敷设，以防止外界信号的干扰。通信电缆要求可靠性高，有的通信电缆的信号频率很高（如几兆赫兹），一般应选用 PLC 生产厂家提供的专用电缆（如光纤电缆），在要求不高或信号频率较低时，也可以选用带屏蔽的多芯电缆或多绞线电缆。

在要求比较高的环境下可以采用带屏蔽层的同轴电缆，在使用 RS-485 接口时，对于特定的传输线路，从 RS-485 接口到负载的数据信号传输所允许的最大电缆长度与信号传输的波特率成反比，这个长度的数据传输主要是受信号失真及噪声等影响。理论上 RS-485 的最长传输距离能达到 1200m，但在实际应用中传输的距离要比 1200m 短，具体能传输多远视周围环境而定，在传输过程中可以采用增加中继的方法对信号进行放大，最多可以加 8 个中继，也就是说在理论上 RS-485 的最大传输距离可以达到 9.6km。如果真需要长距离传输，可以采用光纤为传播介质，收发两端各加一个光电转换器，多模光纤的传输距离是 5～10km，而采用单模光纤可达 50km 的传播距离。

（3）RS-485 系统的常见故障及处理方法　RS-485 是一种低成本、易操作的通信系统，但稳定性差、相互牵制性强，通常有一个节点出现故障会导致系统整体或局部的瘫痪，而且又难以判断，由于 RS-485 使用一对非平衡差分信号，这意味着在网络中的每一个设备都必须通过一个信号网络连接到地，以最小化数据线上的噪声，数据传输介质由一对双绞线组成，在噪声较大的环境中应加上屏蔽层，以下是检查 RS-485 网络故障和处理方法。

① 若出现系统完全瘫痪，大多因为某节点芯片的 A、B 对电源击穿，使用万用表测 A、B 间差模电压为零，而对地的共模电压大于 3V，此时可通过测共模电压大小来排查，共模电压越大说明离故障点越近，反之越远。不同的制造商 A、B 线采用不同的标签规定，即使 B 线空闲状态下电压更高的那一根，因此，A 线相当于负端 "－"，B 线相当于正端 "＋"，可在网络空闲的状态下用电压表检测，如果 B 线没有比 A 线电压高，那么就存在连接问题。

② 总线连续几个节点不能正常工作。一般是由其中的一个节点故障导致的。

一个节点故障会导致邻近的 2～3 个节点（一般为后续）无法通信，因此将其逐一与总线脱离，如某节点脱离后总线能恢复正常，说明该节点故障。为了检查哪一个节点停止工作，需要切断每一个节点的电源并将其从网络中断开，使用欧姆表测量接端 A 与 B 或＋与－之间的电阻值。故障节点的读数通常小于 200Ω，而非故障节点的读数将会比 4000Ω 大得多。

③ 集中供电的 RS-485 接口在上电时常出现部分节点不正常，但每次又不完全一样，这是由于对 RS-485 的收发控制端 TC 设计不合理，造成子系统上电时节点收发状态混乱从而导致总线堵塞，改进的方法是将各子系统加装电源开关分别上电。

④ 系统基本正常但偶尔会出现通信失败。一般是由于网络施工不合理导致系统可靠性处于临界状态，最好改变走线或增加中继模块。

⑤ 因 MCU 故障导致 TC 端处于长发状态而将总线拉"死"，此时应对 TC 端进行检查。尽管 RS-485 规定差模电压大于 200mV 即能正常工作。但实际测量：一个运行良好的系统其差模电压一般在 1.2V 左右（因网络分布、速率的差异有可能使差模电压在 0.8～1.5V 范围内）。

当没有设备进行传输，所有设备都处于监听状态的时候，RS-485 网络中会出现三态状态，这将导致所有的驱动器进入高阻态，使悬空状态传回所有的 RS-485 接收端。在节点设计中，为了克服这一不稳定状态，典型的方法是在接收端的 A 和 B 线加装下拉和上拉电阻来模拟空闲状态。为了检查这一偏置，应在网络供电和空闲的状态下测量 B 线到 A 线的电压。为了确保远离不定状态，要求至少存在 300mV 的电压，如果没有安装终端电阻，偏置的要求是非常宽松的。

一根双绞线构成的 RS-485 网络可以上行与下行传送数据，由于没有两个发送端能够在同一时间成功地通信，因此在数据的最后一位传送完毕后的一个时间片内，网络表现为空闲态，但实际上节点还没有使其驱动器进入三态状态，如果另一个设备试图在这一时间段内进行通信，将会发生结果不可预测的冲突。为了检测这种冲突，使用数字示波器来捕捉几个字节的 1 和 0，确定一个节点在传输结束时进入三态状态所需要的时间，确保 RS-485 软件没有试图响应比一个字节的时间更短的请求（在 76.8kbit/s 的速率下略大于 1ms）。

5.3.5　PLC 外部故障检查及诊断方法

（1）PLC 外部故障检查　影响 PLC 工作的环境因素主要有温度、湿度、噪声与粉尘，以及腐蚀性酸碱等，在 PLC 发生故障后应首先检查 PLC 的实际工作环境，并对各类开关进行检测工作；如继电器、接近开关、空气开关等器件的检测工作，根据开关的类型是常闭型还是常开型来区分，用万用表来检测其通与不通的状态，其状态与好器件状态相反，则该器件坏，应更换。电路中多采用常开型，它们是用来人工控制或自动控制电路的接通与断开的，对于常闭型主要用在保护电路中，借此可以知道开关类和保护类器件的正常状态，导线也是测评分配检测通断方法进行的。可以利用已知通的导线来检测好坏未知的导线，方法是将好的导线与未知导线连接起来后测通断状态。

① 输入控制电器短路故障的检测　输入控制电器的短路故障，可在梯形图有关的步序段中串联上被检测电器的常开点，当该电器常开点变为闭合即出现短路故障时，则立即接通输出继电器，此继电器为 PLC 辅助继电器，使有关的输出设备停止工作，并使故障指示灯亮，以使操作人员迅速发现故障并判断出原因。为避免在步序转换瞬间有些被检测电器的常开点闭合，致使故障指示出现短暂的错误，可根据需要设置若干个定时器，使步转换时间相同且有间隔的步共用一个定时器。定时器的常开点串联在相应的步序段中，时间设定值略大于步转换时间，这样就不会出现错误的故障指示。若在每一步序段中设置一个由 PLC 内部辅助继电器组成的步序状态指示器，将指示器的常开点与上述定时器的常开点和故障输出继电器串联起来，就可实现利用步序状态指示器对该步进行故障检测。只有系统运行到该步才能检测出有关的故障电器。

PLC 控制系统的输入控制电器可能多达几十甚至上百个，即系统有几十甚至上百个步序段，而状态寄存器的触点只能使用一次。若按步序指令编制程序，为检测故障就需另选内部辅助继电器作为状态指示器。这样不仅占用大量辅助继电器，而且使梯形图相当复杂，在这种情形之下，采用多位寄存器的编程方法来编制程序比较理想。这样不仅可以利用移位寄存器对众多步序段系统进行控制，而且可利用 PLC 内部丰富的辅助继电器作为步序状态指示器，从而实现对众多输入控制电器的故障检测.

假若在每一个步序段对所有的输入控制电器全部进行检测，这将使梯形图非常繁杂，经分析和实际运用证明，不需要在每步序段对所有输入控制电器进行短路检测，只要在某步序段检测一个有关的输入电器即可。一般选取每一步序段中 LD 指令的控制电器，即开始某段程序的控制电器。

② 输入控制电器开路故障的检测　在 PLC 控制系统正常运行的状态下，每一步序都有一定的时间间隔。若输入控制电器出现了开路故障，则系统将无法转入下一步工作而停顿。故必须检测出控制电器的开路故障。要检测开路故障只要将有关步序的步序状态指示器的常开点和下一步步序状态指示器常闭点与定时器的线圈串联起来，在该步序段开始时立即定时，当该步序段结束并转入下一步后使定时器复位。若系统在定时器设定时间内结束该步，定时时间到，则其常开点闭合，指示出故障信号。定时器的定时值的选取需要注意以下两点：一是保证系统迅速检测出开路故障；二是准确的定时时间（即步进时间）需要现场调试确定。

对大量输入控制电器进行开路检测必将占用较多的定时器，而 PLC 内部定时器数量有限，故对控制电器的检测可作如下处理；

a. 对于步序时间相同且有间隔的步可共用一个定时器。

b. 开路故障检测选取某步序段前 OUT 的控制电器。

c. 选择故障率高的控制电器进行检查。

③ 外围电路元器件故障　外围电路元器件故障在 PLC 工作一定时间后会经常发生，在 PLC 控制回路中如果出现元器件损坏故障，PLC 控制系统就会立即自动停止工作。输入电路是 PLC 接收开关量、模拟量等输入信号的端口，其元器件质量的优劣、接线方式及是否牢靠也是影响控制系统可靠性的重要因素。对于开关量输出来说，PLC 的输出有继电器输出、晶闸管输出、晶体管输出等多种形式，具体选择哪种形式的输出应根据负载要求来决定，选择不当会使系统可靠性降低，严重时导致系统不能正常工作，此外 PLC 的输出端子带负载能力是有限的。如查超过了规定的最大限值，必须外接继电器或接触器才能正常工作。外接继电器、接触器、电磁阀等执行元件的质量，是影响系统可靠性的重要因素，常见的故障有线圈短路、机械故障造成触点不动或接触不良。

④ 端子接线接触不良　端子接线接触不良故障在 PLC 工作一定时间后，随着设备动作的频率升高而出现，由于控制柜配线缺陷或者使用中的振动加剧及机械寿命等原因，接线头或元器件接线柱易产生松动而引起接触不良。这类故障的排除方法是使用万用表借助控制系统原理图或者是 PLC 梯形图进行故障诊断。对于某些比较重要的外设接线端子的接线，为保证可靠连接，一般采用焊接冷压片或冷压插针的方法处理。

（2）影响输入给 PLC 信号出错的原因及提高可靠性

① 影响输入给 PLC 信号出错的原因　虽然 PLC 本身都具有很高的可靠性，但如果输入给 PLC 的开关量信号出现错误，模拟量信号出现较大偏差，PLC 输出口控制的执行机构没有按要求动作，这些都可能使控制过程出错，造成无法挽回的经济损失。影响现场输入给 PLC 信号出错的主要原因有：

a. 传输信号线短路或断路（由于机械拉扯，线路自身老化，特别是鼠害）。当传输信号线出故障时，现场信号无法传送给 PLC，造成控制出错。

b. 机械触点抖动。现场触点虽然只闭合一次，PLC 却认为闭合了多次，虽然硬件加了滤波电路，软件增加微分指令，但由于 PLC 扫描周期太短，仍可能在计数、累加、移位等指令中出错，出现错误控制结果。

c. 现场传感器、检测开关自身出故障。如触点接触不良，传感器反映现场非电量偏差较大或不能正常工作等，这些故障同样会使控制系统不能正常工作。

② 提高现场输入给 PLC 信号的可靠性

要提高整个 PLC 控制系统的可靠性，必须提高输入信号的可靠性和执行器件动作的准确性，由于 PLC 本身有许多寄存器，可以替代元器件，提高设备性能价格比、利用率，发挥 PLC 的巨大潜能，让 PLC 能及时发现问题，用声光等报警办法提示给操作人员，尽快排除故障，让系统安全、可靠、正确地工作。

首先，要选择可靠性较高的现场传感器和各种开关，防止各种原因引起传送信号线短路、断路或接触不良。其次，在程序设计时增加数字滤波程序、技术处理等，增加输入信号的可信性。

数字信号滤波一般采用程序设计方法，在现场输入触点后加一定时器，定时时间根据触点抖动情况和系统要求的响应速度确定。一般在几十毫秒，这样可保证触点确实稳定闭合后才有其他响应。对现场模拟信号连续采样 3 次，采样间隔由 A/D 转换速度和该模拟信号变化速度决定。3 次采样数据分别存放在数据寄存器 DT10、DT11、DT12 中，当最后 1 次采样结束后利用数据比较、数据交换指令、数据段比较指令去掉最大和最小值，保留中间值作为本次采样结果存放在数据寄存器 DT0 中。

如进行液位控制，由于储罐的尺寸是已知的，进液或出液的阀门开度和压力也是已知的，在一定时间里罐内液体变化高度大约在什么范围是知道的，如果这时液位计送给 PLC 的数据和估算液位高度相差较大，判断可能是液位计故障，通过故障报警系统通知操作人员检查该液位计。又如在各储罐设有上下液位极限保护，当开关动作时发出信号给 PLC，这个信号是否真实可靠，在程序设计时将该信号和该罐液位计信号对比，如果液位计读数也在极限位置，说明该信号是真实的，如果液位计读数不在极限位置，判断可能是液位极限开关故障或传送信号线路故障，同样通过报警系统通知操作人员处理该故障。在程序设计时采用上述方法，可提高输入信号的可靠性。

（3）影响执行机构出错的原因及提高可靠性

① 影响执行机构出错的原因　影响执行机构出错的主要原因有：

a. 控制负载的继电器不能可靠动作，虽然 PLC 发出了动作指令，但执行机构并没按要求动作。

b. 由于 PLC 控制系统自身故障，PLC 控制系统未能输出控制指令。

c. 各种电动阀、电磁阀该开的没能打开，该关的没能关到位，由于执行机构没能按 PLC 的控制要求动作，使系统无法正常工作，降低系统可靠性。

② 提高执行机构可靠性的措施　PLC 继电器输出型模块的触点工作电压范围宽，导通压降小，与晶体管型和双向晶闸管型模块相比，承受瞬时过电压和过电流的能力较强，但是动作速度较慢，系统输出量变化不是很频繁时，一般选用继电器型输出模块，如用 PLC 驱动交流接触器，应将额定电压 AC 380V 的交流接触器的线圈换成 220V 的。

如果负载要求的输出功率超过 PLC 输出模块的允许值，应设置外部继电器。PLC 输出模块内的小型继电器的触点小（一般 2A），其断弧能力差，不能直接用于 DC 220V 的负载电路中。断开直流负载要求用较大的继电器触点，接通同一直流负载可用较小的触点。

选择外接继电器的型号时，应仔细分析是用 PLC 来控制接通外部负载还是断开外部负载，例如 DC 220V 电磁阀内有与其线圈串联的限位开关常闭触点，电磁阀线圈通电，阀芯动作后，是用阀内部的触点来断开电路的，在这种情况下，可选用触点较小的小型继电器来转接 PLC 的输出信号。

当现场的信号准确地输入给 PLC 后，PLC 执行程序，将结果通过执行机构对现场装置进行调节、控制，当开启或关闭电动阀门时，根据阀门开启、关闭时间不同，设置延时时间，经过延时检测开到位或关到位信号，如果这些信号不能按时准确返回给 PLC，说明阀可能有故障，发出阀故障报警信号。

（4）PLC 控制系统输入、输出及布线抗干扰

① 交流量回路的电磁兼容　交流量回路主要是交流模块的输入回路，该回路输入部分一般是 1A 或 5A 的交流电流信号以及 24V 或 230V 的交流电压信号，这些信号相对于 PLC 控制系统来说都是强电信号。该回路的输出部分一般是直接送给 A/D 的标准电压信号（0～5V，0～10V，−5～10V），由 A/D 进行模数转换后送给 CPU 进行处理，所以其输出信号是与后面的微处理器系统有直接联系的弱电信号，这些强电信号与弱电信号之间的关系处理不好，将对 PLC 控制系统的 EMC 带来非常大的影响。

由于 EMI 是直接由现场的引线进入 PLC 内部的，因此信号回路要尽量短，并且不能互相交叉，以减少它们彼此之间的相互干扰。在电路设计上，信号前端应考虑增加滤波电路，信号输出与 A/D 之间也应该有滤流或隔离电路，信号放大电路可考虑采用差动放大电路，以减少共模干扰带来的影响。对于正常工作中不使用的交流通道不要让它悬空，在其入口和出口（A/D 之前）处采取短接或接地。

② 开关量回路的电磁兼容　开关量回路包括开关量输入、输出回路，开关量输入回路主要是采集现场一些诸如限位开关的位置等二进制信息，开关量输出回路主要用于将 PLC 控制系统发出的指令输出以控制相应的对象。这些回路一般也是强电信号，而这些信号又都直接与 CPU 有联系，开关量输入信号经过变换输入至 CPU 进行处理，开关量输出信号是由 CPU 经过综合各种信息后作出判断并输出，所以必须对这些回路进行处理，减少外来的 EMI 对内部弱电电路的影响。

开关量输入回路的前级信号变换部分应考虑采用滤波，开关量输入信号输入至 CPU 之前，必须进行隔离处理，可采用光电隔离，而且两级光电隔离效果会比较好，在开关量输入板的出口处和 CPU 板的入口处各设一级光电隔离。

当信号工作频率小于 1MHz 的低频电路采用一点接地，信号频率大于 10MHz 时，如用一点接地，其地线长度不能超过波长的 1/20，否则应采用多点接地。

③ 输出信号的抗干扰　从抗干扰的角度出发，选择 I/O 模块的类型是非常重要的，在干扰多的场合，可选用绝缘型的 I/O 模块及装有浪涌吸收器的模块，可以有效地抵制输入、输出信号的干扰，输出端接线分为独立输出和公共输出，在不同组中，可采用不同类型和电压等级的输出电压，但在同一组中的输出只能用同一类型，同一电压等级的电源。由于 PLC 的输出元件被封装在印制电路板上，并且连接至端子板，若连接输出元件的负载短路，将烧毁印制电路板。

开关量输出回路也应该在前端采取隔离措施，可通过光耦或继电器进行隔离，而且两级隔离效果会比较好，在 CPU 板的出口处和开关量输出板的入口处各设一级隔离。开关量输出回路一般都是用于控制现场的设备，要求实时性强，所以一般不能加滤波电路。采用继电器输出时，所承受的电感性负载的大小会影响到继电器

的使用寿命，因此，使用电感性负载时应合理选择，或加隔离继电器。

如果模拟量I/O信号距离PLC较远，应采用4～20mA的电流传输方式，而不能采用易受干扰的电压传输方式，传输模拟输入信号的屏蔽线，其屏蔽层应一端接地，同时为了泄放高干扰，数字信号线的屏蔽层应并联电位均衡线，其电阻值要小于屏蔽电阻的1/10，且要将屏蔽层的两端接地。若无法设置电位均衡线，或只考虑抑制低频干扰，也可一端接地。

④ PLC控制系统布线抗干扰措施

a. 电源线布线及接地

● PLC的电源线和I/O线应分别配线，电源隔离变压器两端应采用双绞线或屏蔽电力电缆连接，将PLC电源线与I/O线分开走线，不同类型的线应分别敷设在不同的电缆管和电缆槽中，并使其有尽可能大的空间距离。

● 交流线与直流线应分别使用不同的电缆，分开捆扎交流线、直流线，并分槽走线，这不仅能使其有尽可能大的空间距离，并能将干扰降到最低限度。

● 通过共用的接地线传播干扰是干扰传播的最普遍的方式，将动力线的接地与控制线的接地分开是切断这一干扰途径的根本方法，即将动力装置的接地端子接到地线上，将PLC的接地端子接到PLC机柜的金属外壳上，PLC控制系统接地母线应与动力电缆的屏蔽层相连接，确保滤波器、PLC控制系统和屏蔽层之间接地等电位。

b. 输入、输出线布线　PLC的输入接线一般指外部传感器与输入端口的接线，PLC一般接收行程开关、限位开关等输入的开关量信息，连接按钮、限位开关、接近开关等外接电气部件的开关量信号对电缆无严格要求，故可选用一般电缆。若信号传输较远，可选用屏蔽电缆；模拟信号和高速信号线应选用屏蔽电缆，不同的信号线最好不用同一插接件转接，如必须用同一个插接件，要用备用端子或地线端子将它们分隔开，以减少相互干扰。

尽量缩短控制回路的配线距离，并使其与动力线路隔离。输入、输出信号线应穿入专用电缆管或独立的线槽中敷设，专用电缆管或独立线槽的敷设路径应尽量靠近地线或接地的金属导体。当信号线长度超过300m时，应采用中间继电器转换接信号或使用PC的远程I/O模块。若在输入触点电路中串联二极管，在串联二极管上的电压应小于4V。若使用带发光二极管的舌簧开关，串联二极管的数目不能超过两只。信号线靠近有干扰源的导线时，干扰会被感应到信号线上，使信号线上的传输信号受到干扰，布线分离对消除这种干扰行之有效。在输入、输出接线及布线时还应特别注意以下几点：

● 输入接线一般不要超过30m。但如果环境较小，电压降不大时，输入接线可适当长些。

● 输入、输出线不能用同一根电缆，PLC的输入与输出应分开走线，开关量与模拟量也要分开敷设。

● 尽可能采用常开触点形式连接到输入端，使编制的梯形图与继电器原理图一致，以便于阅读。

● PLC 的输入、输出回路的配线，必须使用压接端子或单股线，不宜用多股绞合线直接与 PLC 的接线端相连接，否则容易出现火花。

● 如果环境对辐射干扰敏感的话，应对电力电缆屏蔽，在 PLC 控制系统处，采用不锈钢卡环使屏蔽层与安装板连接而接地，以限制射频干扰，也可把电缆穿在金属管路中敷设。若线路较长，应采用全理的中继方式。

c. PLC 柜内的布线　PLC 机柜通常作为 PLC 控制系统内部的参考电位，因此，必须尽量减小流过用于安装 PLC 机柜背板中的噪声电流，防止出现 PLC 控制系统的 PE 端与本系统中远端其他相关电子设备参考电位之间的噪声电压，以保证系统的可靠性。

5.4　PLC 软件结构特点及抗干扰措施

5.4.1　PLC 软件结构特点及软件抗干扰技术

PLC 控制系统运行的现场环境恶劣，电磁干扰严重。PLC 在这样的环境里面临着巨大的考验。可以说 PLC 控制系统能不能正常运行并且产生出应有的经济效益，其抗干扰能力是一个关键的因素。使用软件抗干扰措施可以在一定程度上避免或减轻这些意外事故的后果，软件抗干扰就是在软件运行过程中对自己进行自监视和工控网络中各控制设备间的互监视，来监督和判断 PLC 控制系统是否出错或失效的一个方法。

（1）软件结构特点　在不同的 PLC 控制系统中，应用软件虽然完成的功能不同，但就其结构来说，一般具有如下特点：

① 实时性。PLC 控制系统中有些事件的发生具有随机性，要求应用软件能够及时地处理随机事件。

② 周期性。应用软件在完成系统的初始化工作后，随之进入主程序循环。在执行主程序过程中，如有中断申请，则在执行完相应的中断服务程序后，继续主程序循环。

③ 相关性。应用软件由多个任务模块组成，各模块配合工作，相互关联，相互依存。

④ 人为性。应用软件允许操作人员干预系统的运行，调整系统的工作参数。

在理想情况下，应用软件可以正常执行。但在工业现场环境的干扰下，应用软件的周期性、相关性及实时性受到破坏，程序无法正常执行，导致 PLC 控制系统失控，其表现是：

① 程序计数器 PC 值发生变化，破坏了程序的正常运行。PC 值被干扰后的数据是随机的，因此引起程序执行混乱，在 PC 值的错误引导下，程序执行一系列毫

无意义的指令，最后常进入一个毫无意义的"死循环"中，使系统失去控制。

② 输入、输出接口状态受到干扰，破坏了应用软件的相关性和周期性，造成系统资源被某个任务模块独占，使系统发生"死锁"。

③ 数据采集误差加大，干扰侵入系统的前向通道，叠加在信号上，导致数据采集误差加大，特别是当前向通道的传感器接口是低电压信号输入时，此现象更加严重。

④ RAM 数据区受到干扰发生变化。根据干扰窜入通道、受干扰数据性质的不同，系统受损坏的状况不同，有的造成数值误差，有的使控制失灵，有的改变程序状态，有的改变某些部件（如定时器、计数器、串行口等）的工作状态等。

⑤ 控制状态失灵。在 PLC 控制系统中，控制状态的输出通常是依据某些条件状态的输入和条件状态的逻辑处理结果而定的。在这些环节中，由于干扰的侵入，会造成条件状态错误，致使输出控制误差加大，甚至控制失常。

（2）软件抗干扰技术　由于电磁干扰的复杂性，要根本消除各种干扰的影响是不可能的，在 PLC 控制系统中，除采用硬件措施提高系统的抗干扰能力外，还应考虑利用微处理器计算速度快的特点，充分发挥软件的优势，以确保系统既不会因干扰而停止工作，又能满足控制系统所要求的精度和速度。

硬件抗干扰措施的目的是尽可能地切断干扰进入控制系统。但由于干扰存在的随机性，尤其是在工业生产环境下，硬件抗干扰措施并不能将各种干扰完全拒之门外，这时，采取软件抗干扰技术加以补充，作为硬件措施的辅助手段，由于软件抗干扰方法设计简单，修改灵活、耗费资源少，获得了广泛的应用。

在 PLC 控制系统的软件设计和组态时，还应在软件方面进行抗干扰处理，进一步提高系统的可靠性。常用的一些措施是：数字滤波和工频整形采样，可有效消除周期性干扰；定时校正参考点电位，并采用动态零点，可有效防止电位漂移，采用信息冗余技术，设计相应的软件标志位；采用间接跳转，设置软件陷阱等提高软件结构的可靠性。

在软件的编制中多用查询代替中断，把中断减少到最少，中断信号连线长度应不大于 0.1m，以避免误触发和感应触发。A/D 转换采用数字滤波，以防止突发性干扰。如采用平均法、比较平均法等。在软件中的关键地方设置看门狗，即使程序走飞也能从头开始。对于输入的开关信号进行延时去抖动。I/O 口执行操作命令后，必须检查 I/O 口执行命令情况，防止外部故障不执行控制命令。通信应加奇偶校验或采用查询、表决、比较等措施，防止通信出错。必要时，重新复位通信寄存器设置，防止通信错误而导致通信失败或造成其他故障。

数据采集误差的软件对策是根据数据受干扰性质及干扰后果的不同，采取的软件对策各不相同，没有固定的模式。对于实时数据采集系统，为了消除传感器通道中的干扰信号，在硬件措施上常采取有源或无源 RLC 网络，构成模拟滤波器对信号实现频率滤波。同样，运用 CPU 的运算、控制功能也可以实现频率滤波，完成模拟波波器类似的功能，即数据滤波。随着计算机运算速度的提高，数据滤波在实时数据采集系统中的应用愈来愈广。在一般数据采集系统中，可以采用一些简单的数值、逻辑运算处理来达到滤波的效果。

对于有大幅度随机干扰的系统，采用程序限幅法，即连续采样五次，若某一次采样值远远大于其他几次采样的幅值，那么就舍去。对于流量、压力、液面、位移等参数，往往会在一定范围内频繁波动，则采用算术平均法，即用 n 次采样的平均值来代替当前值。一般认为：流量 $n=12$，压力 $n=4$ 较合适。对于缓慢变化信号，如温度参数，可连续三次采样，选取居中的采样值作为有效信号。对于具有积分器的 A/D 转换来说，采样时间应取工频周期（20ms）的整数倍，实践证明其抑制工频干扰能力超过单纯积分器的效果。

5.4.2 PLC软件抗干扰措施

大量的工程实践表明，PLC 的外部输入、输出元件，如限位开关、电磁阀、接触器等的故障率远远高于 PLC 控制系统本身的故障率，直到强电保护装置动作后停机，系统一般不能检测出来，不会自动停机，可能使故障扩大，直至强电保护装置动作后停机，有时甚至会造成设备和人身事故。停机后，查找故障也要花费很多时间，为了及时发现故障，在没有酿成事故之前使 PLC 控制系统自动停机和报警，也方便查找故障，提高维修效率。

现代的 PLC 控制系统拥有大量的软件资源，如 S7 PLC 有几千点辅助继电器、几百点定时器和计数器，有相当大的余量。可以将这些资源利用起来，用于故障检测，有时只采用硬件措施不能完全消除干扰的影响，必须用软件措施加以配合以取得较好的抗干扰效果。在软件抗干扰设计中可采用如下措施。

（1）延时确认 对于开关量输入，可采用软件延时 20ms，对同一信号作两次或两次以上读入，结果一致才确认输入有效。在现场设备信号不完全可靠的情况下，对于非严重影响设备运行的故障信号，在程序中采取不同时间的延时判断，以防止输入接点抖动而产生"伪报警"。若延时后信号仍不消失，再执行相应动作。

（2）封锁干扰 某些干扰是可以预知的，如 PLC 控制系统的输出命令使执行机构（如大功率电动机、电磁铁）动作，常会伴随产生火花、电弧等干扰信号，这些干扰信号可能使 PLC 控制系统接收错误的信息，在容易产生这些干扰的时间内，可用软件封锁 PLC 控制系统的某些输入信号，在干扰易发期过去后，再取消封锁。

（3）故障的检测与诊断 PLC 控制系统的可靠性很高，本身有完善的自诊断功能，PLC 控制系统若出现故障，借助自诊断程序可以方便地找到故障的部位与部件，更换后就可以恢复正常工作。

（4）超时检测 在控制系统工作循环中，各工步的运行有严格的时间规定，设备在各自工步的动作所需的时间一般是不变的，即使变化也不会太大，因此可以这些时间为参考，以这些时间为参数，在要检测的工步动作开始的同时，在 PLC 控制系统发出输出信号。启动一个定时器，定时器的时间设定值比正常情况下该动作要持续的时间长 25% 左右，当某工步动作时间超过规定时间，达到对应的定时器预置时间还未转入下一个工步动作时，定时器发出故障信号，停止正常循环程序，启动报警及显示程序，这就是所谓的"超节拍保护"。

在 PLC 控制系统中，A/D、D/A，显示等输入、输出接口电路是必不可少的，这些接口与 CPU 之间采用查询或中断方式工作。而这些设备或接口对干扰很敏感，干扰信号一旦破坏了某一接口的状态字后，就会导致 CPU 误认为该接口有输入、输出请求而停止现行工作，转去执行相应的输入、输出服务程序，但由于该接口本身并没有输入、输出数据，从而使 CPU 资源被该服务程序长期占用，而不释放，其他任务程序无法执行，使整个系统出现"死锁"。对这种干扰造成的"死锁"问题，在软件编程中，可采用"时间片"的方法来解决。具体步骤为：根据不同的输入、输出外设对时间的要求，分配相应的最大正常的输入、输出时间。在每一输入、输出的任务模块中，加入相应的超时判断程序，这样当干扰破坏了接口的状态造成 CPU 误操作后，由于该外设准备好信息长期无效，经一定时间后，系统会从该外设的服务程序中自动返回，保证整个软件的周期性不受影响，从而避免"死锁"情况的发生。

例如某执行机构（如电动机）在正常情况下运行 10s 后，它驱动的部件使限位开关动作，发出动作结束信号。若该执行的动作时间超过 12s（即对应定时器的设定时间），PLC 控制系统还没有接收到动作结束信号，定时器延时接通的常开触点发出故障信号，该信号停止正常的循环程序，启动报警和故障显示程序，使操作人员和维修人员能迅速判别故障的种类，及时采取排除故障的措施。

（5）逻辑错误检测 充分利用信号间的组合逻辑关系构成条件判断，使个别信号出现错误时，系统不会因错误判断而影响其正常的逻辑功能。在系统正常运行时，PLC 的输入、输出信号和内部的信号（如辅助继电器的状态）相互之间存在着确定的逻辑关系，如出现异常的逻辑信号，则说明出现了故障。因此，可以编制一些常见故障的异常逻辑关系，一旦异常逻辑关系为 ON 状态，就应该按故障处理，例如某机械运动过程中先后有两个限位开关动作，这两个信号不会同时为 ON 状态，若它们同时为 ON，说明至少有一个限位开关被卡死，应停机进行处理。在梯形图中，用这两个限位开关对应的输入继电器的常开触点串联，来驱动一个表示限位开关故障的辅助继电器，对易形成抖动的检测或控制回路，采取不同时间的判断或保护子程序。

（6）拦截技术 所谓拦截，是指将乱飞的程序引向指定位置，再进行出错处理。通常用软件陷阱来拦截乱飞的程序，因此先要合理设计陷阱，其次要将陷阱安排在适当的位置。

（7）消抖 在振动环境中，行程开关或按钮常会因为抖动而发出错误信号。一般的抖动时间都比较短，针对抖动时间短的特点，可用 PLC 控制系统内部计量器经过一定时间的延时，得到消除抖动后的可靠有效信号，从而达到抗干扰的目的。

在实际应用中，有些开关输入信号接通时，由于外界的干扰而出现时通时断的

"抖动"现象。这种现象在继电器系统中由于继电器的电磁惯性一般不会造成什么影响，但在 PLC 系统中，由于 PLC 扫描工作的速度快，扫描周期比实际继电器的动作时间短得多，因此抖动信号就可能被 PLC 检测到，从而造成错误的结果。因此，必须对某些"抖动"信号进行处理，以保证系统正常工作。

输入信号抖动的影响及梯形图程序如图 5-16(a) 所示，输入 X0 抖动会引起输出 Y0 发生抖动，可采用计数器或定时器，经过适当编程，以消除这种干扰。

消除输入信号抖动的方法及梯形图程序如图 5-16(b) 所示，当抖动干扰 X0 断开时间间隔 $\Delta t < K \times 0.1s$，计数器 C0 不会动作，输出继电器 Y0 保持接通，干扰不会影响正常工作；只有当 X0 抖动断开时间 $\Delta t < K \times 0.1s$ 时，计数器 C0 计满 C0 计满 K 次动作，C0 常闭断开，输出继电器 Y0 才能断开，K 为计数常数，实际调试时可根据干扰情况而定。

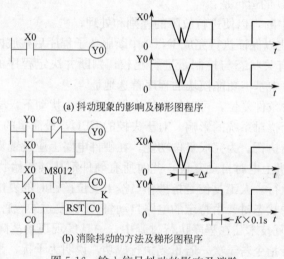

(a) 抖动现象的影响及梯形图程序

(b) 消除抖动的方法及梯形图程序

图 5-16　输入信号抖动的影响及消除

（8）时间冗余　时间冗余是在程序的适当位置设置若干检查点，在每一个检查点保存程序在该检查点之前正确运行而得到的全部信息及标志。如果故障是暂时性的，则程序回到上一检查点开始重新执行，这样可以完全消除错误，但它只能检出而不能消除永久性故障，用时间换取可靠性。

（9）指令冗余　CPU 取指令过程是先取操作码，再取操作数。当 PC 受干扰出现错误，程序便脱离正常轨道"乱飞"。当"乱飞"到某双字节指令，若取指令时刻落在操作数上，误将操作数当作操作码，程序将出错。若"飞"到了三字节指令，出错概率更大。

所谓指令冗余技术是指在程序的关键地方人为地加入一些单字节指令 NOP，或将有效单字节指令重写，当程序"跑飞"到某条单字节指令上，就不会发生将操作数当作指令来执行的错误，使程序迅速纳入正轨，通常是在双字节指令和三字节指令后插入两个字节以上的 NOP。这样即使乱飞程序"飞"到操作数上，由于空操作指令 NOP 的存在，避免了后面的指令被当作操作数执行，程序自动纳入正轨。指令冗余会降低系统的效率，但确保了系统程序很快纳入程序轨道，避免程序混乱，适当的指令冗余不会对系统的实时性和功能产生明显的影响。

通常，在一些对程序流向起重要作用的指令（如 RET、RETI、ARALL、LCALL、LIMP、SJMP、JZ、JNZ、JC、JB、JBC、DJNZ 等）和某些对系统工作状态起重要作用的指令（如 SETB 等）的前面插入两条 NIP 指令，以保证跑飞的程序迅速纳入轨道，确保这些指令的正确执行。

值得注意的是：加入冗余指令虽然能提高软件系统的可靠性，却降低了程序的执行效率，所以在一个程序中，"指令冗余"不能过多，否则会降低程序的执行效率。

（10）软件复位　软件复位是通过 CPU 接收外部的中断信号 INT0 而执行中断子程序，此时 CPU 的运行是：

① 关闭所有中断，以便进行故障的差别和处理；

② 堆栈初始化以保证执行完成 INT0 中断服务子程序后栈底内容为初始状态；

③ 对系统的有关状态与控制量进行比较，判断并决定程序的重新入口地址，这些地址是主程序中基本功能模块的程序首选地址。

通过这种软件条件复位，可以使系统在无扰动和小扰动下，尽快进入正常运行状态，尽量减少干扰对系统的影响。对于失控的 CPU，最简单的方法是使其复位，程序自动从头开始执行。为完成复位功能，在硬件电路上应设置复位电路。上电复位是指 PLC 在开机上电时自动复位，此时所有硬件都从其初始状态开始，程序从第一条指令开始执行。人工复位是指操作员按下复位按钮时的复位；自动复位是指系统在需要复位的状态时，由特定的电路自动将 CPU 复位的一种方式。

（11）采取重复技术　在程序执行过程中，一旦发现现场故障或错误，就重新执行被干扰的先行指令若干次，若重复执行成功，说明为干扰，否则输出软件失败或声光报警，可通过 CPU 状态菜单进行查询。

PLC 控制系统的很多功能的设定，通常都是在主程序开始时的初始化程序里设定的，以后再也不去设定了。这在正常情况下本无问题。但偶然的干扰会改变 CPU 内部的这些寄存器或接口芯片的功能寄存器。例如，把中断的类型、中断的优先级别、串行口、并行口的设定修改了，控制设备的运行肯定会出错。因此，只要重复设定功能操作不影响其当前连续工作的性能，都应当纳入主程序的循环里，每个循环就可以刷新一次设定，可避免偶然不干扰 CPU 内部寄存器或接口芯片的功能寄存器内的设定。对于那些重复设定的功能操作会影响当前连续工作性能的，要尽量想办法找机会重新设定。例如串行口，如果接收完某帧信息或者发送完某帧信息之后，串口会有一个短暂的空闲时，就应作出判断并且安排重新设定一次的操作。

指令重复执行就是根据需要使用相同的指令重复执行多次，一般适用于开关量或数字量输入、输出的抗干扰。在采集某些开关量或数字量时，可重复采集多次，直到连续两次或两次以上的采集结果完全相同时才视为有效。若多次采集后，信号总是变化不定，可停止采集，发出报警信号。在满足实时性要求的前提下，如果在各次采集信号之间插入一段延时，数据的可靠性会更高。如果在系统实时性要求不是很高的情况下，其指令重复周期尽可能长些。

（12）弃权规则　弃权规则就是当程序运行或继续运行的某些必要条件未能具备时，放弃对这些条件的要求，不是产生等待、中断、出错或停机，而是采用跳过、转移、$N-1$、默认等方式保证程序继续运行。这些方法只适用于屏蔽暂时故障，所以要求同时有报警输出，以便确定是否需要人为干预来消除永久故障。弃权规则首先要不影响程序的正确性和适应用性。

① 跳过。跳过指在不影响控制系统正常运行的前提下，跳过条件不具备而导致故障的模块向下执行，这是软件失效运行的形式之一。所谓软件失效运行就是在故障发生地先把故障模块从系统中断开，再对系统的其余模块进行重构，使系统能继续运行，但功能降低，即降级运行，可靠性的提高是以某些功能的损失为代价的。

② $N-1$方式。$N-1$方式是基于控制程序的循环执行特性，要采用上一次循环（第 $N-1$ 次）的数据代替本次循环（第 N 次）所需的却未出现或未具备的数据。

③ 默认。默认也是弃权规则形式之一，与跳过不同的是采用预先置入的合理条件代替未具备的条件，即默认条件存在，例如将非法输入的操作指令默认为无输入，继续原操作。

总之，弃权规则的目的是使工作在实时方式的控制系统保证连续运行，以确保被控系统长期稳定工作，虽然系统的功能有可能降低。

（13）数字滤波　对于较低信噪比的模拟信号，常因现场瞬时干扰而产生较大波动，若仅用瞬时采样值进行控制计算，会产生较大误差，为此应采用数字滤波方法。现场模拟量信号经 A/D 转换后变为离散的数字量信号，然后将形成的数据按时间序列存入 PLC 的内存，再利用数字滤波程序对其进行处理，滤去噪声部分获得单纯信号。数字滤波是一种软件算法，它实现从采样信号中提取出有效信号数值，滤除干扰信号的功能。数字滤波与模拟滤波相比，具有很多优点。

a. 由于采用程序实现滤波，无需硬件器件，不受外界的影响，也无参数变化等问题，所以可靠性高，稳定性好。

b. 数字滤波可以实现对频率很低（如 0.01Hz）信号的滤波，克服了模拟器的不足。

c. 数字滤波还可以根据信号和干扰的不同，采用不同的滤波方法和滤波参数，具有灵活、方便、功能强等优点。当然，数字滤波不足之处在于滤波速度比硬件滤波要慢，但鉴于数字滤波器具有的上述优点，在 PLC 控制系统中得到了广泛的应用。数字滤波常用以下几种方法。

① 算术平均值法　算术平均值法是针对现场模拟量信号的干扰和噪声而常采用的一种数字滤波方法。算术平均值滤波法是要寻求这样一个 Y 值，使值与各采样值间误差的平方和为最小，这种方法反应速度快，具有良好的实时性，对周期性干扰有良好的抑制。采取了平均值滤波的方法进行预处理，对输入信号用 10 次采

样值的平均值来代替当前值，但并不是通常的每采样 10 次求一次平均值，而是每采样一次与最近的 9 次历史采样值相加，即

$$Y_n = (1/10)X_i$$

式中，Y_n 为滤波值；X_i 为采样值。

对于一点数据连续采样多次，计算其算术平均值，以其平均值作为该点采样结果。这种方法可以减少系统的随机干扰对采集结果的影响，一般 3~5 次平均即可。N 值较大时，信号平滑度较高，但灵敏度较低，N 值较小时，信号平滑度较低，但灵敏度较高。N 值的选取：一般流量，$N=12$；压力，$N=4$。

算术平均值法的优点是适用于对一般具有随机干扰的信号进行滤波，这样信号的特点是有一个平均值，信号在某一数值范围附近上下波动。缺点是对于测量速度较慢或要求数据计算速度较快的实时控制不适用，比较浪费 RAM。

② 比较取舍法 当控制系统测量结果的个别数据存在偏差时，为了删除个别错误数据，可采用比较取舍法，即对每个采样点连续采样几次，根据所采数据的变化规律，确定取舍，从而剔除偏差数据，例如，"采三取二"即对个采样点连续采样三次，取两次相同的数据为采样结果。

③ 中值法 根据干扰造成采样数据偏大或偏小的情况，对一个采样点连续采样 N 次（N 取奇数），把 N 次采样值按大小排列，并对这些采样值进行比较，取中间值为本次有效值，优点是能有效克服因偶然因素引起的波动干扰。对温度、液位的变化缓慢的被测参数有良好的滤波效果，缺点是对流量、速度等快速变化的参数不宜。

④ 一阶递推数字滤波法 这种方法是利用软件完成 RC 低通滤波器的算法，实现用软件方法代替硬件 RC 滤波器，一阶递推数字滤波公式为：

$$Y_n = QX_n + (1-Q)Y_n - 1$$

式中，Q 为数字滤波器时间常数；X_n 为第 n 次采样时的滤波器输入；Y_n 为第 n 次采样时的滤波器输出。

递推平均滤波法把连续取 N 个采样值看成一个队列，队列的长度固定为 N，每次采样到一个新数据放入队尾，并扔掉原来队首的一次数据（先进先出原则）。把队列的 N 个数据进行算术平均运算，可获得新的滤波结果。N 值的选取：流量，$N=12$；压力：$N=4$；液位，$N=4~12$；温度，$N=1~4$。优点是对周期性干扰有良好的抑制作用，平滑度高，适用于高频振荡的系统。缺点是灵敏度低，对偶然出现的脉冲性干扰的抑制作用较弱，不易消除由于脉冲干扰所引起的采样值偏差，不适用于脉冲干扰比较严重的场合，比较浪费 RAM。

⑤ 一阶滞后滤波法 取 $a=0~1$，本次滤波结果：

$$Y = (1-a) \times X + a \times Y_{N-1}$$

式中，Y 为本次滤波结果；X 为本次采样值；Y_{N-1} 为上次滤波结果。

优点是对周期性干扰具有良好的抑制作用，适用于波动频率较高的场合，缺点是相位滞后，灵敏度低，滞后程序取决于 a 值大小，不能消除滤波上频率高于采样频率的 1/2 的干扰信号。

⑥ 限幅滤波法（又称程序判断滤波法）　根据经验判断或确定两次采样允许的最大偏差值（设为 A），每次检测到新值的判断：如果本次值与上次值之差大于等于 A，则本次值有效；如果本次值与上次值之差大于 A，则本次值无效，放弃本次值，用上次值代替本次值。其优点能有效克服因偶然因素引起的脉冲干扰，缺点是无法抑制那种周期性的干扰，平滑度差。

⑦ 限幅平均滤波法　相当于"限幅滤波法"＋"递推平均滤波法"，每次采样到的新数据先进行限幅处理，再送入队列进行递推平均滤波处理。优点是融合了两种滤波法的优点，可消除由于脉冲干扰所引起的采样值偏，缺点是比较浪费 RAM。

⑧ 中位值平均滤波法（又称防脉冲干扰平均滤波法）　相当于"中位值滤波法"＋"算术平均滤波法"，连续采样 N 个数据，去掉一个最大值和一个最小值，然后计算 $N-2$ 个数据的算术平均值，N 值的选取：3～14。优点是融合了两种滤波法的优点，可清除由于脉冲干扰所引起的采样值偏差。缺点是测量速度较慢，和算术平均滤波法一样，比较浪费 RAM。

⑨ 加权递推平均滤波法　它是对递推平均滤波法的改进，即不同时刻的数据加以不同的权，通常是，越接近现时刻的数据，权取得越大。给予新采样值的权系数最大，则灵敏度越高，但信号平滑度越低。优点是适用于有较大纯滞后时间常数的对象，和采样周期较短的系统。缺点是对于纯滞后时间常数较小，采样周期较长，变化缓慢的信号，不能迅速反映系统当前所受干扰的严重程度，滤波效果差。

⑩ 消抖滤波法　设置一个滤波计数器，将每次采样值与当前有效值比较，如果采样值等于当前有效值，则计数器清零，如果采样值不等于当前有效值，则计数器＋1，并判断计数器是否≥上限 N（溢出），如果计数器溢出，则将本次值替换当前有效值，并清计数器。优点是对于变化缓慢的被测参数有较好的滤波效果，可避免在临界值附近控制器的反复开、关跳动或显示器上数值抖动。缺点是对于快速变化的参数不宜，如果在计数器溢出的那一次采样到的值恰好是干扰值，则会将干扰值当作有效值导入系统。

⑪ 限幅消抖滤波法　相当于"限幅滤波法"＋"消抖滤波法"，先限幅，后消抖。优点是继承了"限幅"和"消抖"的优点，改进了"消抖滤波法"中的某些缺陷，避免将干扰值导入系统，缺点是对于快速变化的参数不宜。

可靠性设计是一项系统工程，PLC 控制系统的可靠性必须从软件、硬件以及结构设计等方面全面考虑。硬件系统的可靠性设计是控制系统可靠性的根本，而软件系统的可靠性设计是硬件可靠性设计的补充。通过软件系统的可靠性设计，达到最大限度地降低干扰对 PLC 控制系统工作的影响，确保 CPU 及时发现因干扰导致程序出现的错误，并使系统恢复到正常工作状态或及时报警的目的。

5.5 西门子 S7-300 PLC 系统运行状态

S7-300 PLC 的电源单元（PS307-5A）运行状态如表 5-8 所示。

表 5-8 　S7-300 PLC 的电源单元（PS307-5A）运行状态

卡 件 型 号	状 态 灯	正 常 状 态
PS307-5A	INTF	不亮
	BAF	不亮
	BATT1F	不亮
	BATT2F	不亮
	DC 5V	绿色
	DC 24V	绿色

S7-300 PLC 的 CPU 单元（CPU313C）运行状态见表 5-9。

表 5-9 　S7-300 PLC 的单元（CPU313C）运行状态

卡 件 型 号	状 态 灯	正 常 状 态
CPU313C	FRCE	不亮
	RUN	绿色
	STOP	不亮
	SF	不亮
	BF	不亮
	5V DV	绿色

S7-300 PLC 的通信单元（CP340）运行状态见表 5-10。

表 5-10 　S7-300 PLC 的通信单元（CP340）运行状态

卡 件 型 号	状 态 灯	正 常 状 态
CP340	INTF	不亮
	EXTF	不亮
	FDX	绿色
	LINK	绿色
	TXD	绿色
	RXD	绿色
	FAST	绿色
	RUN	绿色
	STOP	不亮

S7-300 PLC 的 I/O 单元（SM331/332）运行状态见表 5-11。

表 5-11 　S7-300 PLC 的 I/O 单元（SM331/332）运行状态

卡 件 型 号	状 态 灯	正 常 状 态
SM331	SF	不亮
SM332	SF	不亮

S7-300 PLC 的 ET200M（IM153-2）运行状态见表 5-12。

表 5-12 S7-300 PLC 的 ET200M（IM153-2）运行状态

卡 件 型 号	状 态 灯	正 常 状 态
IM153-2	SF	不亮
	BF	不亮
	ACT	主卡橙色/备卡不亮
	ON	绿色

5.6 系统在线诊断与测试

（1）系统在线诊断 CPU 的状态和错误显示见表 5-13。

表 5-13 CPU 的状态和错误显示

LED						含 义
SF	MAINT	DC 5V	FRCE	RUN	STOP	
灭	关	关	关	关	关	缺少 CPU 电源，解决方法：检查电源模块是否连接到主设备并打开
关	×	开	×	关	开	CPU 处于 STOP 模式，解决方法：启动 CPU
开	×	开	×	关	开	CPU 因出错而处于 STOP 模式，解决方法：评估 SF LED
×	×	开	×	关	闪烁/0.5Hz	CPU 请求存储复位
×	×	亮	×	关	闪烁/0.5Hz	CPU 执行存储复位
×	×	亮	×	闪烁/0.5Hz	开	CPU 处于启动模式
×	×	开	×	闪烁/0.5Hz	开	CPU 被编成设定的断点暂停
开	×	开	×	×	×	硬件或软件错误，解决方法：评估 SF LED
×	亮	×	×	×	×	在 IRT 模式期间，自身或从属 PROFINET IO 设备失去同步，或一个不同的 PROFINET IO 维护请求
×	×	×	亮	×	×	启用了强制功能
×	×	×	闪烁/2Hz	×	×	激活了节点闪烁测试
闪烁	×	闪烁	闪烁	闪烁	闪烁	CPU 存在内部系统错误，其步骤如下：将模式选择开关设置为 STOP；打开电源/关闭电源；通过 STEP7 读取诊断缓冲区；读出 V2.8 或更高版本的 CPU 服务数据；请求技术援助

注：×为状态说明，此状态与当前 CPU 功能无关。

软件出错时判断见表 5-14。

215

表 5-14 软件出错时判断

可能出现的问题	CPU 响应	解 决 方 法
启用并触发 TOD 中断,但是未装载匹配块(软件/组态错误)	调用 OB85,如果未装载 OB85,则 CPU 会切换到 STOP 模式	装载 OB10(OB 号可从诊断缓冲区中看到)
已启用的 TOD 中断的启动时间被跳过,例如,通过将内部时钟提前	调用 OB80,如果未装载 OB85,则 CPU 会切换到 STOP 模式	利用 SFC29 设置日时钟之前,禁用 TOD 中断
由 SFC32 触发延迟中断,然而未装载匹配时钟(软件/组态错误)	调用 OB85,如果未装载 OB85,则 CPU 会切换到 STOP 模式	装载 OB210 或 21(仅限于 CPU317,可从诊断缓冲区中看到 OB 号)
启用并触发 TOD 中断,但是未装载匹配块(软件/组态错误)	调用 OB85,如果未装载 OB85,则 CPU 会切换到 STOP 模式	装载 OB40(OB 号可从诊断缓冲区中看到)
生成状态报警,但未装载合适的 OB55	调用 OB85,如果未装载 OB85,则 CPU 会切换到 STOP 模式	装载 OB55
生成更新报警,但未装载合适的 OB56	调用 OB85,如果未装载 OB85,则 CPU 会切换到 STOP 模式	装载 OB56
生成供应商特定报警,但未装载合适的 OB57	调用 OB85,如果未装载 OB85,则 CPU 会切换到 STOP 模式	装载 OB57
更新过程映像时访问缺失或有故障的模块(软件或硬件错误)	调用 OB85(取决于 HW Config 中的组态),如果未装载 OB85,则 CPU 会切换到 STOP 模式	装载 OB85,OB 的启动信息包含相关模块的地址,更换相关模块或排除程序错误
超出了周期时间,可能同时调出了太多的中断 OB	调用 OB80,如果未装载 OB80,CPU 会切换到 STOP 模式,如果超出了双倍周期时间而未重新触发期时间 80,则即装载了 OB80,CPU 仍将切换到 STOP 模式	延长周期时间(STEP7-硬件组态),改变程序结构。解决方法:需要时,可通过调用 SFC43 重新触发周期时间监视
编程错误:未加载块;块编程错误;定时器/计数器编码错误;对错误区域进行读/写访问	调用 OB121,如果未装载 OB121,则 CPU 会切换到 STOP 模式	消除编程错误,STEP7 测试功能有助于查找错误
I/O 访问错误,访问模块数据时出错	调用 OB122,如果未装载 OB122,则 CPU 会切换到 STOP 模式	在 HW Config 中检查模块编址或模块/DP 从站是否发生更正
全局数据通信错误,例如,用于全局数据通信的 DB 长度不足	调用 OB87,如果未装载 OB87,则 CPU 会切换到 STOP 模式	在 STEP 中检查全局数据通信,如果需要,更正 DB 大小

硬件出错时判断见表 5-15。

表 5-15 硬件出错时判断

可能出现的问题	CPU 响应	解 决 方 法
系统处于 RUN 模式时卸下或插入模块	CPU 切换到 STOP 模式	用螺钉拧紧模块并重新启动 CPU
系统处于 RUN 模式时在 PROFIBUS DP 上卸下或插入了分布式模块	调用 OB86,如果未装载 OB86,则 CPU 会切换到 STOP 模式。当通过 GSD 文件集成模块时,调用 OB82。如果未装载 OB82,则 CPU 会切换到 STOP 模式	装载 OB86、OB82

续表

可能出现的问题	CPU 响应	解 决 方 法
系统处于 RUN 模式时在 PRO-FIBUS IO 上卸下或插入了分布式模块	调用 OB83,如果未装载 OB83,则 CPU 会切换到 STOP 模式。如果系统处于 RUN 模式时卸下或插入 ET200S(IO 设备)的一个或多个模块,也会调用 OB86,如果未装载 OB86,则 CPU 会切换到 STOP 模式	装载 OB86、OB83
具有诊断功能的模块会报告诊断中断	调用 OB82,如果未装载 OB82,则 CPU 会切换到 STOP 模式	根据模块组态对诊断事件作出响应
试图访问缺失或故障的模块,连接器松动(软件或硬件错误)	如果在更新过程映像期间进行了访问尝试(相应地,必须在参数中启用 OB85),则调用 OB85。通过直接 I/O 访问调用 OB122。如果未装载 OB,则 CPU 会切换到 STOP 模式	装载 OB85,OB 的启用信息包含相关模块的地址。更换相关模块,紧固插座或排除程序错误
故障 SIMATIC MMC	CPU 切换为 STOP 模式并请求存储器复位	更换 SIMATIC MMC,复位 CPU 存储器,再次传送程序,然后将 CPU 设置为 RUN 模式

(2) 系统在线诊断测试　在系统运行状态中,PLC 的有关状态将被监视。STOP 电源当有任意 1 个电源因非人为因素掉电,OS 站或 ES 站会有报警并被记录。S7-300 系统 DP 网络故障,S7-300 系统本身发生系统故障、具备自检能力的 AI 模板的故障等将被记录和报警。通过 STEP7 的在线检测功能,也可以查询 PLC 的状态和诊断信息。

① 在线诊断的方法　进入 STEP7 的编辑器 SIMATIC Manager,打开本系统的项目组态程序,用鼠标选中 SIMATICH1-CP313C,再选中"PLC"—"Module Information",在弹出的对话框中选中 Diagnostic Buffer,从中可查询 CPU 的状态。当出错时则可查出错点及原因,也可得到相应的解决方法。在上述 PLC 菜单中还可以诊断硬件、切换操作模式,清除内存,监视或强制参数等功能。

② 诊断检查内容　检查在线程序系统运行状况;检查各模件的运行状况;检查通信网络的状况。

(3) 利用 CPU 诊断缓冲区诊断 S7-300 PLC 故障　S7-300 PLC 具有很强的错误(或称故障)检测和处理能力,CPU 检测到某种错误后,换作系统调用对应的组织块,用户可以在组织块中编程,对发生的错误采取相应的措施。对于大多数错误,如果没有组织块编程,出现错误时 CPU 将进入 STOP 模式。被 S7-300 PLC 的 CPU 检测到并且用户可以通过组织块对其进行处理的错误分为两类。

① 异步错误。异步错误是与 PLC 的硬件或操作系统密切相关的错误,与程序执行无关,但异步错误的后果一般比较严重。

② 同步错误。同步错误是与执行用户程序有关的错误,程序中如果有不正确的地

址区，错误的编号或错误的地址，都会出现同步错误，操作系统将调用同步错误 OB。

PLC 具有很强的自诊断能力，当 PLC 自身故障或外围设备发生故障，都可用 PLC 上具有诊断指示功能的发光二极管的亮灭来诊断。

S7-300 PLC 具有非常强大的故障诊断功能，通过 STEP7 编程软件可以获得大量的硬件故障与编程错误的信息，使用户能迅速地查找到故障。这里的诊断是指 S7-300 PLC 内部集成的错误识别和记录功能，错误信息在 CPU 的诊断缓冲区内。有错误或事件发生时，标有日期和时间的信息被保存到诊断缓冲区，时间保存到系统的状态表中，如果用户已对有关的错误处理组织块编程，CPU 将调用该组织块。

建立与 PLC 的在线连接后，在 SIMATIC 管理器中选择要检查的站，执行菜单命令"PLC"—"Diagnostics/Setting"—"Module Information"，如图 5-17 所示窗口，显示该站中 CPU 信息，在快速窗口中使用"Module Information"。

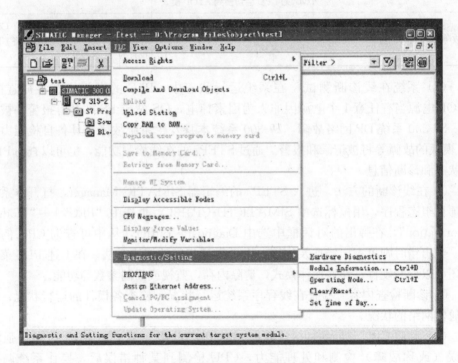

图 5-17　打开 CPU 诊断缓冲区

在模块信息窗口中的诊断缓冲区（Diagnostic Buffer）选项中，给出了 CPU 发生的事件一览表，选中"Events"窗口中某一行的某一事件，下面灰色的"Details on"窗口将显示所选事件的详细信息，如图 5-18 所示，使用诊断缓冲区可以对系统的错误进行分析，查找停机的原因，并对出现的诊断时间分类。

诊断事件包括模块故障、过程写错误、CPU 的系统错误、CPU 运行模式的切换、用户程序的错误和用户用系统功能 SFC52 定义的诊断事件。

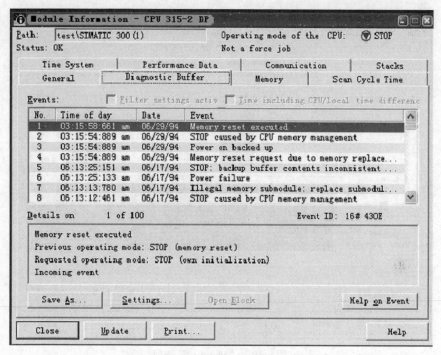

图 5-18　CPU 模块的在线模块信息窗

在模块信息窗口中，编号为 1，位于最上面的事件是最近发生的事件，如果显示因编程错误造成 CPU 进入 STOP 模式，选择该事件，并点击 "Open Block" 按钮，将在程序编辑器中打开与错误有关的块，显示出错的程序段。诊断中断和 DP 从站诊断信息用于查找模块和 DP 从站中的故障原因。

"Memory"（内存）选项给了所选的 CPU 或 M7 功能模块的工作内存和装载内存当前的使用情况，可以检查 CPU 或功能模块的装载内存中是否有足够的空间用来存储新的块，如图 5-19 所示。

"Scan Cycle Time"（扫描循环时间）选项卡用于显示所选 CPU 或 M7 功能模块的最小循环时间，最大循环时间和当前循环时间，如图 5-20 所示。

如果最长循环时间接近组态的最大扫描循环时间，由于循环时间的波动可能产生时间错误，此时应增大设置的用户程序最大循环时间（监控时间）。

如果循环时间小于设置的最小循环时间，CPU 自动延长循环至设置的最小循环时间，在这个延长时间内可以处理背景组织块（OB90），在组态硬件时可以设置最大和最小循环时间。

"Time System"（时间系统）选项卡显示当前日期、时间、运行的小时数以及时钟同步的信息，如图 5-21 所示。

"Performance Data"（性能数据）选项卡给出了所选模块（CPU/FM）可以使用的地址区和可以使用的 OB/SFB 和 SFC，如图 5-22 所示。

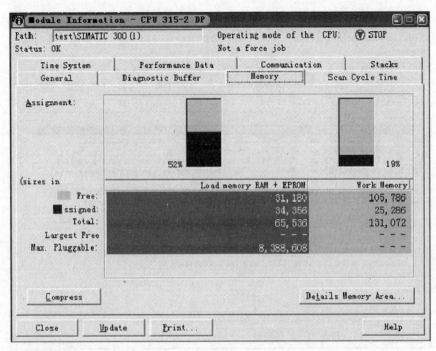

图 5-19 "Memory" 选项

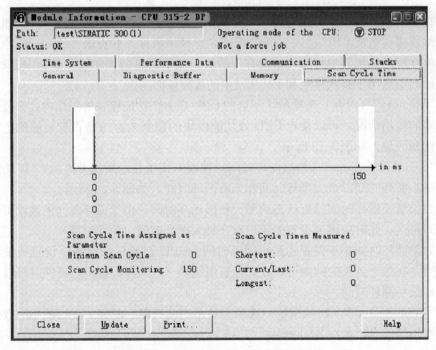

图 5-20 "Scan Cycle Time" 选项

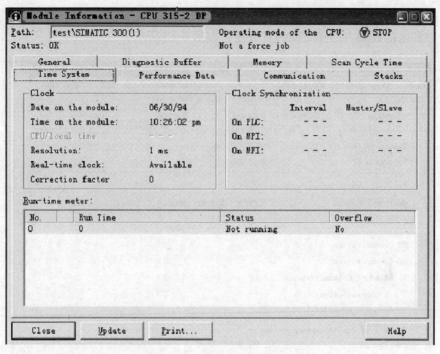

图 5-21　"Time System" 选项

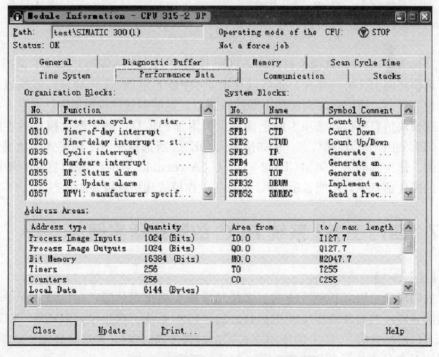

图 5-22　"Performance Data" 选项

　　"Communication"（通信）选项卡给出了所选模块的传输速率、可以建立在连接个数和通信处理占扫描周期的百分比，如图 5-23 所示。

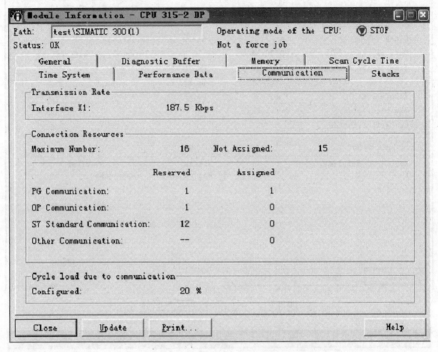

图 5-23　"Communication" 选项

　　"Stack"（堆栈）选项卡只能在 STOP 模式或 HOLD（保持）模式下调用，显示所选模块的 B（块）堆栈，还可以显示 I（中断）堆栈、L（局域）堆栈以及嵌套深化度堆栈，可以跳转到使块中断的故障点，判明引起停机的原因。

　　在模块信息窗口各选项卡的上面显示了附加的信息，例如所选模块的在线路径、CPU 的工作模式和状态（例如出错或 OK）、所选模块的工作模式，如果它有自己的工作模式的适（例如 CP342-5），从 "Accessible Nodes" 窗口打开的非 CPU 模块的模块信息中，不能显示 CPU 本身的工作模式和所选模块的状态。

5.7　西门子 S7 系统 PLC 故障处理实例

【实例 5-1】

　　故障现象： PLC 控制系统的一个稳压电源突然出现故障，在检修过程中更换了电源装置，然而在稳压电源更换好之后，PLC 系统再次上电，启动后 CPU1 状态为 STOP，且两 CPU 上的 REDF（冗余故障）和 EXTF（外部故障）红灯亮，PLC 上其他状态指示灯和故障指示灯却显示正常。

　　故障分析与处理： 根据故障现象可基本判断是系统出现冗余故障，解决方式是将两个 PLC 的模式选择开关都扳到 STOP 位置，然后将先前没有扳起来的 CPU1 模式选择开关扳到 RUN 位置，待 RUN 绿灯亮，STOP 黄灯灭后，再将 CPU0 模式选择开关扳到 RUN 位置，RUN 绿灯闪烁后灭，STOP 黄灯一直亮，故障无法排除。故障原因为在系统下电前有一输入变量被强制，而使 FRCE（强制）黄灯亮，将该输入点的强制取消（两 CPU），FRCE 黄灯灭后，再次将状态为 STOP 的 CPUIO 模式选择开关从 RUN-STOP-RUN 位置依次扳动，CPU0 RUN 绿灯亮，STOP 则黄灯灭，这时两 CPU 都为 RUN 绿灯，REDF（冗余故障）和 EXTF（外部故障）灯都灭，故障得以排除。

【实例 5-2】

故障现象： 巡检时两 CPU 上的 REDF 和 EXTF 红灯亮，IFM2F 红灯亮；热备 CPU1 状态为 STOP 黄灯亮，CPU1 中 FM2（同步子模块）LINKOK 灯灭，PLC 上其他状态指示灯和故障指示灯正常。

故障分析与处理： 根据故障现象可初步判断为同步模块故障造成冗余故障，引起外部故障灯亮。解决方式是先检测是哪个部位出现问题，方法是对调 CPU1 控制的 FM2 和 CPU0 控制的 FM2，结果发现 CPU 的 FM2 LINKOK 灯灭，随后再将 CPU0 的 FM2 和 CPU0 的 FM1 对调，4 个 LINKOK 指示灯状态没有变化，由此判断 CPU0 的 FM1 和 FM2 无问题，然后将 CPU1 的 FM1 和 FM2 对调，结果发现 CPU0 的 FM1 LINKOK 灯灭，到此通过不同的对调检测可以判断出 CPU0 控制的 FM1 卡存在问题。更换 FM1 卡后，PLC 中故障指示灯立即熄灭，4 个 LINKOK 指示灯均为绿色亮，表明系统恢复正常，故障得以排除。

此外，S7-400H 冗余故障表现还有冗余数字输入模块差异，如何进行处理也是常见的问题，实际上在 PII（输入的过程映像）中，冗余数字输入的最后一个均值有效，直至错误定位。在出现差异时，由 CPU 识别为故障的模块处于钝化状态，此时处于非钝化状态下模块的值为有效。此后错误不再可以被识别，因为在非钝化模块上的信号总是被 CPU 以正确的信号予以接收。为确保故障数字输入模块的本地化，可以通过 I/O 类型互连和 FLF（故障本地化）来解决。

【实例 5-3】

故障现象： 一台 6ES7216-2BD23-OXB8 西门子 PLC 和一块 PCI 多 485 接口扩展卡在使用时烧毁，而使 PLC 控制系统无法正常工作。

故障分析与处理： 根据故障现象，首先按照一般烧毁通信的检查方法进行检查和测试，检查后发现，由于 RS-485 通信 PCI 扩展卡未采用光电隔离技术，PCI 扩展卡在烧毁的同时板上很多器件已经损坏，PLC 由于采用了电隔离技术，烧毁情况稍好，但是通信回路、电源部分已经烧毁。

将损坏的器件全部更换，并使用必要的技术手段将 PLC 程序上传保存，编写一个测试程序对 PLC 进行测试，用于检测 PLC 是否真正修复，经过测试 PLC 运行正常，通信功能也已经修复。

因 PCI 扩展卡没有采用电隔离技术，在发生烧毁时由于电气上未进行有效隔离，烧毁情况比较严重，由于烧毁的器件里未包含 CPU（如果 CPI 被烧毁则应直接放弃维修），经修复后，将 PCI 扩展卡插入计算机的 PCI 接口进行测试，功能也恢复正常。

要现场进行通信设计或扩展时，由于现场条件复杂，一般情况下干扰也非常严重，存在工作电源不稳定等诸多不利因素，因此要求现场设计的电路必须进行必要的保护措施，特别是通信电路更应该采用隔离技术，以免发生故障时导致故障范围扩大化，甚至到了无法修复的程序。

【实例 5-4】

故障现象：S7-300 PLC 在一次上电后程序变得不可控，其中最明显的表现为输出端子中有两个上电即产生输出，从而导致输出紊乱，系统无法工作。

故障分析与处理：根据故障现象，首先将 PLC 拆下检测，发现这两个输出端子在上电后确实导通，但是又不像是输出继电器已经接通，阻抗为 300～500Ω。为了验证继电器和驱动电路是否损坏，详细跟踪了继电器输出驱动电路，发现这两个继电器的输出并未给出驱动信号。

将两个继电器取下再进行检测，继电器却没有损坏。再次测量 PCB 上的继电器输出端子，短路依然存在，那么说明导致输出短路的原因就是来自 PCB 板。再次仔细确认输出部分确信该修复的电路确实已经修复，但是有一段 PCB 走线在输出接线端子下无法看到，将输出接线端子拆下查看，发现这两个端子接线部分有些发黑，用钢针轻轻一扎竟然扎进去了，继续用钢针探测，终于发现这两个端子输出端子间已经严重烧毁炭化，也就是因为这些炭化的胶木板导致了输出短路的存在，同时又不是继电器接通的阻抗值，将炭化部分完全刨开并去除炭化部分，竟然出现两个大坑，由于 PCB 为 4 层板，层间已出现击穿，用绝缘漆把刨开部分处理完毕，测试输出端子已经完全断开。

由于当时设计的不合理性，大功率器件直接用 PLC 的输出端子进行驱动（这两个端子为外部风机控制回路），直接导致继电器和接线端子工作时发热严重从而烧毁PCB，被炭化的 PCB 部分就变得可以导电，从而出现输出不可控情况，因此在设计PLC 输出回路时，一定要要充分考虑功率负载给 PLC 导致的大电流和发热情况，应当在外部增加接触器来解决，而不能将 PLC 直接作为功率器件的驱动源使用。

【实例 5-5】

故障现象：S7-300 PLC 的 PS 故障灯亮。

故障分析与处理：S7-300 PLC 的 PS 故障灯亮的原因有：输入电压超限；短路；输出电压不稳定；模板损坏。根据上述可能原因进行排查，首先检查电源模板的输入电源正常，再检查输出电压发现输出电压波动较大，不接负载也如此，初步判断为电源模板故障。关闭故障模板的电源开关，更换卡件，再恢复供电，PS 故障灯熄灭，系统运行正常。

【实例 5-6】

故障现象：S7-300 PLC 非正常停机。

故障分析与处理：若 PLC 处在 STOP 状态、红灯亮，可能原因是：相当数量的卡件掉电，CPU 运行时间长期被硬件中断占用，超出 CPU 中设定的 WatchDog 时间。处理方法是调整 CPU 中的时间。

若 PLC 处在 STOP 状态，所有灯在闪烁，可能原因是有通信卡件的接口松动。处理方法是检查卡件接口，重新启动 CPU，如不行，清内存并重新下载硬件组态及应用程序并重新启动 CPU。

【实例 5-7】

故障现象：S7-300 PLC 无法进入冗余状态，同步模块故障灯亮，REDF 灯亮，S7-300 系统处在单机运行状态。

故障分析与处理：S7-300 PLC 无法进入冗余状态的原因是：用于连接同步模块的光缆未接或断线；光缆连接有问题，如没有将同步模块的上口连上口，下口连下口，同步模块的前盖板没有紧固，同步模块未工作；同步模块故障。首先对同步模块的接线进行检查，同步模块的接线正确，同步模块的前盖板牢固，初步判断为同步模块故障，替换同步模块后冗余系统故障正常，更换同步模块应按以下步骤。

① 先拆除同步模块上光缆。

② 将 standby 的 CPU 切至 RUN。

③ 从 standby 的 CPU 上拔出同步模块。

④ 再插入新的同步模块。

⑤ 再启动 standby 的 CPU。

⑥ 若在上一步中，standby 的 CPU 处在 STOP 状态，则拔除 master 上的同步模块。

⑦ 将新的同步模块插入 CPU。

⑧ 启动 standby 的 CPU。

【实例 5-8】

故障现象：在初始状态时，S7-300 PLC 系统处于单机运行状态，试图将另一子系统切至 RUN 并进入冗余模式。在将钥匙开关切至 RUN 时，REDF 的指示灯未闪烁。数秒后，系统未进入冗余模式。

故障分析与处理：根据故障现象初步判断引发上述故障的原因是：ES 站正处在在线监视或修改状态，如 modify and monitor 被打开并处于在线连接状态。在 ES 站退出在线连接状态，重新尝试切换 PLC 系统运行模式后，系统进入冗余模式正常。

【实例 5-9】

故障现象：S7-300 PLC 模块故障报警，CPU 上内部故障灯亮，模块所在的 ET200 上的系统故障灯亮，I/O 模块的故障灯亮。

故障分析与处理：根据故障现象初步判断引发上述故障的原因有：模块损坏，掉电或检测到故障。针对分析的故障原因，首先用替换法替换 I/O 模块，替换后给 PLC 系统上电，系统运行正常，替换 I/O 模块的步骤如下：

① 切断框架电源，切断 I/O 系统的电源。

② 拆下 I/O 模块上的接线，视模块的类型，拆去 I/O 接线端的现场接线或卸下可拆式接线插座，并将每根线贴上标签与对应标记。向中间挤压 I/O 模块的上下弹性锁扣，使其脱出卡口，垂直向上拔出 I/O 模块。

③ 插入拟替换的 I/O 模块，将 I/O 模块的紧固扣锁进卡口，按记录标签与应标记连接 I/O 模块的接线。

④ 接通框架电源和 I/O 模块系统的电源，调试 I/O 模块，确认其功能正常。

【实例 5-10】

故障现象： S7-300 PLC 在处于 WINCC 运行状态时，出现的提示是告知无授权。

故障分析与处理： 根据故障现象初步判断引发上述故障的原因是授权未安装（OS 站需要如下授权：WINCC 授权，S7-5412 授权、RedConnect 的授权）。处理方法是安装授权。

【实例 5-11】

故障现象： S7-300 PLC 在处于 WINCC 运行状态时，无法取到数据。

故障分析与处理： 根据故障现象初步判断引发上述故障的原因有：通信中断；CP340 损坏；WINCC 运行出错。处理方法是检测 CP340，在 setPG/Pcinterface 中的 CP 属性中测试 CP 工作状态，若 CP 完好，在 CP 诊断中检测网络状况，若网络正常，用替换法判断是否是 CP340 故障。

【实例 5-12】

故障现象： S7-300 PLC 在处于 WINCC 运行状态时无法打开项目文件。

故障分析与处理： 根据故障现象初步判断引发上述故障的原因有：项目文件受损；Sybase 数据库受损；硬盘容量太小。处理方法是用备份文件恢复；检查硬盘容量，删除临时文件；在上述操作过程中，勿擅自对硬盘进行格式化、磁盘优化或磁盘整理工作，否则可能造成授权丢失。

【实例 5-13】

故障现象： S7-300 PLC 网络通信中断。

故障分析与处理： 根据故障现象初步判断引发上述故障的原因有：PLC 上的 CP 切至 STOP 模式；PROFIBUS 电缆断线；PROFIBUS 电缆连接头的终端电阻被接上；相关 OLM 掉电；光缆断线。处理方法是按上述可能原因进行排查，并做相应处理。

【实例 5-14】

故障现象： S7-300 PLC 的状态量信号与现场不符。

故障分析与处理： 根据故障现象初步判断引发上述故障的原因有：掉线；相关熔断器的熔体熔断。处理方法是更换熔断器的熔体，检查线路的绝缘性。

【实例 5-15】

故障现象： S7-300 PLC 的 DO 隔离继电器不动作。

　　故障分析与处理：根据故障现象初步判断引发上述故障的原因是：DO模件无输出，模件通道坏或操作电源不正常；继电器公用线掉线；继电器坏。处理方法是按上述可能原因排查，并做相应处理。

　　【实例 5-16】

　　故障现象：用 FM355 控制一个 PID 回路在 test 的状态读不上来 PV 值。

　　故障分析与处理：因为 FM355 内部有一个处理器独立于 CPU 处理已被参数化的 PID 参数，CPU 与 FM355 进行数据交换必须调用 FB31、PID_FM，如改变 PID 值、设定点值、读 PV 值等，每次修改都必须设置参数 Load_Par 为 1，参数传到 FM355 后 FM355 复位 Load_Par。同理读 PV 值等操作也是要置 Read_Var 后，将 PV 等变量送到 CPU DB 中 FM355 复位 Read_Var，所以要得到连续的 PV（反馈）值必须连续置 Read_Var 为 1，这样就可以读到 PV 值。

　　【实例 5-17】

　　故障现象：FM450-1 在接好线以后读不出编码器的值。

　　故障分析与处理：首先要检测连接是否接好，FM450-1 的参数化是否与外部设备一致，如编码器的输入信号 PNP、NPN 等。另外编码器的电源信号与 CPU 的地（背板接地）是非隔离的，即编码器的 4 号端子必须连接到 CPU 的地，如果编码器是电源外部供电，也必须把外部电源的地与 CPU 的地相连。

　　【实例 5-18】

　　故障现象：在 FM350-1 中选 24V 编码器启动以后，SF 灯常亮，FM350-1 不能工作。

　　故障分析与处理：根据故障现象首先检查是否在软件组态中要选择编码器类型（为 24V），再检查 FM350-1 侧面的跳线开关，因为缺省的开关设置为 5V 编码器，用户没有设置开机后 SF 灯就会常亮。另外可在线硬件诊断是否是模板故障。

　　【实例 5-19】

　　故障现象：PLC 的 CPU 的运行指示灯不亮了，CPU 的 SF 亮红灯，同时 CP343 的 RUN 也不亮了，CP343 的其他指示灯也不亮了。用网线连接 PLC 的 CP343 也连不上，无法在软件里进行故障诊断（只有一个机架，CP343 连接 TP170）。

　　故障分析与处理：右 CPU 的 SF 亮红灯，RUN 灯是不会亮的，若 STOP 亮，机架上的 CP343 指示灯一个都不亮说明该模块可能是硬件损坏或电源接口有问题，问题就在 CP343 模块。针对故障现象首先检查背板总线是否正常；检查模块安装是否牢固，现场是否有振动；模块损坏。若正常，按一下步骤检测。用通信电缆连接 S7-300 CPU，使用 SIMATIC Manager 管理器打开项目文件，与 CPU 在线（Online）后，打开"Module Information"窗口，查看"Diagnostic Buffer"（即 CPU 的诊断缓冲区）标签内的历史记录，再分析错误原因，可初步判断是硬件故障还是软件故障。重新下载一次硬件组态和程序，排除硬件组态和软件程序问题。

　　从软件编程角度来判断故障的方法是：如下载错误处理组织块，OBB1（电源故障）、OB82（诊断中断）、OB83（插入、取出模块中断）、OB86（机架故障或分布式 I/O 的站故障）、OB87（通信错误）、OB121（编程错误）、OB122（I/O 访问错误），将这些组织块依次下载到 CPU 中使之出现错误时不进入 STOP 状态。

从硬件安装接来判断故障的方法是：检查供电源是否正常；检查一下背板总线连接是否正常；检查各模块外部连接是否有异常；检查各模块安装是否松动，周围是否有振动，机架上是否有模块已经损坏。

【实例 5-20】

故障现象： PLC 的 CPU 的运行指示灯不亮了，CPU 的 SF 亮红灯，同时 CP343 的 RUN 也不亮。

故障分析与处理： 检测 PLC 的 CPU 的 STOP 指示灯是否亮，如 CPU 的 STOP 指示灯不亮，且 RUN 指示灯也不亮，即为模板硬件故障，可用替换法进行判断。

【实例 5-21】

故障现象： PLC 的 CPU 的 STOP 指示灯亮，SF 指示灯亮，CP343 的其他指示灯也不亮。

故障分析与处理： 检查 CP343 的电源及接线是否正常，CP343 安装是否牢固，如果排除上述问题。CP343 的其他指示灯还是不亮了，即为 CP343 模板硬件故障。

【实例 5-22】

故障现象： 一台 PLC 合上电源时无法将开关拨到 RUN 状态，错误指示灯先闪烁后常亮，断电复位后故障依旧。

故障分析与处理： 根据故障现象初步判断为 CPU 模块，更换 CPU 模块后运行正常。更换 CPU 模块的步骤如下：

① 切断电源，如插有编程器的话，把编程器拔掉。

② 向中间挤压 CPU 模块面板的上下紧固扣，使它们脱出卡口。

③ 把模块从槽中垂直拔出。

④ 如果 CPU 上装着 EPROM 存储器，把 EPROM 拔下，装在新的 CPU 上。

⑤ 首先将印制线路板对准底部导槽，将新的 CPU 模块插入底部导槽。

⑥ 轻微地晃动 CPU 模块，使 CPU 模块对准顶部导槽。

⑦ 把 CPU 模块插进框架，直到两个弹性锁扣扣进卡口。

⑧ 重新插上编程器，并通电。

⑨ 在对系统编程初始化后，把备份的程序重新装入。

【实例 5-23】

故障现象： CPU 自动停机，停机时出现 SF 系统故障灯亮，CPU STOP BF 灯不亮。

故障分析与处理： 根据故障现象初步判断不是从站导致停机的，实现停电或将 CPU 上开关从 RUN 转到 STOP 再转到 RUN，CPU 又工作正常，但运行一段 CPU 又自动停机，对此故障现象实现拆除站的 DP 接头，连接器及模块，CPU 只是报错没有停机，初步判断为系统布线及接地设计不规范造成的，对布线及接地进行以下整改：

① 原 DC 24V 供电回路采用 0.5mm² 导线串接供电方式，导致开关电源到 PLC 及模块后电压降比较大（开关电源处电压为 25.8V，到 CPU 处为 23.3V），整改方案是加大电源线到 1mm²，并采用双绞线电源线分别给 CPU 及其他模块供电，改进后开关电源端电压为 24.12V，CPU 端为 24.01V。

② 将 CPU 及扩展有模块上的接地线单独接地。

③ 整改后给 PLC 控制系统上电，系统 24h 运行正常，CPU 没有出现自动停机。

【实例 5-24】

故障现象：不能通过 MPI 在线访问 S7-300 CPU。

故障分析与处理：如果在 CPU 上已经更改了 MPI 参数，应检查硬件配置。可以将这些值与在"SetPG/Pcinterface"下的参数进行比较，看是否有不一致。或者打开一个新的项目，创建一个新的硬件组态，在 CPU 的 MPI 接口的属性中为地址和传送速度设置各自的值。将"空"项目写入存储卡中。把该存储卡插入到 CPU 然后重新打开 CPU 的电压，将位于存储卡上的设置传送到 CPU，现在已经传送了 MPI 接口的当前设置，并且像这样的话，只要接口没有故障就可以建立连接。这个方法适宜和于所有具有存储卡接口的 S7-CPU。

【实例 5-25】

故障现象：系统上电后，即使 CP342-5 开关已经拨至 RUN，但始终处于 STOP 状态。

故障分析与处理：针对故障现象，首先检查 STEP7 程序和组态是否正确（删除程序，只下载硬件组态），检查 CP342-5 连接的 24V 的电源线是否正常，M 端是否与 CPU 的 M 端短接，通信电缆连接是否正确（确认通信电缆未内部短路），CP 的 firmware 是否正确。如果上述检查正常，可初步判断为 CP342-5 损坏，用替换法确认是否是 CP342-5 损坏。

【实例 5-26】

故障现象：当 CP342-5 模块作为 PROFIBUS DP 主站，而 ET200（如 IM151-1 或 IM153-2）作为从站时，CP342-5 上的 SF 灯不停闪烁。

故障分析与处理：当将 S7-300 系统中的 CP342-5 作为 DP 主站，下挂 IM153-2 模块时，IM153-2 只能作为 DP 主站，而不是 S7 从站运行。可以采取通过 GSD 文件将 ET200 从站组态进系统。随后 IM153 模块可作为 DP 标准从站运行。为此，必须将 GSD 文件安装到硬件目录中（通过菜单序列 Tools>Install new GSD file）。在更新了硬件目录后会在"PROBIFUS-DP>Additional Field Devices"中发现 DP 从站。

【实例 5-27】

故障现象：WinCC 作为 Modbus 主站，进行浮点数取时数据不正确。

故障分析与处理： WinCC 作为 Modbus 主站，进行浮点数读取时，Tag 的类型应当选为浮点数 32 位，地址偏移为 32 的整数倍＋1（即 33、65、97），如果采用选用 Input Bits/Output Bits 方式读写（Function Code01，02）在 PLC 当中应当将一个字的高低 8 位进行对调。如果选用 Input Words/Output Words 方式读写（Function Code03，04），在 PLC 当中将一个双字的高低 16 位进行对调，S7-300 Modbus 程序块的浮点数处理存在误差，大致在 0.5%。

【实例 5-28】

故障现象： 当断电重启后，CP341 模板和调制解调器（如 SATEL 的 modem）之间的通信出错。

故障分析与处理： 是因为 DTR、RTS 信号默认为 0 造成的，可在以 OB1 中调用 FC6（V24-SET），将参数 RTS 和 DTR 设置为 "TRUE"。

【实例 5-29】

故障现象： 整个系统掉电后，CPU 在电源恢复后仍保持在停止状态。

故障分析与处理： 整个系统由一个 DP 主站 S7-300/400 以及从站组成，而从站通过一个主开关被切断了电源。由于内部的 CPU 电压缓冲器，CPU 仍继续运行大约 50～100ms，此阶段里 CPU 识别出所连接的从站的故障。如果没有编程 OB86 和 OB122 的话，CPU 就会因为这些有故障的从站而继续保留在停止状态。

【实例 5-30】

故障现象： STEP7 不能卸载。

故障分析与处理： 可通过控制面板卸载 STEP7，如果安装文件已损坏，卸载程序常会出错，并伴随出错信息，STEP7 的 CD 中包含文件 Simatic STEP7. msi，可以通过这个文件卸载 STEP7。

参 考 文 献

［1］ 张万忠，刘明芹．电器与 PLC 控制技术．第 2 版．北京：化学工业出版社，2008．

［2］ 吉顺平等．西门子 PLC 与工业网络技术．北京：机械工业出版社，2008．

［3］ 廖常初．跟我动手学 S7-300/400PLC［M］．北京：机械工业出版社，2010．

［4］ 龚仲华．S7-200/300/400PLC 应用技术［M］．北京：电子工业出版社，2007．

［5］ 刘美俊．可编程控制器应用技术．福州：福建科技出版社，2006．

［6］ 崔坚．西门子 S7 可编程控制器．北京：机械工业出版社，2007．

［7］ 刘凤春．可编程控制器原理与应用基础［M］．北京：机械工业出版社，2009．

［8］ 汪志峰．可编程控制器原理与应用［M］．西安：西安电子科技大学出版社，2004．

［9］ 吕井泉．自动化生产线的安装与调试．北京：中国铁道出版社，2008．

［10］ 西门子公司．SIMATIC S7-300、CPU32xC 和 CPU 31x：安装操作指导．2006．

［11］ 西门子公司．SIMATIC S7-300 自动化系统：CPU 31x 入门指南．2008．

［12］ 西门子公司．SIMATIC S7-300 和 S7-400 的梯形图（LAD）编程参考手册．2004．

［13］ 西门子公司．SIMATIC STEP7 V5．4 编程使用手册．2006．

［14］ 西门子公司．S7-300 和 M7-300 可编程控制器模板规范参考手册，2004．

［15］ 西门子公司．SIMATIC S7-300 模块数据手册．2005．